分布式电源接入电网的
继电保护技术

杨国生　李伟　王晓阳 等　编著

中国电力出版社
CHINA ELECTRIC POWER PRESS

内 容 提 要

本书介绍了分布式电源的发展状况，分析了分布式电源的工作原理、建模及控制策略、故障特性，并在此基础上形成了分布式电源接入后的保护原理与配置、配电自动化故障判别及切除技术等研究成果，为分布式电源的并网运行提供了理论借鉴。全书共包括 8 章内容，分别为概述、分布式电源的原理、分布式电源的建模及控制策略、分布式电源的静态特性与故障暂态特性、分布式电源接入后的保护原理与配置、分布式电源接入后配电自动化故障判别及切除技术、分布式电源的继电保护标准及检验测试技术和分布式电源工程继电保护实例。

本书可供从事电力系统继电保护相关专业的工程技术人员和管理人员使用，也可作为高等院校相关专业师生的参考用书。

图书在版编目（CIP）数据

分布式电源接入电网的继电保护技术/杨国生等编著. —北京：中国电力出版社，2023.11
（2024.11重印）
ISBN 978-7-5198-6662-4

Ⅰ.①分… Ⅱ.①杨… Ⅲ.①电源—接入网—继电保护 Ⅳ.①TM91

中国版本图书馆 CIP 数据核字（2022）第 059090 号

出版发行：中国电力出版社
地　　址：北京市东城区北京站西街 19 号（邮政编码 100005）
网　　址：http://www.cepp.sgcc.com.cn
责任编辑：邓慧都
责任校对：黄　蓓　常燕昆
装帧设计：赵丽媛
责任印制：石　雷

印　　刷：北京天泽润科贸有限公司
版　　次：2023 年 11 月第一版
印　　次：2024 年 11 月北京第二次印刷
开　　本：787 毫米×1092 毫米　16 开本
印　　张：16.75
字　　数：345 千字
定　　价：68.00 元

编 写 人 员

杨国生　李　伟　王晓阳　吕鹏飞　周泽昕　王增平　刘　宇

王志洁　阮思烨　郑　涛　刘亚东　于　辉　张　志　詹荣荣

徐　凯　冯凯辉　余　越　刘海涛　刘素梅　杭天琦　王聪博

陈争光　蒋　帅　王燕萍　赵　乔　董明会　孙文文　张家琪

赵长财　窦竟铭　刘　丹　姜宏丽　韦　尊　庄红山　朱时雨

赵裕童　曹雅榕　曹海欧

前 言

近年来，能源技术发展和政策鼓励支持极大地促进了分布式电源的发展。分布式电源（distributed resources，DR）是指在用户所在场地或附近建设安装、运行方式以用户侧自发自用为主、多余电量上网，且在配电网系统平衡调节为特征的发电设施或有电力输出的能量综合梯级利用多联供设施。分布式电源技术在我国呈现迅猛发展的趋势。

本书介绍了分布式电源的发展状况，分析了分布式电源的工作原理、建模及控制策略、故障特性，并在此基础上提出了分布式电源接入后的保护原理与配置、配电自动化故障判别及切除技术等研究成果，为分布式电源的并网运行提供了理论借鉴。本书还对分布式电源的继电保护标准及检验测试技术进行了梳理，介绍了分布式电源继电保护检测平台和分布式电源继电保护检验测试方法，同时提供了分布式电源继电保护工程实例，为分布式电源并网工程的实施提供了一定的参考。

本书共 8 章。第 1 章为概述，主要介绍了分布式电源相关概念定义、分类及国内外的发展状况，概述了含分布式电源的继电保护技术在国内外的发展状况。第 2 章为分布式电源的原理，介绍了逆变器型和旋转电机型分布式电源的工作原理和数学模型。第 3 章为分布式电源的建模及控制策略，介绍了逆变器型和旋转电机型分布式电源的建模方法和控制策略。第 4 章为分布式电源的静态特性与故障暂态特性，介绍了逆变器型和旋转电机型分布式电源的静态特性和暂态特性。第 5 章为分布式电源接入后的保护原理与配置，介绍了分布式电源接入及保护配置现状，研究了分布式电源接入后对过电流保护、备用电源自动投入装置、重合闸的影响及对策。第 6 章为分布式电源接入后配电自动化故障判别及切除技术，介绍了当前配电自动化故障定位及隔离技术、分布式电源并网对配电自动化的影响、分布式电源并网后配电自动化故障判别及切除技术。第 7 章为分布式电源的继电保护标准及检验测试技术，介绍了分布式电源接入电网的继电保护技术标准，对比分析分布式电源继电保护标准，介绍了分布式电源继电保护检测平台和分布式电源继电保护检验测试方法。第 8 章为分布式电源工程继电保护实例，结合工程实例论述了继电保护的配置策略。

在研究过程中，中国电力科学研究院胡学浩教高给予指导并提供了部分技术资料，许继集团李瑞生、郭宝甫及南京南瑞太阳能科技有限公司、国网江苏省电力有限公司提供了部分材料，在此一并表示衷心感谢。本书受中国电力科学研究院科技专著出版基金资助。

　　由于编者水平有限，时间仓促，在编写过程中难免有疏漏之处，敬请各位专家和读者批评指正。

编　者

2023 年 11 月

目 录

1　概　　述

近年来，分布式发电以其独有的环保性和经济性引起人们越来越多的关注。英国、美国、日本等国家在进行能源结构调整过程中，重视分布式发电技术的研究和应用。在我国，持续、快速、稳定的电力增长和电网建设，满足了人民群众不断增长的电力需求，更为中国经济列车的飞快前行提供了源源不断的"动力"。电力充足供应对经济的持续发展起到基础保障作用，大力发展分布式电源是我国电力系统未来发展的趋势之一。为提高继电保护对分布式电源接入的适应性，需要对分布式电源的特征、故障机理等开展深入的分析研究。本章主要概述分布式电源的定义、发展以及分布式电源的继电保护技术研究内容。

1.1　分布式电源的定义和分类

分布式电源涉及的英语术语较多，例如 distributed energy resource，distributed resource，distributed power 等，在不同国家和地区的术语表达有所不同，这与其历史和引用习惯有一定关联；此外，不同表达方式在定义、界定等方面侧重点也存在差异，这方面已有大量文献开展了详细分析说明。作为一种相对于传统集中方式接入电网的能源或电源类型，本文重点关注其故障特性及对继电保护的影响，在本节将对分布式电源相关概念进行简要梳理，如无特殊说明本文将统一采用分布式电源（distributed resource，DR）的术语进行表达。

1.1.1　分布式电源的定义

目前关于分布式电源的最大容量、接入方式、电压等级、电源性质等相关界定标准方面，不同国家和组织对分布式电源的理解和定义侧重点不尽相同。

GB/T 33982—2017《分布式电源并网继电保护技术规范》对分布式电源的定义为：指在用户所在场地或附近建设安装、运行方式以用户侧自发自用为主、多余电量上网，且在配电网系统平衡调节为特征的发电设施或有电力输出的能量综合梯级利用多联供设施。GB/T 33593—2017《分布式电源并网技术要求》细化说明了分布式电源的具体电源类型，包括太阳能、天然气、生物质能、风能、水能、氢能、地热能、海洋能、资源综合利用发电（含煤矿瓦斯发电）和储能等。

美国电气和电子工程师协会（institute of electrical and electronics engineers，IEEE）（标准 IEEE Std 1547.1—2005）对分布式电源（distributed resources，DR）的定义为：接入当地配电网的发电设备或储能装置。

国际电工委员会（international electrotechnical commission，IEC）IEC/TS 62786—2017 对分布式电源（distributed energy resource，DER）的定义为：发电机，包括具有连接到低压或中压配电网的发电模式的负荷（比如电能储存系统）及其辅助设备、保护和连接设备。

国际分布式能源联盟（world alliance decentralized energy，WADE）的前身是"国际热电联产联盟"，由于历史原因仍然采用 decentralized energy（DE）这一术语，指的是由下列发电系统组成且这些系统能够在消费地点或很近的地方发电：①高效的利用发电产生的废能，生产热和电；②现场端的可再生能源系统；③包括利用现场废气、废热以及多余压差来发电的能源循环利用系统。这些系统归为分布式能源系统，而不考虑这些项目的规模、燃料或技术，及该系统是否联网等条件。

相关学者在 2012 年的研究归纳了近 20 个典型国家（组织）关于分布式电源的界定标准，总结了分布式电源具有如下四个基本特征：①直接向用户供电，电流一般不穿越上一级变压器。适应分布式能源资源的就近利用，实现电能就地消纳，各国定义均提及该特征。②装机规模小，一般为 10MW 及以下。美国、法国、丹麦、比利时等国家均将分布式电源的接入容量限制为 10MW 左右，瑞典的接入容量限制为 1.5MW，新西兰为 5MW。由于英国允许分布式电源的接入电压等级较高，相应的允许接入容量也较大，可达 100MW，但从实际并网情况来看，接入 66kV 电压等级的大容量分布式电源所占比例很少。③通常接入中低压配电网。由于各国中低压配电网的定义存在差异，因此具体的接入电压等级也略有不同，一般为 10（35）kV 及以下。德国、法国、澳大利亚等国家均将分布式电源接入电压等级限制在中低压配电网，英国允许分布式电源接入 66kV 电压等级。④发电类型主要为可再生能源发电、资源综合利用发电、高能效天然气多联供（能效一般达到 70% 以上）。

综合国际上的界定标准和我国电网特点，分布式电源的特征为：利用分散式资源，装机规模小，位于用户附近，通过 10（35）kV 及以下电压等级接入的可再生能源、资源综合利用和能量梯级利用多联供发电设施。主要包括风能、太阳能、生物质能、水能、潮汐能、海洋能等可再生能源发电，余热、余压和废气利用发电和小型天然气冷热电多联供等。

近年来随着分布式电源发展的多元化，对分布式电源进行分级分类管理将有利于分布式电源的标准化发展，便于统一分布式电源的定义和口径；这也是分布式电源下一步发展中很重要的一个环节。

1.1.2　分布式电源的分类

根据不同的维度，可以将分布式电源分为不同的类型，一般可以根据分布式电源的技术类型、所用的一次能源及电力系统的接口技术进行分类。其中第一种分类方式在国家标准中广泛使用，本书后续章节采用了第一种分类方式。

（1）根据与电力系统的并网类型。根据分布式电源与电力系统的并网技术类型，可分为变流器型和旋转电机型分布式电源。变流器为用于将电功率变换成适合于电网或用户使用的一种或多种形式的电功率的电气设备，包括整流器、逆变器、交流变流器和直流变流器。将全部或部分通过变流器与电网相连的分布式电源称为变流器型分布式电源，包括直驱风机、双馈风机型风力发电、光伏发电、电化学储能等，而通过旋转电机发电的分布式电源称为旋转电机型分布式电源，并可以再细分为同步电机类型分布式电源和异步电机类型分布式电源两类。

（2）根据分布式电源的发电方式。根据分布式电源通常所使用的技术可分为柴油机组发电、水力发电、风力发电、光伏发电、太阳热发电、燃气轮机组发电和燃料电池等。它们所使用的能源有化石燃料、可再生能源及储存的电能。目前，分布式电源研究的热点之一是可再生能源发电技术，其中水力发电、生物质能发电属于比较成熟的技术，而风力发电、光伏发电、太阳热发电、地热及潮汐发电等属于相对新兴的发电技术。

（3）根据分布式电源的功率变换类型。根据分布式电源发电时的功率变换方式不同，可分为全功率变换型和部分功率变换型分布式电源两类。全功率变换型分布式电源是指电源的全部功率均通过电力电子设备变换后发出，包括直驱型风力发电、光伏发电、电化学储能等；部分功率变换型是指电源的部分功率通过电力电子设备变换后发出，主要包括双馈型风力发电。

（4）根据分布式电源的容量大小。在分布式电源的实际应用中，考虑到分布式电源容量大小对其在电力系统中的应用有直接影响，因此也会根据分布式电源的容量大小进行划分，一般按其大小分为小型（小于 100kW）、中型（100kW～1MW）、大型（大于1MW）3 类。

1.2　分布式电源的发展状况

分布式电源可以满足用户多种能源需求，能够对资源配置进行供需优化整合，在美国、日本、丹麦、德国及我国等多个国家都呈现出稳步发展的趋势。本小节将介绍部分国家分布式电源的发展，在最新数据统计方面需要说明的是，当前主要的国际能源组织例如国际能源署（international energy agency，IEA）、国际可再生能源机构（international renewable energy agency，IRENA）等，近年来发布的能源发展报告中未呈现分布式电源维度的数据统计，更多的是从新能源或可再生能源的维度进行了统计，例如太阳能光伏、生物能及地热等发电形式，由此可间接反映分布式电源的最新发展情况。根据IRENA 于 2022 年 6 月的数据统计，截至 2021 年底，全球太阳能光伏发电、生物能发电和地热发电的装机容量分别达 84.8 亿、14.3 亿 kW 和 1.5 亿 kW。

（1）美国。美国是世界上较早发展分布式电源的国家之一，政府通过相关政策积极推动分布式电源的发展，在电力行业引入竞争机制，在保障电网稳定运行的同时，积极鼓励用户采用分布式发电形式作为备用电源，积极扶持分布式电源的发展。美国分布式发电方式包括天然气热电联供、中小水能、太阳能、风能、生物质能、垃圾发电等。早在 1997 年就实施"百万太阳能屋顶"计划，光伏屋顶装有 3～5kW 光伏并网发电系统。2006 年，美国拥有 6000 多个分布式电源项目，仅大学校园就有 200 多个采用了分布式电源来进行供能。2018 年热电联产总装机容量占全国发电量超过 15%，其中以天然气热电联供为主，年发电量达 1600 亿 kW 时，占总发电量的 4.1%。2021 年底，美国的可再生能源装机容量达 3.2 亿 kW，其中太阳能光伏发电装机容量为 0.9 亿 kW，占比达到28.6%；而在 2012 年，太阳能光伏发电装机容量仅有 800 万 kW，占当时可再生能源装机容量的 5%。

（2）日本。日本是较早采用分布式发电的国家之一，并且随着经济社会的发展，为了减轻对能源进口的依赖，日本大力发展可再生能源分布式发电，同时非常重视分布式发电系统与大电网之间的相互关系，制定了《分布式电源并网技术导则》。

日本的分布式发电以热电联产和太阳能光伏发电为主，其商业分布式发电项目主要用于医院、饭店、公共休闲娱乐设施等；工业分布式发电项目主要用于化工、制造业、电力、钢铁等行业。就光伏发电而言，日本光伏分布式发电应用广泛，不仅用于公园、学校、医院、展览馆等公用设施，还开展了居民住宅屋顶光电的应用示范工程。据日本经济贸易产业省（ministry of economy trade and industry，METI）预计，到 2030 年，日本热电联产装机容量将可能达到 1630 万 kW，其中商业分布式发电项目 6319 个，工业分布式发电项目 7473 个。日本计划在 2030 年前将分布式电源发电量占总电力供应的比例提高到 20%。2021 年底，日本的可再生能源装机容量达 1.11 亿 kW，其中太阳能光伏发电装机容量为 0.74 亿 kW、占比达到 66.3%，而 2012 年，太阳能光伏发电装机容量仅有 600 万 kW，占当时可再生能源装机容量的 17%；由此可看出太阳能光伏发电已成为日本的主要可再生能源发电形式。

（3）欧洲。欧洲是世界上最早应用分布式发电的地区，欧洲电力的发展与美国和日本有所不同，更加强调对环境的保护和可再生能源发电的发展，欧洲发电装机的增量或存量调整主要依赖于新能源或可再生能源，其能源发展的终期目标是分布式发电而不是强调电网规模的扩大。因此欧盟各国都特别注意采用以可再生能源为主的分布式发电技术。2021 年底，美国的可再生能源装机容量达 3.2 亿 kW，其中太阳能光伏发电装机容量为 0.9 亿 kW，占比达到 28.6%；而在 2012 年，太阳能光伏发电装机容量仅有 800 万 kW，占当时可再生能源装机容量的 5%。

1.3 分布式电源的继电保护技术

分布式电源接入电网后，对电网继电保护技术和自动化技术均带来了新的挑战，需要研究分布式电源的故障特性、分析其对电网继电保护和自动化产生的影响，防止出现孤岛运行方式。本节对分布式电源的继电保护技术进行简要说明，详细内容参见具体章节。

1.3.1 分布式电源的故障电流特性研究

目前，针对分布式电源故障电流特性的分析，国内外学者开展了大量研究工作。

双馈异步风力发电机故障分析方面，从磁链守恒的角度，通过与异步电动机的短路电流进行类比，研究了对称故障条件下双馈异步风力发电机（doubly fed induction generator，DFIG）的短路电流特性；分析了撬棒保护动作情况下 DFIG 的短路电流响应，针对三相严重故障且撬棒保护动作的情况，利用数学解析方法对电网故障后 DFIG 的基本电磁暂态方程进行求解，得到 DFIG 定子故障电流的解析表达式。

在通过逆变器与电网接口的逆变型分布式电源（inverter interfaced distribution generator，IIDG）的故障电流特性研究方面，对采用恒功率控制和恒电压频率控制的 IIDG 的故障特征进行了研究，并仿真分析了不同控制策略对 IIDG 故障电流特性的影响；还有学者对微电网内 IIDG 的故障特征进行了分析，并考虑了恒功率控制和恒电压频率控制等两种控制策略对 IIDG 故障电流特性的影响；此外对孤岛运行 IIDG 的故障电流特性方面，也有相关研究开展。

综上所述，电网故障期间分布式电源的故障电流特性与分布式电源的类型、所采用的低电压穿越运行策略以及故障类型和故障点位置等诸多复杂因素有关，有必要对采用不同低电压穿越运行策略的分布式电源在故障期间的电磁暂态特性进行深入的理论分析，从频域和时域等不同层面对分布式电源的复杂故障电流特性开展系统的研究。

1.3.2 对配电网保护的影响

分布式电源发电接入配电网后，对配电网的继电保护有着多方面的影响。分布式电源复杂的故障电流特性和间歇性、随机性的功率特征给传统的保护原理和故障检测方法都带来了挑战，导致其可能无法准确地判断故障的位置，引起保护拒动或误动。针对上述问题，国内外学者提出了多种应对措施，对分布式电源接入对变电站备用电源自动投入装置、变电站主变压器过流、自动重合闸、电流保护的影响及适应性进行了研究分析。

为了减小分布式电源接入对传统配电网保护的影响，提出限制分布式电源接入容量的方法。但是，随着分布式电源的日益发展和应用，限制其接入容量的方法无法满足未来分布式电源的发展要求。针对分布式电源接入导致传统配电网短路电流方向改变，原有三段式电流保护灵敏度降低、保护误动等可能情况，提出在原有过电流保护的基础上加装方向元件来满足选择性要求。然而，分布式电源功率受风力、光照强度等自然环境因素的影响较大，具有明显的随机性、间歇性的特征，这导致电流保护的整定计算非常困难，往往难以兼顾速动性、灵敏性和选择性等方面的不同要求。提出根据不同的分布式电源的接入位置配置相应的保护功能，以助于改善保护性能。根据系统运行方式、网络拓扑结构计算各分布式电源在电网故障期间对故障电流的贡献因子，并在此基础上提出含分布式电源的配电网主保护和后备保护的自适应整定算法。针对应用于风电场联络线上的距离保护方案，分析 DFIG 撬棒保护的动作会对联络线距离保护的性能造成不利的影响，并提出相应的改进措施。

1.3.3　含分布式电源的电网故障分析研究

　　在传统的电网故障分析中，供电电源模型主要为交流同步电机。然而，电网故障期间，分布式电源馈入电网的故障电流的暂态分量、衰减特性等与传统交流同步电机相比发生了很大的变化，这导致以交流同步电机供电电源为基础的传统短路电流分析理论和方法难以满足分布式电源接入后电网故障分析的要求。在含分布式电源的电网故障特征研究过程中，一般将分布式电源视为恒定的电流源，或等效为电压源加内阻抗的戴维南电路。此外，在充分考虑不同故障情况下分布式电源复杂故障电流特性的情况下，国内外学者针对含分布式电源的电网故障分析方法开展了进一步的研究。

　　通过将电网故障后的各种分布式电源等效为潮流计算时的稳态模型的处理方法，将不同类型分布式电源分别视作 PQ、PV、PI 和 PQ（V）节点，然后结合前推回推和补偿法，提出了一种含多种类型分布式电源的配电网三相短路分析方法；根据含分布式电源的配电网的结构特点，有研究提出基于支路电流分流系数的故障分析计算的解耦相量法。还有学者针对基于 PWM 逆变器的分布式电源、基于同步发电机的分布式电源和基于异步发电机的分布式电源等 3 类分布式电源在电网故障后的动态特性开展了研究，并提出了相应的短路处理方法。

　　有研究对电网不同故障情况下鼠笼式感应发电机的短路电流进行了探讨，建立了感应发电机（induction generator，IG）的序分量电流模型，并提出了含多 IG 的配电网短路电流的对称分量迭代算法。在 IIDG 的控制原理、故障穿越运行条件下的响应特性分析基础上，有学者开展了计及低电压穿越控制策略的 IIDG 等值电流源模型研究，提出了含 IIDG 的配电网故障分析方法。同时在电网故障情况下 DFIG 的电磁暂态模型研究方面，明确了 DFIG 定子短路电流的解析表达式，并提出了含 DFIG 的电力系统在对称短路故障情况下的短路电流实用计算方法。

综上所述，针对分布式电源接入对传统电网故障分析方法带来的挑战，国内外学者开展了大量的研究工作，并取得了一定的研究成果，但是值得注意的是，所提出的含分布式电源的电网故障分析新方法大都是建立在对分布式电源故障电流特性简化处理的基础上，这使得所提出的电网故障分析方法得到的结果与实际情况可能存在一定的差别。开展适应分布式电源接入的电网故障分析理论和方法研究，对含分布式电源的电网故障特性分析、继电保护配置研究和整定计算原则研究等仍有十分重要的意义。

1.3.4　孤岛检测

随着包含传统和可再生能源技术的分布式发电的渗透率越来越高，电力系统正发生越来越大的变化。包含大量储能系统、可在孤岛模式下工作并可通过柔性输电系统相连接的主动式电网的发展趋势已日渐清晰。能对电网状态进行监控是不同容量分布式电源具有的一个重要特点，及时检测出潜在的孤岛状态对于拥有大量分布式电源的电力系统是非常重要的。

对于典型的低功率分布式电源，例如光伏系统，这一特点定义为反孤岛效应要求，也是电网运营商特别强调的一个要求，当电网停止向配电线路送电时，分布式电源应当与电网断开。GB/T 33593—2017《分布式电源并网技术要求》对分布式电源具备低电压穿越做了规定，要求同步电机型、变流器型等全部分布式电源具有低电压穿越能力，这意味着在电网故障期间，风电场需要保持并网，这与对光伏系统的要求截然相反。由于电网运营商不可能预测分布式电源与配电网连接的程度，以及在未来规划中不同分布式电源之间信息交换的可信度，孤岛检测被认为是一个非常重要的特点，在很多情况下作为必备要求或在其他情况下作为可选要求。

目前，并网逆变器型分布式电源的孤岛检测技术包括被动式和主动式两大类，主要是针对这两大类检测方法在逆变器并网时的检测算法与参数优化进行研究。

（1）被动检测法。被动检测法通过检测公共连接点（point of common coupling，PCC）的参数，包括电压、频率、相位、功率、谐波等，来判断有无孤岛的发生，当参数波动超过设定值时，逆变器自动与电网断开。由于这类方法只是采取监控手段，并不改变逆变器输出的参数，所以对电网的输出电能质量无影响。但是被动检测法一般只能在"源—负荷"不匹配程度较大时才有效，而当光伏发电系统输出的功率与本地负荷功率接近时，此类方法可能会失效。故而被动检测法只能执行一般的保护功能，应用于负荷功率变动不大，且与逆变器的输出不匹配的场合。检测方法包括过/欠电压保护、过/欠频保护、电压谐波检测、电压相位突变检测、基于谐波模式识别的检测和关键电量变化率检测。

（2）主动检测法。主动检测法是对逆变器输出电流的幅值、频率、相位和输出的有功无功进行一定的干扰，从而当发生孤岛情况时，这种扰动将造成系统的不稳定。即使在输出功率与负载功率平衡的状态下，也会通过扰动破坏系统平衡，造成系统电压、频率、相位等变动，从而确定孤岛产生。检测方法包括电流干扰法、输出电能变动法、主动频率偏移法、频率突跳检测、正反馈主动频率偏移、sandia 频率偏移法（sandia frequency shift，SFS）、sandia 电压偏移法（sandia voltage shift，SVS）、滑模频率偏移和自动相位偏移等。

1.3.5　基于广域通信技术的新型继电保护原理

随着智能电网的建设和新一代通信技术的快速发展，为构建新一代具有良好自适应能力的保护系统提供了有力的技术支持。为了提高含分布式电源的电网继电保护系统的自适应能力，国内外学者对基于网内多点信息的区域式保护方案进行了探讨。

电网发生故障后，可将系统主电源和各分布式电源都等效为戴维南电路，由此计算出故障后系统主电源和各分布式电源馈出的故障电流大小，并将理论计算结果与同步相量测量装置（phasor measurement unit，PMU）PMU 监测得到的系统主电源和各分布式电源的故障输出电流进行比较，以此来实现故障区域定位。还可利用有限节点的智能体（Agent）开展监测分析，具体是先利用有限节点的 Agent 根据监测得到的故障电流大小和方向确定故障关联区段，然后利用故障关联区段的首端节点电压和电流计算故障距离，最终确定故障点。此外，还有研究利用小波算法开展含分布式电源的配电网故障电流暂态分量分析，开展了故障方向确定、故障区域定位和故障隔离方面研究。

基于广域信息的继电保护原理的性能依赖于通信系统的支持，虽然目前广域通信技术已经得到了快速的发展，但从工程应用可靠性和实时性要求的角度考虑，上述基于广域通信技术的新型继电保护原理在工程应用效果提升方面仍有较大完善空间。

参 考 文 献

[1] 李琼慧，黄碧斌，蒋莉萍. 国内外分布式电源定义及发展现况对比分析 [J]. 中国能源，2012，34（8）：31-34.

[2] 分布式能源发展政策研究文献综述 [J]. 李潇雨，黄珂. 华北电力大学学报（社会科学版）. 2015（1）.

[3] 韩晓平. 分布式能源系统的称谓与定义 [J]. 中国电力教育，2010（2）：58-61.

[4] 殷平. 冷热电三联供系统研究（1）：分布式能源还是冷热电三联供 [J]. 暖通空调，2013，43（4）：10-17.

[5] 尹项根，张哲，肖繁，杨航，杨增力. 分布式电源短路计算模型及电网故障计算方法研究 [J]. 电力系统保护与控制，2015，22：1-9.

［6］ 邵林，岳付昌. 防孤岛安稳装置的配置与分析［J］. 电力与能源，2016，(1)：42-46.

［7］ 张保会，王进，李光辉，等. 风力发电机集团接入电力系统的故障特征分析［J］. 电网技术，2012，36 (7)：176-183.

［8］ 郑重，杨耕，耿华. 电网故障下基于撬棒保护的双馈风电机组短路电流分析［J］. 电力自动化设备，2012，32 (11)：7-14.

［9］ 翟佳俊，张步涵，谢光龙，等. 基于撬棒保护的双馈风电机组三相对称短路电流特性［J］. 电力系统自动化，2013，37 (3)：18-23.

［10］ 张禄，金新民，战亮宇. 电网电压不对称跌落下双馈风电机组转子电压分析［J］. 电力系统自动化，2012，36 (14)：136-142.

［11］ Kong X, Zhang Z, Yin X, et al. Study on Fault Current of DFIG during Slight Fault Condition ［J］. TELKOMNIKA，2013，11 (4)：2221-2230.

［12］ 撒奥洋，张哲，尹项根，等. 双馈风力发电系统故障特性及保护方案构建［J］. 电工技术学报，2012，27 (4)：233-239.

［13］ 韩奕，张东霞. 含逆变型分布式电源的微网故障特征分析［J］. 电网技术，2011，35 (10)：147-152.

［14］ 王成山，孙晓倩. 含分布式电源配电网短路计算的改进方法［J］. 电力系统自动化，2012，36 (23)：54-58.

［15］ 周念成，罗艾青，王强钢，等. 含多感应发电机的配电网短路计算对称分量法［J］. 电力系统自动化，2013，37 (11)：65-70.

［16］ Howard D F, Habetler T G, Harley R G. Improved sequence network model of wind turbine generators for short-circuit studies ［J］. IEEE Trans. on Energy Conversion，2012，27 (4)：968-977.

［17］ 吴争荣，王钢，李海锋，等. 计及逆变型分布式电源控制特性的配电网故障分析方法［J］. 电力系统自动化，2012，36 (18)：92-96＋108.

［18］ 刑鲁华，陈青，吴长静，等. 含双馈风电机组的电力系统短路电流实用计算方法［J］. 电网技术，2013，37 (4)：1121-1127.

［19］ 李乃永，梁军，赵义术，等. 考虑分布式电源随机性的配电网保护方案［J］. 电力系统自动化，2011，35 (19)：33-38.

［20］ 贾浩帅，郑涛，赵萍，等. 基于故障区域搜索的配电网故障定位算法［J］. 电力系统自动化，2012，36 (17)：62-66.

［21］ 王飞，段建东，刘吴骥，等. 含风场的多分布式电源接入配网线路保护的研究［J］. 电力系统保护与控制，2013，41 (10)：68-73.

［22］ 全国工商联新能源商会汉能控股集团. 全球新能源发展报告 2016 ［R］. 2016.

［23］ 全生明. 大规模集中式光伏发电与调度运行［M］. 北京：中国电力出版社，2016.

［24］ 中国电力科学研究院. 分布式电源接入对配电网继电保护影响及适应性研究［R］. 2015.

2 分布式电源的原理

分布式电源的发电形式多种多样，原理也有不同，本章主要介绍变流器型和旋转电机型两种分布式电源的基本原理。其中变流器型分布式电源主要介绍分布式光伏电源和直驱型风力发电机、双馈型风力发电机的基本原理，旋转电机型分布式电源主要介绍双馈式风力发电机、同步电机和异步电机的基本原理。

2.1 变流器型分布式电源的原理

变流器型分布式电源通过变换器将直流电或非工频交流电变换成工频交流电并网接入系统。如光伏发电、燃料电池等直流电源直接经过逆变器接入交流系统，直驱型风力发电、单轴燃气轮机发电等非工频交流电源需要经过整流再逆变才能接入交流系统。本节以光伏电源、直驱型风力发电、双馈型风力发电为例介绍变流器型分布式电源的原理。

2.1.1 分布式光伏电源的原理

2.1.1.1 光伏系统的构成

光伏发电是指利用光伏电池将太阳辐射能量直接转化为电能的发电方式。太阳能光伏电源根据入网方式和安装类型不同可以分为离网型光伏电源（也称为独立太阳能光伏系统）、并网型光伏电源。离网型光伏电源主要用于公共电网难以覆盖的边远农村、牧区、海岛等供电；并网型光伏电源主要通过并网逆变器把电能送入电网，是当今光伏发电的主流。并网型光伏电源按规模和集中程度可分为分布式光伏电源和集中式光伏电源。分布式光伏电源主要用于就近解决用户的用电问题，设置于负荷附近，发电供给本地负荷，可以有效减少对电网供电的依赖，减小线路损耗；集中式光伏电源大多利用荒漠等地区丰富且相对稳定的太阳能资源，集中接入高压输电系统供给远距离负荷。相比之下，集中式光伏电源便于集中管理，可以更有效地进行无功和电压控制，参与电网频率调节。

离网型光伏发电系统一般由光伏阵列、控制器、蓄电池、逆变器和负荷组成。而并网光伏发电系统一般不需要蓄电池，由光伏阵列模块、逆变器和控制器组成。逆变器将光伏电池所产生电能逆变成正弦交流电注入交流电网；控制器一般是由单片机或数字信号处理芯片作为核心器件，在正常运行时跟踪光伏电池最大功率点，控制逆变器并网功率，最大限度地将光能转化为电能输入电网。光伏并网发电系统结构示意图如图2-1所示。

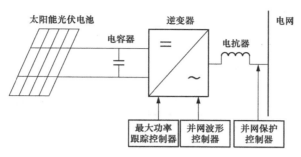

图 2-1　光伏并网发电系统结构示意图

太阳能光伏电池是光伏发电系统的主要组成部分，其作用是将太阳能转换为电能，目前单体光伏电池的电压比较低，为了提高光伏电池的输出电压，一般将单体光伏电池串并联后组成光伏电池板（光伏电池组件）。在实际的光伏发电系统中，电池组件的输出电压仍然较低，因此，大多数光伏并网发电系统将光伏组件按照一定的要求串联和并联后组成光伏阵列，最后将光伏阵列输出至光伏并网逆变器。光伏并网逆变器是光伏并网发电系统的核心，其作用是将光伏阵列输出的直流电变换为交流电接入电网，此外还具备光伏阵列最大功率点跟踪控制、孤岛防护等必要功能。可以说，光伏并网逆变器是连接光伏阵列与电网的控制大脑。

2.1.1.2　分布式光伏电源基本原理

（1）光伏电池的发电原理。光伏发电利用光伏电池的光生伏打效应（photovoltaic effect）将光能转换成电能。1839年，法国科学家贝克勒尔（A. E. Becqurel）首先发现了光生伏打效应。然而，第一个实用单晶硅光伏电池（solar cell）直到一个多世纪后的1954年才在美国贝尔实验室研制成功。20世纪70年代中后期开始，光伏电池技术不断完善，成本不断降低，迎来了光伏产业的蓬勃发展。

光伏发电原理如图2-2所示。半导体PN结两侧因多数载流子（N^+区中的电子和P区中的空穴）向对方的扩散而形成宽度很窄的空间电荷区W，建立自建电场E_i，如图2-2(a)所示。它对两边多数载流子是势垒，阻挡其继续向对方扩散；但它对两边的少数载流子（N^+区中的空穴和P区中的电子）却有牵引作用，能把它们迅速拉到对方区域。稳定平衡时，少数载流子极少，难以构成电流和输出电能。但是当太阳光照射到半导体表面，半导体内部N区和P区中原子的价电子受到太阳光子的冲击，在半导体材料内部产生大量处于非平衡状态的电子－空穴对。如图2-2(b)所示，其中的光生非平衡少数载流子（即N^+区中的非平衡空穴和P区中的非平衡电子）可以被内建电场E_i牵引到对方区域，然后在光伏电池中的PN结中产生光生电场E_{pv}，当接通外电路时，即可流出电流，输出电能。当把众多这样小的太阳能光伏电池单元通过串并联的方式组合在一起，构成光伏电池组件，便可以在太阳光照射的作用下输出功率足够大的电能。

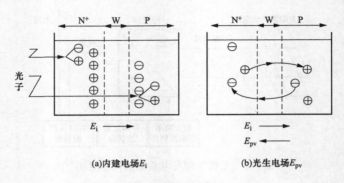

图 2-2 光伏发电原理

（2）光伏电池的等效电路。光伏电池的等效电路如图 2-3 所示。当光照恒定时，由于光生电流不随光伏电池的工作状态变化而变化，因此在等效电路中可以看成是一个恒流源 I_{ph}。光伏电池的两端接入负载 R 后，光生电流流过负载，从而在负载的两端建立起端电压 U。负载端电压反作用于光伏电池的 PN 结上，产生一股与光生电流方向相反的电流 I_d。此外，由于太阳能光伏电池板前后表面的电极以及材料本身所带有的电阻率，当工作电流流过电池板时必然会引起电

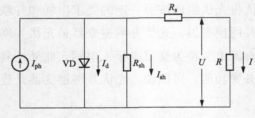

图 2-3 光伏电池等效电路

池板内部的串联损耗，故引入串联电阻 R_s。在实际的太阳能光伏电池中，一般串联电阻都比较小，大都在 $10^{-3}\Omega$ 至几 Ω 之间。另外由于制造工艺的因素，光伏电池的边缘和金属电极在制作时可能会产生微小的裂痕、划痕，形成漏电回路，使流过负载的光生电流分流，因此引入一个并联电阻 R_{sh} 来等效。相对于串联电阻 R_s 来说，并联电阻一般都比较大，在 $1k\Omega$ 以上。

（3）光伏电池的输出特性。在特定的太阳光强和温度下，光伏电池的 I-U 和 P-U 特性如图 2-4 所示，其中 I_{SC} 为短路电流，U_{OC} 为开路电压，I_m 为最大功率点电流，U_m 为最大功率点电压，P_m 为最大功率。在 U_m 左侧为近似恒流源段，右侧为近似恒压源段。光伏电池输出特性受外界环境如光照强度、电池结温的影响较大。

（4）光伏逆变器的原理。光伏逆变器从结构上可以分为电压型和电流型，前者是采用电容作为储能元件，在直流输入侧并联大电容用作无功功率缓冲环节，构成逆变器低阻抗的电源内阻特性。后者在直流侧串联一个大电感作为储能元件储存无功功率，提供稳定的直流电流输入。电流型逆变器并网一般采用恒功率因数控制；电压型逆变器并网具备一定的无功电压调节能力。常用的光伏并网逆变器多采用电压源逆变电路结构。

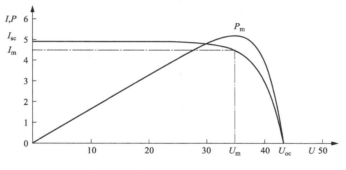

图 2-4　光伏电池 I-U 和 P-U 特性

　　图 2-5 为典型的电流源逆变电路结构图。逆变器输出以电流源方式并网接入电网，其基本原理就是将自换相电流源桥式电路的交流端并联在电网上，适当地调节桥式电路交流侧输出电流的相位和幅值，就可以使该电路送出有功电流，实现光伏电源并网的目的。直流回路的电感串接在相应的直流母线上，是实现电流源的主要器件。为了改善并网电流的波形，一般在交流侧加装滤波电容器。

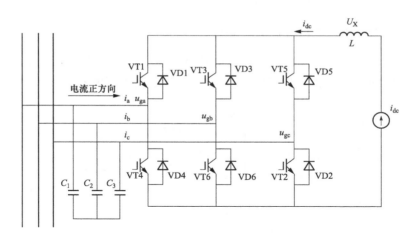

图 2-5　电流源逆变电路结构图

　　图 2-6 为典型的电压源逆变结构图。电压源输出电压不能直接接入电网母线的电压端，中间需要加缓冲电感。大容量光伏并网逆变器（兆瓦级）可采用门极可关断晶闸管（gate-turn-off thyristor，GTO）的多重化或多电平结构，此结构在小系统中使用较少。中小容量光伏并网逆变器（几百千瓦及以下）采用绝缘栅双极型晶体管（insulated gate bipolar transistor，IGBT）的脉宽调制电压源逆变器（pulse width modulation voltage-source converter，PWM VSC）结构，经串联电感并入电力系统。

　　光伏并网装置向电网输送有功功率，其输出电流与电网电压同相，通过最大功率点跟踪策略调节输出电流的大小，以控制输出的有功。光伏并网装置也可工作于补偿无功的模式，由于装置输出串接电感，它的输出电流可以超前自身输出电压一个很小的夹角，从装置输出的角度来看，装置输出一部分无功，无功电流不会影响直流侧电压。

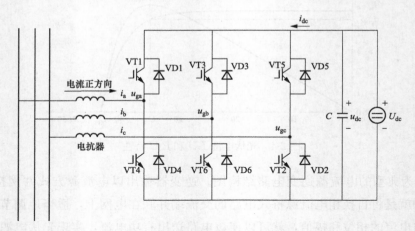

图 2-6　电压源逆变电路结构图

2.1.2　直驱型风力发电机的原理

2.1.2.1　直驱型风电系统及运行原理

直驱型（永磁）同步风电系统主要包括风机、永磁同步发电机、桨距角控制单元、并联变流器及其控制单元和并网控制单元，直驱型风电系统原理图如图 2-7 所示。

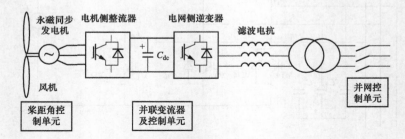

图 2-7　直驱型风电系统原理图

（1）风机。作为将风能转换为机械能的动力部件，风机的效率与性能将直接影响整个机组的性能，风机通过变桨距调节改变桨叶的节距角，使风机运行在最佳功率曲线上。

（2）永磁同步发电机。特点是结构简单（无励磁装置、无转子绕组、无刷无环）；低速运行；多极对数发电机；转子损耗很小，效率高；变速范围大，风能利用率高等。

（3）桨距角控制单元。控制风轮转速，根据风速大小自动调节，捕获尽可能多的风能，同时保持输出功率的平稳。

（4）并联变流器及其控制单元。变流单元总容量必须超过发电机组容量，但是目前的 IGBT 器件容量有限，所以要通过变流器并联的方法来提高变流系统容量，图 2-7 示例采用了两个背靠背双 PWM 变流器并联的变流系统结构；逆变模块并联运行将会产生环流，通过并联逆变模块间平均分配负荷、器件的参数和性能一致、采用电压同步控制技术来控制并且消除逆变器间的环流，达到抑制环流的目的，使并联的逆变器输出电压波形尽可能一致。

（5）并网控制单元。在风电系统的启动阶段，变流器控制单元要先完成风力机的并网工作，当前风力发电机组普遍采用软并网方式，具有平稳的并网过渡过程，且不会出现冲击电流，因此对电网的影响较小；等到风力机软并网成功后，变流器控制单元又可以切换到正常的工作方式，也就是最佳风能捕获方式。

直驱永磁同步风电系统的运行原理是利用风轮机捕获风能，通过传动装置将风能转换为机械能，机械能通过永磁发电机转换为频率、幅值均变化的交流电，该交流电通过全功率变流器先整流成直流电，再经逆变器变成三相恒幅且符合电网要求的高质量交流电，送入电网。中间环节会经过背靠背双脉宽调制变流器（电机侧变流器和电网侧变流器），其中电机侧变流器控制永磁同步发电机的速度和最大功率追踪，电网侧变流器控制直流环节电压和交流侧功率因数，而且电网侧变流器还要控制流入电网的谐波电流，来满足机组的并网要求。该变流器可以对系统有功功率和无功功率进行解耦控制，以实现最大风功率追踪，达到最大效率利用风能的目的。

2.1.2.2 直驱型风电系统的优缺点

传统的变速恒频风力发电系统主要由风力机、齿轮箱和发电机三个部分组成。在系统工作过程中，齿轮箱不仅会产生严重的噪声污染、增加系统故障、需要定期维护，而且大大地降低了风能转换率。无齿轮箱的风电系统，主要是永磁直驱型风力发电系统，克服了上述缺点，成为风力发电的一种发展趋势。

与传统的变速恒频风电系统相比，直驱型系统优点如下：首先，采用的低速永磁同步发电机无需励磁，效率和可靠性高；其次，无增速齿轮箱，降低了噪声污染，减少了维护工作，从而降低了维护成本；最后，采取适当的控制方法可以实现最大风能捕获，提高系统的效率，并且采取一定的变流器控制策略，能灵活地调节系统输出的有功功率和无功功率，输出电流谐波含量低，易于实现低电压穿越，具有较强的抗扰动能力。直驱型系统的缺点是，需要使用两个全功率变换器，造价相对昂贵。

2.1.2.3 直驱型风电系统变流器的拓扑结构

变流器是直驱型风电系统的核心部分，各部分的电压、电流、功率都由电力电子变流器控制，所以系统能否正常运行将直接受到变流器拓扑结构的影响。由于电力电子变流器拓扑结构的多样性，直驱型变速恒频发电系统中间交流到交流的变流器环节可以采用不同的结构。下面介绍几种主要的变流器拓扑结构。

（1）不控整流加 DC/DC 变换电路和电压逆变器的拓扑。不控整流加 DC/DC 变换和电压逆变器拓扑结构如图 2-8 所示。该拓扑结构增加了 DC/DC 变换环节，能够校正输入侧功率因数，提高发电机运行效率，灵活调节母线电压，使风机适用于更大风速范围；通过调节 DC/DC 变换器的占空比来保持直流侧电压稳定。该拓扑也可以通过控制逆变器来调节永磁同步发电机的电磁转矩和转速，使该系统变速恒频运行，捕获最大风能。目前在小功率和兆瓦级直驱风电系统中经常使用升压（Boost）电路或者降压（Buck）电路作为 DC/DC 变换器；当风力发电机输出电压变化很大时，采用 Buck-Boost 电路作为 DC/DC 变换器，通过升压降压来稳定直流母线电压。

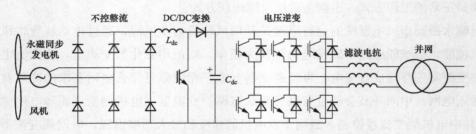

图 2-8　不控整流加 DC/DC 变换和电压逆变器拓扑结构

（2）双 PWM 变流器拓扑。背靠背双 PWM 变流器拓扑结构如图 2-9 所示，机侧整流、网侧逆变部分都使用全控型变流器，机侧整流器将永磁同步发电机发出的交流电变成直流电，网侧逆变器将直流电逆变成为与电网电压同频同相的交流电，实现并网。发电机在双 PWM 变流器拓扑结构中可以实现变速恒频运行，在启动风速至额定风速范围内均能实现最大风能捕获。

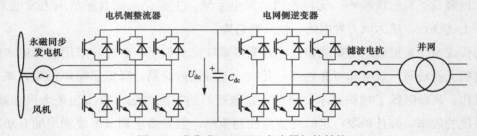

图 2-9　背靠背双 PWM 变流器拓扑结构

背靠背双 PWM 变换器结构有较强的通用性，由图 2-9 可知，双 PWM 变流器机侧网侧电路结构相同，而且控制电路与控制算法相似，对变流器通常采用矢量控制技术，可以灵活控制风力发电机并网，保证输送到电网的电能质量。该拓扑结构是目前直驱风电系统的主流拓扑结构。这种结构也有不足之处，主要是电力电子器件的增加导致难于控制系统谐波；前端的 PWM 整流器使系统的成本大大增加，虽然能够提高系统性能，但是在大功率工程中性价比较低，不如不可控整流后接直流侧电压稳定的 PWM 电压源型逆变器的结构，多在小功率系统中采用。随着多电平型变换器和变换器并联结构研究的深入，这类变换器的拓扑结构已经出现在大功率风力发电系统的应用研究上。如果在直流侧配合增加卸载负荷，直驱永磁同步风电系统会有较快的动态响应速度，这样就可以有效地提高系统的低电压穿越能力。

不控整流加 DC/DC 变换和逆变器是三级变换，双 PWM 变流器是两级变换，且双 PWM 变流器能够直接控制风力发电机，效率更高。但是由于双 PWM 变流器需要大量的全控型器件，其控制电路相对比较复杂；而且，机侧变流器的矢量控制要检测电压、电流、电机转速等，控制比较复杂，成本和实现难度增加。而采用不控整流后接 Boost 电路拓扑结构，控制相对简单，易实现，且可靠性高。这两种拓扑结构各有优缺点，应用都比较多，但是，双 PWM 变流器拓扑结构比较复染，增加了电机控制环节，控制算法多样，更具有研究意义。

（3）多电平大功率变流器拓扑。直驱风电系统需要全功率变流器，变流器对电压、功率和电能输出质量要求越来越高，传统的二电平拓扑结构不能满足要求。为了满足更高的要求，变流器拓扑结构趋于复杂化，这些大多应用在大功率变流器上。多电平变流器，能够在常规功率器件耐压基础上，通过更多阶梯电压，实现高电压输出，使未经滤波的逆变器输出电压波形更接近正弦，减少了谐波含量，获得更大的输出容量。多电平变流器的基本原理是由多个电平台阶合成阶梯波来逼近正弦输出电压。多电平变流器拓扑结构分为二极管钳位型、双向开关互联型、飞跨电容型、两电平变流器组合型、单相 H 桥级联型等。

通常采用将功率器件串联的方法来提高逆变器容量，如今三电平背靠背二极管钳位式变频器、直接串联 IGBT 高压变频器在直驱风电系统中比较常用，三电平背靠背双 PWM 变流器在直驱风电系统中的拓扑结构如图 2-10 所示。相比于普通的一电平逆变器，在相同载波频率下，三电平逆变电器开关频率低一些，输出波形的谐波分量也少一些，使谐波、开关损耗降低，系统效率提高，电磁干扰减少。

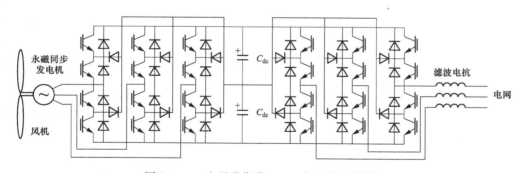

图 2-10　三电平背靠背 PWM 变流器拓扑结构

2.1.3　双馈型风力发电机的原理

2.1.3.1　双馈风力发电机系统的结构

双馈型风力发电机（doubly fed induction generator，DFIG）系统结构示意如图 2-11

所示，系统主要由风力机、双馈发电机、双向变流器和控制器组成。双馈风力发电机的定子直接接入电网，转子通过交—直—交变换器实现交流励磁，电功率可以通过定子、转子双通道与电网实现交换。由于转子和电网之间需要双向的能量流动，因此在双馈风力发电机的转子与电网之间需要两个背靠背的四象限变流器。电网侧 PWM 换流器的主要任务是保证电流波形和功率因数满足要求并保证直流母线电压的稳定，转子侧 PWM 换流器的主要任务是调节有功功率，实现最大风能的捕捉。当发电机转速变化时，控制转子励磁电流的频率，使定子输出频率恒定。

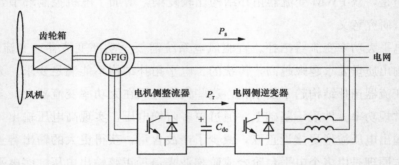

图 2-11　变速恒频双馈风力发电机系统结构示意

2.1.3.2　双馈风力发电机的基本工作原理

双馈发电机的定子绕组直接挂接电网，转子绕组由具有可调节频率的三相电源激励，一般采用交—直—交变流器供电。双馈发电机可在不同的转速下运行，其转速可随风速的变化作适当的调整，这样能使风力机的运行始终处于最佳状态，以提高风能的利用率。当电机的负载和转速变化时，通过调节馈入转子绕组的励磁电流，能保持定子输出的电压和频率不变，同时还能调节发电机的功率因数。根据电机学原理，若要实现稳定的机电能量交换，发电机定、转子绕组电流产生的旋转磁场需要保持相对静止，即转子旋转磁场相对于静止空间的转速等于定子旋转磁场的转速。双馈异步风力发电机的运行原理如图 2-12 所示。

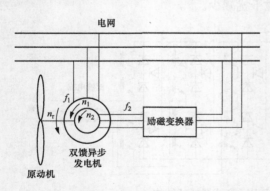

图 2-12　双馈异步风力发电机的运行原理

图 2-12 中 f_1、f_2 分别为双馈发电机定、转子电流的频率。稳定运行时，各转速间有如下关系

$$n_1 = n_2 + n_r \tag{2-1}$$

式中　n_1——定子磁场同步转速；

　　　n_2——转子磁场相对于转子的转速；

n_r——转子本身的转速。

因 $f_1 = n_p n_1/60$ 及 $f_2 = n_p n_2/60$，其中 n_p 为发电机极对数，故有

$$\frac{n_p n_r}{60} + f_2 = f_1 \tag{2-2}$$

由式（2-2）可知，当发电机转速 n_r 发生变化时，可通过转子励磁电流频率 f_2 来保持定子输出频率 f_1 恒定，实现变速恒频发电运行。

当忽略发电机内部损耗时，发电机的定子输出电功率 P_1 等于转子输入电功率 P_2 与发电机轴上输入机械功率 P_m 之和，即

$$P_1 = P_2 + P_m \tag{2-3}$$

根据感应电机的运行原理，转子绕组的电功率和电机轴上的机械功率可分别表示为

$$P_2 = sP_1 \tag{2-4}$$

$$P_m = (1-s)P_1 \tag{2-5}$$

式中 s——转差率。

由式（2-3）～式（2-5）可知，当发电机转速低于同步速时，双馈发电机处于亚同步运行状态，$f_2 > 0$，$s > 0$，电网向转子绕组馈入电功率，由转子传递给定子的电磁功率为 sP_1，风力机传递给定子的电功率为 $(1-s)P_1$，双馈发电机在处于亚同步运行方式下输入、输出功率关系的功率流向如图 2-13（a）所示。当发电机转速高于同步速时，双馈发电机处于超同步运行状态，$f_2 < 0$，转子绕组通过励磁变换器向电网输出功率，即发电机定子、转子同时发电，此时风力发电机供给发电机的功率增至 $(1 + |s|)P_1$，双馈发电机处于超同步运行状态下输入、输出功率关系的功率流向如图 2-13（b）所示。

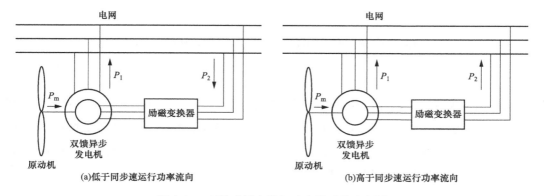

图 2-13　双馈式风电机组功率关系及流向图

由于在低于和高于同步速不同运行方式下转子绕组的功率流向不同，因此需要采用双向变流器。

2.1.3.3　双馈风力发电机的数学模型

在考虑双馈风力发电机的数学模型时，定转子绕组均采用电动机惯例，即定、转子

绕组电流以流入为正。为便于分析问题,假定如下:

(1)忽略空间谐波,设三相绕组对称(在空间上互差120°电角度),所产生的磁动势沿气隙圆周按正弦规律分布;

(2)忽略磁路饱和,各绕组的自感和互感都是定常线性对称的;

(3)忽略频率和温度变化对绕组电阻的影响,忽略铁芯损耗;

(4)转子绕组已经折算到定子侧,折算后每相匝数相等。

与同步发电机相似,在三相静止坐标系下双馈风力发电机的数学模型也具有非线性、时变性、强耦合等特点,分析和求解困难。为简化分析和应用于矢量控制变化,通过坐标变换的方法简化双馈风力发电机的数学模型。

坐标变换的思想是将一个三相静止坐标系里的矢量,通过变换用一个两相静止坐标下或两相旋转坐标系里的矢量表示,在变换时刻采取功率不变或幅值不变的原则,其坐标变换示意图如图2-14所示。

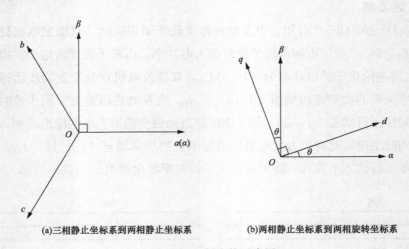

(a)三相静止坐标系到两相静止坐标系　　　(b)两相静止坐标系到两相旋转坐标系

图2-14　坐标变换示意图

从结构上来说,双馈异步发电机与普通异步电机的最大不同在于,双馈异步发电机的转子绕组中引入了励磁电动势;而普通异步电机转子绕组短接,其转子侧电压为0。所以同步旋转坐标系下两种电机的方程区别仅仅在于转子电压方程。在同步旋转dq坐标系下,双馈异步发电机的方程如下所示。

电压方程为

$$\begin{cases} u_{sd} = p\psi_{sd} - \omega_s\psi_{sq} + R_s i_{sd} \\ u_{sq} = p\psi_{sq} + \omega_s\psi_{sd} + R_s i_{sq} \\ u_{rd} = p\psi_{rd} - s\omega_s\psi_{rq} + R_r i_{rd} \\ u_{rq} = p\psi_{rq} + s\omega_s\psi_{rd} + R_r i_{rq} \end{cases} \tag{2-6}$$

式中　　u——发电机定子或转子绕组端电压;

下标 d、q——表示 d、q 轴分量；

ψ——发电机定子或转子绕组磁链；

p——微分因子；

下标 s——定子量；

下标 r——转子量；

ω_s——同步角速度；

s——转差率，同步角速度与转子转速之差与同步角速度的比值。

磁链方程为

$$\begin{cases} \psi_{sd} = L_s i_{sd} + L_m i_{rd} \\ \psi_{sq} = L_s i_{sq} + L_m i_{rq} \\ \psi_{rd} = L_r i_{rd} + L_m i_{sd} \\ \psi_{rq} = L_r i_{rq} + L_m i_{sq} \end{cases} \tag{2-7}$$

其中 $L_m = \dfrac{3}{2} L_{mA}$，$L_{mA}$ 为定、转子间互感峰值。

转矩方程为

$$T_e = \frac{3}{2}(i_{sq}\psi_{sd} - i_{sd}\psi_{sq}) \tag{2-8}$$

转子运动方程为

$$-T_J \frac{ds}{dt} = T_m - T_e - D\omega_r \tag{2-9}$$

式中 T_J——双馈异步发电机的惯性时间常数；

T_m——输入机械功率转矩；

T_e——发电机电磁转矩；

D——阻尼系数。

通过式（2-1）～式（2-9）的联立求解即可精确描述双馈异步发电机的全部动态行为。

2.1.3.4　双馈风力发电机物理模拟系统

变速恒频（variable speed constant frequency，VSCF）双馈风力发电机模拟试验系统如图 2-15 所示，由绕线转子感应电机、直流拖动电动机、变压器、IGBT 交直交双向变流器、光电编码器、电流及电压传感器、变速恒频控制器等组成。

VSCF 双馈风力发电机励磁控制系统的控制目标是控制发电机与电网之间的无功功率交换，控制风电机组发出的有功功率追踪风电机组的最优运行点。

由于 VSCF 双馈模拟风力发电机要满足亚同步速、同步速和超同步速运行的各种工况要求，所以双向变流器向转子绕组馈电时应做到输出电压（或电流）幅值、频率、相位和相序可调。运行时，通过控制励磁电流的幅值和相位可以调节发电机的无功功率，通过控制励磁电流的频率可调节发电机的有功功率，通过发电机励磁控制可按最佳运行方式调节发电机的转速。

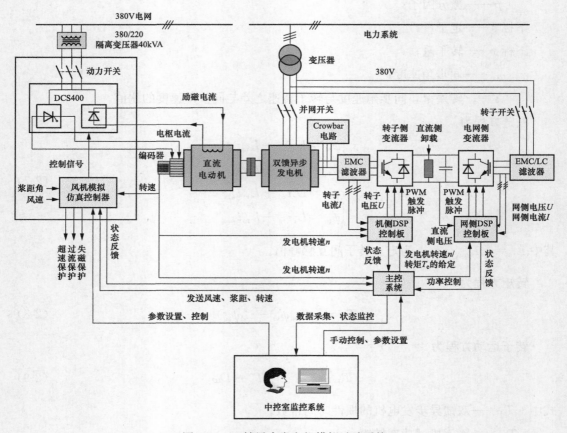

图 2-15 双馈风力发电机模拟试验系统

2.2 旋转电机型分布式电源的原理

旋转电机型分布式电源是旋转式发电机产生工频交流电，发电机定子直接接入交流电网。本节以同步型发电机、异步型发电机为例简要介绍旋转电机型分布式电源的原理。

2.2.1 同步电机型分布式电源的原理

同步电机是一种常用的交流电机。其稳态运行时，转子的转速 n 与电网频率 f 具有固定不变的关系 $n = n_s = 60f/p\text{(v/min)}$，转速 n_s 称为同步转速。若电网的频率不变，则稳态时同步电机的转速恒为常值而与负载的大小无关。

同步电机有发电机、电动机和补偿机三种运行状态。发电机把机械能转换为电能，电动机把电能转换为机械能，补偿机中没有有功功率的转换，专门发出或吸收无功功率、调节电网的功率因数。分析表明，同步电机运行于哪一种状态，主要取决于定子合成磁场与转子主磁场之间的夹角 δ，δ 称为功率角。

若转子主磁场超前于定子合成磁场（$\delta>0$），此时转子上将受到一个与其旋转方向相反的制动性质的电磁转矩。为使转子能以同步转速持续旋转，转子必须从原动机输入驱动转矩。此时转子输入机械功率，定子绕组向电网或负载输出电功率，同步电机作发电机运行。

这里所述的同步电机是指定子使用三相电枢绕组，转子提供磁场的电机。通常来说，永磁体或者有专用的励磁绕组提供转子的磁场。如果使用励磁绕组，一般都是直流励磁电流通过电刷和集电环来供电。

典型的三相同步电机电路图如图 2-16 所示，电机的定子 U、V 和 W 端连接到电网的 L1、L2 和 L3 线上；转子承载励磁绕组，直流励磁电流通过 F1 和 F2 两个端子接入转子绕组。当然也可以使用永磁体来替换掉励磁绕组，但是这样会使励磁磁场大小固定，无法像使用励磁绕组那样获得可控的励磁磁场。

同步电机的励磁方式包括直流励磁机励磁和整流器励磁。

直流励磁机通常与同步发电机同轴，并采用并励或他励接法。他励时，励磁机的励磁由另一台与主励磁机同轴的副励磁机供给，如图 2-17 所示。为使同步发电机的输出电压保持恒定，常在励磁电路中加进一个反映负载大小的自动调节系统，使发电机的负载电流增加时，励磁电流相应地增大，这样的系统称为复式励磁系统。

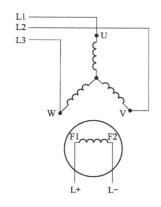

图 2-16 三相同步电机示意图

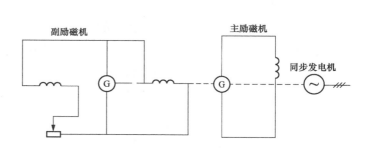

图 2-17 带副励磁机的励磁系统

整流器励磁又分为静止式和旋转式两种。图 2-18 表示静止整流器励磁系统的原理图。图中主励磁机是一台与同步发电机同轴连接的三相 100Hz 发电机，其交流输出经静止三相桥式不可控整流器整流后，通过集电环接到主发电机的励磁绕组，供给其直流励磁；主励磁机的励磁由交流副励磁机发出的交流电经静止可控整流器整流后供给。副励磁机是一台中频三相同步发电机（有时采用永磁发电机），它也与主发电机同轴连接。副励磁机的励磁，开始时由外部直流电源供给，待电压建起后再转为自励。根据主发电机端电压的偏差和负载大小，通过电压调整器对主励磁机的励磁进行调节，即可实现对主发电机励磁的自动调节。

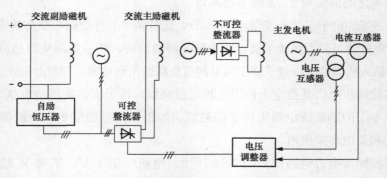

图 2-18　静止整流器励磁系统

2.2.2　异步电机型分布式电源的原理

异步感应电机是利用电磁感应原理，通过定子的三相电流产生旋转磁场，并与转子绕组中的感应电流相互作用产生电磁转矩，以进行能量转换。正常情况下，感应电机的转子转速总是略低或高于旋转磁场的转速（同步转速 n_s），因此感应电机又称为异步电机。旋转磁场的转速 n_s 与转子速度 n 之差称为转差，转差 Δn 与同步转速 n_s 的比值称为转差率，用 s 表示，即

$$s = \frac{n_s - n}{n_s} \tag{2-10}$$

转差率是表征感应电机运行状态的一个基本变量。

当感应电机的负载发生变化时，转子的转速和转差率将随之变化，使转子导体中的电动势、电流和电磁转矩发生相应的变化，以适应负载的需要。按照转差率的正负和大小，感应电机有电动机、发电机和电磁制动三种运行状态，如图 2-19 所示，图中 N、S 表示定子旋转磁场的等效磁极，转子导体中的"×"和"·"表示转子感应电动势及电流的方向，T_e 表示转子受到的电磁力。

当转子转速低于旋转磁场的转速时（$n_s > n > 0$），转差率 $0 < s < 1$。设定子三相电流所产生的气隙旋转磁场为逆时针转向，按右手定则，即可确定转子导体"切割"气隙磁场后感应电动势的方向，如图 2-19（a）所示。由于转子绕组是短路的，转子导体中便有电流流过。转子感应电流与气隙磁场相互作用，将产生电磁力和电磁转矩；按左手定则，电磁转矩的方向与转子转向相同，即电磁转矩为驱动性质的转矩［图 2-19（a）］。此时电机从电网输出机械功率，电机处于电动机状态。

若电机用原动机驱动，使转子转速高于旋转磁场转速（$n > n_s$），则转差率 $s < 0$。此时转子导体中的感应电动势以及电流的有功分量将与电动机状态时相反，因此电磁转矩方向将与旋转磁场和转子转向相反，如图 2-19（b）所示，即电磁转矩为制动性质的转

矩。为使转子持续地以高于旋转磁场的转速旋转，原动机的驱动转矩必须克服制动的电磁转矩；此时转子从原动机输入机械功率，通过电磁感应由定子输出电功率，电机处于发电机状态。

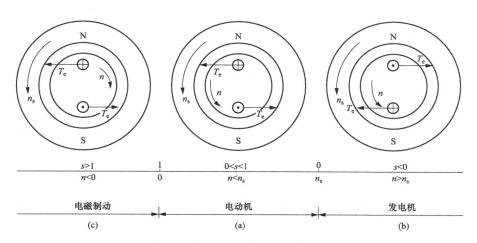

图 2-19　感应电机的三种运行状态（图中·和×为转子感应电流的方向）

若由机械或其他外因使转子逆着旋转磁场方向旋转（$n<0$），则转差率 $s>1$。此时转子导体"切割"气隙磁场的相对速度方向与电动机状态时相同，故转子导体中的感应电动势和电流的有功分量与电动机状态时同方向，如图 2-19（c）所示，电磁转矩方向亦与图 2-19（a）中相同。但由于转子转向改变，故对转子而言，此电磁转矩表现为制动转矩。此时电动机处于电磁制动状态，它一方面从外界输入机械功率，另一方面又从电网吸取电功率，两者都变成电机内部的损耗。

参 考 文 献

[1]　王成山，李鹏. 分布式发电、微网与智能配电网的发展与挑战 [J]. 电力系统自动化，2010，34（2）：10-14，23.

[2]　胡伟，孙建军，查晓明，等. 基于动态相量法的逆变型分布式电源微电网建模与仿真 [J]. 电力系统自动化，2014，38（3）：14-18.

[3]　杨新法，苏剑，吕志鹏，等. 微电网技术综述 [J]. 中国电机工程学报，2014，34（1）：57-70.

[4]　付丽伟，王守相，张永武，张成峰，董澎涛. 多类型分布式电源在配电网中的优化配置 [J]. 电网技术，2012，36（1）：79-84.

[5]　王成山，李琰，彭克. 分布式电源并网逆变器典型控制方法综述 [J]. 电力系统及其自动化学报，2012，24（2）：12-20.

[6]　黄小荣，陈鸣，陈方林. 微网运行模式及控制策略研究 [J]. 华东电力，2012，40（5）：798-802.

[7]　王成山，高菲，李鹏，黄碧斌，丁承第，于浩. 低压微网控制策略研究 [J]. 中国电机工程学报，

2012，32（25）：2-9.

[8] 王成山，孙晓倩. 含分布式电源配电网短路计算的改进方法 [J]. 电力系统自动化，2012，36（23）：54-58.

[9] 冯庆东. 分布式发电及微网相关问题研究 [J]. 电测与仪表，2013，50（2）：54-59＋82.

[10] 肖园园，李欣然，张元胜，等. 直驱永磁同步风力发电机的等效建模 [J]. 电力系统及其自动化学报，2013，25（1）：12-17＋28.

[11] 曾正，赵荣祥，汤胜清，等. 可再生能源分散接入用先进并网逆变器研究综述 [J]. 中国电机工程学报，2013，33（24）：1-12＋21.

[12] 刘健，林涛，同向前，等. 分布式光伏电源对配电网短路电流影响的仿真分析 [J]. 电网技术，2013，37（8）：2080-2085.

[13] 马亚辉，李欣然，徐振华，等. 一种逆变并网型分布式电源统一模型 [J]. 电工技术学报，2013，28（9）：145-154.

[14] 朱永强，贾利虎，蔡冰倩，等. 交直流混合微电网拓扑与基本控制策略综述 [J]. 高电压技术，2016，42（9）：2756-2767.

[15] 杨德州，王利平，张军，等. 大型分布式电源模型化研究及其并网特性分析——（一）光伏电站专题 [J]. 电力系统保护与控制，2010，38（18）：104-110.

[16] 温烨婷，戴瑜兴，毕大强，等. 一种电网友好型光储分布式电源控制策略 [J]. 中国电机工程学报，2017，37（2）：464-476.

[17] 范士雄，蒲天骄，刘广一，等. 主动配电网中分布式发电系统接入技术及其进展 [J]. 电工技术学报，2016，31（S2）：92-101.

3　分布式电源的建模及控制策略

本章将分别介绍变流器型和旋转电机型两类分布式电源典型发电方式的建模及控制策略。变流器型分布式电源发出直流电或非工频交流电，需要经过直—交变换或交—直—交变换再并入电网，例如光伏电源、永磁直驱风机、双馈风机、单轴微型燃气轮机等，该类分布式电源通常采用电压源型换流器（voltage source converter，VSC）接口并网。旋转电机型分布式电源直接发出工频电压和电流，可直接并网运行，例如分轴型微型燃气轮机、鼠笼式异步发电机等。

3.1　变流器型分布式电源的建模及控制方式

通过变流器（通常情况下为逆变器）并网的分布式电源可控性强，同时具备灵活快速的调节性能，应用前景广泛。此类分布式电源并网引入了大量电力电子器件，其控制策略与基于同步发电机的传统电源不同。本节将分别介绍光伏电源、永磁直驱风机、双馈风机及单轴微型燃气轮机四种典型的变流器型分布式电源，并搭建相应的电磁暂态模型。

3.1.1　光伏电源控制策略及建模

3.1.1.1　逆变器控制策略

并网逆变器一般分为电压源型和电流源型。其中，电流源型并网逆变器需在直流侧串联大电感以提供稳定的直流输入电流，但此大电感往往会导致系统动态响应差，因此大部分并网逆变器常采用电压源型。三相光伏并网逆变器结构示意图如图 3-1 所示。

按照控制方式不同，光伏并网逆变器的控制策略可分为基于电网电压定向的矢量控制/直接功率控制、基于虚拟磁链定向的矢量控制/直接功率控制。其中，基于电网电压定向的直接功率控制是将并网逆变器输出的瞬时有功功率和无功功率作为被控量进行功率的直接闭环控制，属于间接电流控制；而基于电网电压定向的矢量控制是以电网电压矢量进行定向，通过控制并网逆变器输出电流矢量的幅值和相位以控制并网逆变器的有功功率和无功功率，属于直接电流控制。此外，根据控制目标的不同，直接电流控制又包含了下垂控制、恒压恒频（V/f）控制和 PQ 控制。以下对光伏并网逆变器的各种控制策略进行详细介绍。

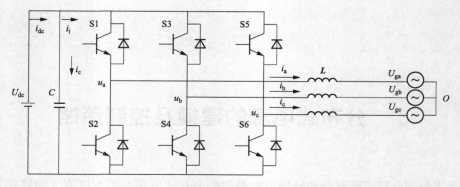

图 3-1 三相光伏并网逆变器结构示意图

U_{dc}—直流母线电压；i_{dc}—直流电流；C—直流母线侧并联电容；S1～S6—功率开关器件；

u_a、u_b、u_c，i_a、i_b、i_c—逆变器出口三相电压和三相电流；L—网侧滤波电感；U_{ga}、U_{gb}、

U_{gc}—并网点三相电压

（1）基于电网电压定向的直接功率控制。基于电网电压定向的直接功率控制是以开关表为核心的控制策略，其系统结构如图 3-2 所示。

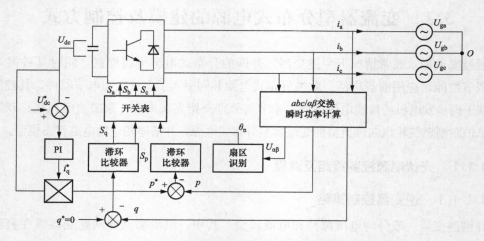

图 3-2 基于电网电压定向的直接功率系统结构

根据图 3-2 可知控制电路由交流电压电流检测电路、功率估算器、扇区划分器、直流检测电路、PI 调节器、滞环比较器及开关表组成。根据检测到的三相交流电压 u_a、u_b、u_c 和电流 i_a、i_b、i_c 经过坐标变换得到两相 α-β 坐标系下的电压和电流 u_α、u_β、i_α、i_β，从而根据式（3-1）可估算出瞬时有功、无功功率 p、q，并由 u_α、u_β 得到电压矢量所在扇区 θ_n，将瞬时有功、无功功率 p、q 与给定的有功、无功功率 p^*、q^* 比较后的差值送入滞环比较器得到 S_p、S_q，根据 θ_n、S_p、S_q，在事先定义的开关表中查找相应的开关信号 S_a、S_b、S_c 去驱动逆变器的功率开关管。

$$\begin{bmatrix} p \\ q \end{bmatrix} = \begin{bmatrix} u_\alpha & u_\beta \\ -u_\beta & u_\alpha \end{bmatrix} \begin{bmatrix} i_\alpha \\ i_\beta \end{bmatrix} \tag{3-1}$$

式中　　p、q——逆变器输出的瞬时有功功率、无功功率，MW、Mvar；

　　　　u_α、u_β——两相 α-β 坐标系下逆变器输出的电压，kV；

　　　　i_α、i_β——两相 α-β 坐标系下逆变器输出电流，kA。

（2）下垂控制。下垂控制本质是电压源型逆变器的电压控制方法，通过对电压幅值和相位的调整实现对传输功率的控制，对于逆变器输出电压幅值的检测和控制是比较容易的，但是输出电压的相位却难以测量，因此一般对角频率进行测量和控制，并达到间接控制电压相位的效果。下垂特性曲线一般可通过如图 3-3 所示的控制结构实现。

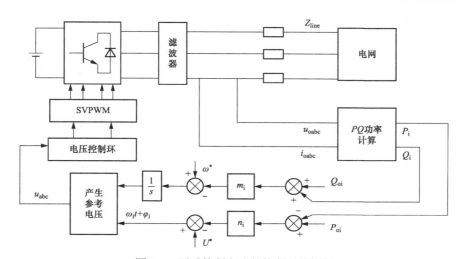

图 3-3　下垂控制方法的控制系统框图

根据图 3-3 可知利用测量得到的逆变电源输出的电压和电流，计算逆变电源输出的无功功率及有功功率，然后将计算得到的功率反馈到下垂控制器，进而得到逆变电源的电压幅值指令和电压频率指令，下垂控制的系数可根据电网容量以及电能质量对频率偏移和电压偏移的要求来选择和计算。

（3）U/f 控制。U/f 控制策略是利用逆变器反馈电压以调节交流侧电压来保证输出电压的稳定，常采用电压外环、电流内环的双环控制方案。电压外环能够保证输出电压的稳定，电流内环构成电流随动系统能大大加快抵御扰动的动态过程。电压、电流双环控制充分利用了系统的状态信息，不仅动态性能好，稳态精度也高。同时，电流内环增大了逆变器控制系统的带宽，使得逆变器动态响应加快，对非线性负载扰动的适应能力加强，输出电压的谐波含量减小。

根据选取的状态变量不同，双环控制又可以分为电感电流内环电压外环和电容电流内环电压外环两种。采用电容电流内环与电感电流内环相比，系统稳定性略有降低，但系统外特性更强。

如图 3-4 所示，采用电容电流内环电压外环控制方案，在旋转 dq 坐标系下实现。d 轴和 q 轴可以分开控制，两个轴的控制器设计完全一致，逆变器采用 SPWM 调制。

L_n、C_n、R_n 是滤波电感、电容和电阻，Z_n 是负荷阻抗（其中 $n=\mathrm{a}$，b，c）。LC 滤波器设计原则与并网系统近似，考虑到 LC 滤波器容易发生振荡，所以串入了很小的阻尼电阻 R_n，用于抑制振荡。逆变器桥输出电压为 U_n，输出电流（即滤波电感电流）为 i_{Ln}，负荷电压（即滤波器电容电压）为 u_n，滤波电容电流为 i_{Cn}，负载电流为 i_{Ln}，流向网馈线的电流为 i_{on}，u_n^* 为可控正弦调制信号。

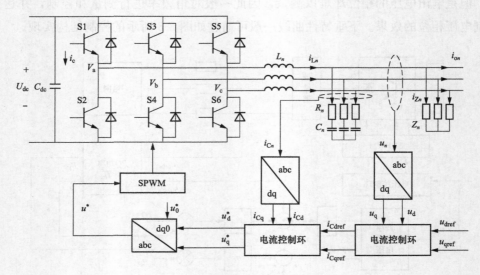

图 3-4　U/f 控制结构框图

（4）基于电压定向的矢量控制策略。若同步旋转坐标系与电网电压矢量 $\boldsymbol{E}$ 同步旋转，且同步旋转坐标系的 d 轴与电网电压矢量 $\boldsymbol{E}$ 重合，则称该同步旋转坐标系为基于电网电压矢量定向的同步旋转坐标系。而基于电网电压定向的并网逆变器输出电流矢量图如 3-5 所示。

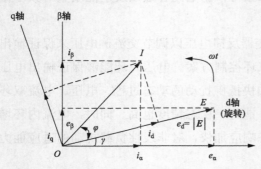

图 3-5　基于电压定向的矢量控制系统矢量图

显然，在电网电压定向的同步旋转坐标系中，有 $e_\mathrm{d}=|\boldsymbol{E}|$，$e_\mathrm{q}=0$。根据瞬时功率理论，系统的瞬时有功功率 p、无功功率 q 分别为

$$\begin{cases} p = \dfrac{3}{2}(e_\mathrm{d} i_\mathrm{d} + e_\mathrm{q} i_\mathrm{q}) \\[2mm] q = \dfrac{3}{2}(e_\mathrm{d} i_\mathrm{q} - e_\mathrm{q} i_\mathrm{d}) \end{cases} \tag{3-2}$$

式中　e_d、e_q——两相 dq 坐标系下电网电压，kV；

　　　i_d、i_q——两相 dq 坐标系下逆变器输出电流，kA。

由于基于电压定向时，$e_\mathrm{q}=0$，则式（3-2）可简化为

$$\begin{cases} p = \dfrac{3}{2} e_{\mathrm{d}} i_{\mathrm{d}} \\ q = \dfrac{3}{2} e_{\mathrm{d}} i_{\mathrm{q}} \end{cases} \tag{3-3}$$

若不考虑电网电压的波动，即 e_{d} 为一定值，因此由式（3-3）表示的并网逆变器的瞬时有功功率 p 和无功功率 q 仅与并网逆变器输出电流的 d、q 轴分量 i_{d}、i_{q} 成正比。这表明，如果电网电压不变，则通过 i_{d}、i_{q} 的控制就可以分别控制并网逆变器的有功、无功功率。

在图 3-1 所示的并网逆变器中，直流侧输入的有功功率的瞬时值为 $p = i_{\mathrm{dc}} u_{\mathrm{dc}}$，若不考虑逆变器的损耗，则由式（3-3）可知：$i_{\mathrm{dc}} u_{\mathrm{dc}} = p = \dfrac{3}{2} e_{\mathrm{d}} i_{\mathrm{d}}$。可见，当电网电压不变且忽略逆变器自身的损耗时，并网逆变器的直流侧电压 u_{dc} 与并网逆变器输出电流的 d 轴分量 i_{d} 成正比，而并网逆变器的有功功率 p 又与 i_{d} 成正比，因此并网逆变器直流侧电压 u_{dc} 的控制可通过有功功率 p 即 i_{d} 的控制来实现。

基于电网电压定向的并网逆变器的并网逆变器的控制结构如图 3-6 所示。

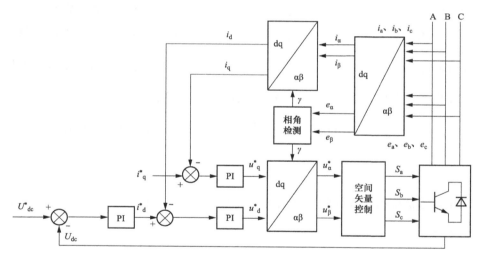

图 3-6   基于电压定向的矢量控制框图

控制系统由直流电压外环和有功、无功电流内环组成。直流电压外环的作用是为了稳定或调节直流电压，显然，引入直流电压反馈并通过一个 PI 调节器即可实现直流电压的无静差控制。由于直流电压的控制可以通过 i_{d} 的控制来实现，因此直流电压外环 PI 调节器的输出量即为有功电流内环的电流参考值 i_{d}^*，从而对并网逆变器输出的有功功率进行调节。无功电流内环的电流参考值 i_{q}^* 则是根据需向电网输送的无功功率参考值 q^*（由 $q^* = e_{\mathrm{d}} i_{\mathrm{q}}^*$ 计算）而得，当令 $i_{\mathrm{q}}^* = 0$ 时，并网逆变器运行于单位功率因数状态，即仅向电网输送有功功率。

电流内环是在 dq 坐标系中实现控制的，即并网逆变器输出电流的检测值 i_{a}、i_{b}、i_{c} 经过 abc/αβ/dq 的坐标变换转换为同步旋转 dq 坐标系下的直流量 i_{d}、i_{q}，将其与电流内环的

电流参考值 i_d^*、i_q^* 进行比较，并通过相应的 PI 调节器控制分别实现对 i_d、i_q 的无静差控制。电流内环 PI 调节器的输出信号经过 dq/αβ 逆变换后，即可通过空间矢量脉宽调制（SVPWM）得到并网逆变器相应的开关驱动信号 S_a、S_b、S_c，从而实现逆变器的并网控制。

另外，图 3-6 中坐标变换的相角信息 γ 是通过下式计算得到的。

$$\begin{cases} \sin \gamma = \dfrac{e_\beta}{\sqrt{e_\alpha^2 + e_\beta^2}} \\[3mm] \cos \gamma = \dfrac{e_\alpha}{\sqrt{e_\alpha^2 + e_\beta^2}} \end{cases} \tag{3-4}$$

式中　e_α、e_β——电网电压在两相 αβ 坐标系下 α、β 轴分量，kV。

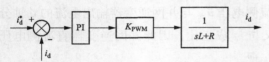

图 3-7　电流内环控制结构

基于电网电压定向的矢量控制的电流内环控制如图 3-7 所示（由于 i_q 电流环与 i_d 电流环相同，这里仅画出了 i_d 的电流内环控制结构）。当开关频率足够高时，其逆变桥的放大特性可由比例增益 K_{PWM} 近似表示，$1/(sL+R)$ 为交流滤波系数。

并网逆变器的直流电压是通过逆变器的有功功率 p 即有功电流 i_d 进行控制，而由图 3-1 分析可得：$C\dfrac{\mathrm{d}u_{\text{dc}}}{\mathrm{d}t} = i_c$，$i_c = i_{\text{dc}} - i_1$。因此要构建并网逆变器的直流电压外环，关键在于求得电流内环的输出 i_d 与逆变桥直流输入电流 i_{dc} 之间的传递关系。

由 $i_{\text{dc}}u_{\text{dc}} = p = \dfrac{3}{2}e_d i_d$，可得 $i_{\text{dc}} = \dfrac{3e_d i_d}{2u_{\text{dc}}}$，若令稳态时 $u_{\text{dc}} = U_{\text{dc}}$，则有

$$i_{\text{dc}} = \frac{3e_d i_d}{2U_{\text{dc}}} \tag{3-5}$$

从而可得直流侧电压外环的控制结构，如图 3-8 所示。其中，$G_c(s)$ 表示电流内环的闭环传递函数。

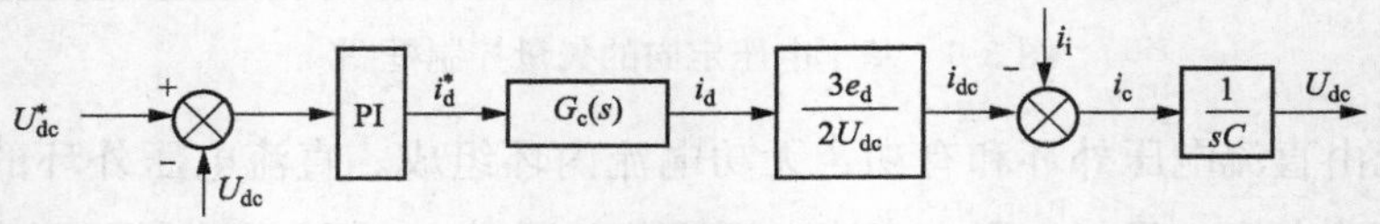

$$U_{\text{dc}}^* \;+\!\!\!\bigcirc\!\!\!-\; \boxed{\text{PI}} \;\xrightarrow{i_d^*}\; \boxed{G_c(s)} \;\xrightarrow{i_d}\; \boxed{\dfrac{3e_d}{2U_{\text{dc}}}} \;\xrightarrow{i_{\text{dc}}}\; \bigcirc \;\xrightarrow{i_c}\; \boxed{\dfrac{1}{sC}} \;\xrightarrow{U_{\text{dc}}}$$

图 3-8　电流外环控制结构

根据图 3-8 可知，通过电压外环确定电流参考值，进而通过电流内环输出直流电流，最终得到直流电压，形成双闭环形式。

（5）有功功率和无功功率（P/Q）控制。采用 PQ 控制策略的变流型逆变器，在控制系统的作用下，输出参考功率，根据瞬时功率理论，其实际输出功率在同步旋转 dq 坐标系下可表示为

$$\begin{aligned} P_{\text{out}} &= P_{\text{ref}} = U_d I_d + U_q I_q \\ Q_{\text{out}} &= Q_{\text{ref}} = U_q I_d - U_d I_q \end{aligned} \tag{3-6}$$

式中 P_{out}、Q_{out}——实际输出有功功率和无功功率，MW、Mvar；

　　　　P_{ref}、Q_{ref}——有功功率和无功功率参考值，MW、Mvar；

　　　　U_d、U_q——逆变器并网点电压旋转矢量，kV；

　　　　I_d、I_q——逆变器输出电流旋转矢量的 d 轴和 q 轴分量，kA。

　　若将 d 轴定向于并网点电压旋转矢量，则有

$$\begin{cases} U_d = U_p \\ U_q = 0 \end{cases} \tag{3-7}$$

式中 U_p——逆变器并网点电压旋转矢量幅值，kV。

　　将式（3-7）代入式（3-6）得

$$\begin{cases} P_{out} = U_p I_d \\ Q_{out} = 0 \end{cases} \tag{3-8}$$

　　电网正常运行时，U_p 基本保持恒定，故由式（3-8）可见，将 d 轴定向于逆变器并网点电压旋转矢量后，逆变器可等值为受参考功率控制的电流源模型，分别通过控制 d 轴电流和 q 轴电流，即可使得逆变器输出参考功率。实现解耦控制后的逆变器，通常采用双环控制策略，其中，外环为功率环，用于控制输出功率，同时生成内环参考电流；内环为电流环，用于控制实际输出电流跟踪参考电流，从而最终输出参考功率。

　　由于采用电压矢量定向控制的逆变器输出有功功率和无功功率分别与有功电流和无功电流呈线性关系，因此可通过分别调节有功参考电流和无功参考电流，从而输出有功和无功参考功率。功率外环控制框图如图 3-9 所示。

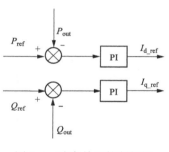

　　图 3-9 中，有功功率和无功参考功率与实际输出功率做差后经过比例积分环节，分别得到有功电流参考值 I_{d_ref} 和无功电流参考值 I_{q_ref}。由于比例积分环节能够实现无静差控制，因此最终输出的有功功率和无功功率将分别跟踪参考值。

图 3-9   功率外环控制框图

　　对于电流内环来说，逆变器出口电压、并网点电压和输出电流在静止三相坐标系下存在以下关系

$$\begin{bmatrix} U_a \\ U_b \\ U_c \end{bmatrix} = \begin{bmatrix} U_{ga} \\ U_{gb} \\ U_{gc} \end{bmatrix} + L \begin{bmatrix} \dfrac{dI_a}{dt} \\ \dfrac{dI_b}{dt} \\ \dfrac{dI_c}{dt} \end{bmatrix} \tag{3-9}$$

式中 U_{ga}、U_{gb}、U_{gc}——逆变器并网点三相电压，kV；

　　　　U_a、U_b、U_c——分别表示逆变器出口三相电压，kV；

　　　　I_a、I_b、I_c——分别表示逆变器输出电流，kA；

L——滤波等效电感，H。

将式（3-9）经过 Park 变换得到

$$\begin{cases} U_d = U_{gd} + L\, \dfrac{\mathrm{d}I_d}{\mathrm{d}t} - I_q \omega L \\[2mm] U_q = U_{gq} + L\, \dfrac{\mathrm{d}I_q}{\mathrm{d}t} + I_d \omega L \end{cases} \tag{3-10}$$

式中　U_d、U_q——表示逆变器出口基波电压的 d 轴和 q 轴分量，kV；

　　　　ω——同步旋转角速度，rad/s。

在零初始状态下，对式（3-10）进行拉氏变换，得到系统在同步旋转 dq 坐标系下并网逆变器频域的数学模型为

$$\begin{cases} U_d(s) = U_{gd}(s) + \left(K_p + \dfrac{K_i}{s}\right)[I_{d\_ref}(s) - I_d(s)] - I_q(s)\omega L \\[2mm] U_q(s) = U_{gq}(s) + \left(K_p + \dfrac{K_i}{s}\right)[I_{q\_ref}(s) - I_q(s)] + I_d(s)\omega L \end{cases} \tag{3-11}$$

式中　K_p、K_i——比例和积分常数。

由式（3-11）可得到电流内环控制框图如图 3-10 所示。

最后，将内环控制所得控制信号 U_d、U_q 经过 Park 反变换，得到 PWM 控制调制波，并与载波比较后生成触发脉冲，即可控制逆变器晶闸管的导通与关断，从而实现控制目标，PQ 控制框图如图 3-11 所示。

图 3-11 中，通过功率外环确定电流参考值，进而通过电流内环输得到 PWM 控制信号。

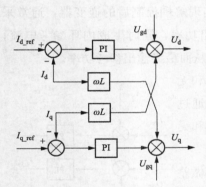

图 3-10　电流内环控制框图

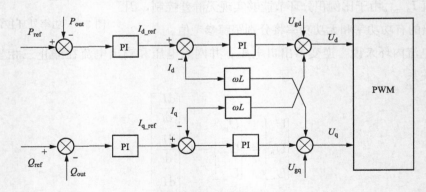

图 3-11　PQ 控制框图

3.1.1.2　建模及仿真验证

利用 PSCAD 软件，搭建光伏并网模型如图 3-12 所示。

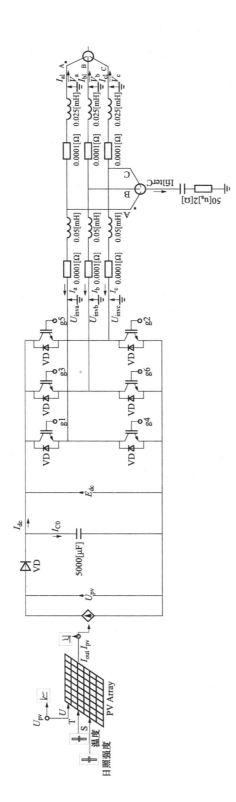

图 3-12 光伏系统仿真模型

图 3-12 所示仿真模型中关键模块包括光伏电池模块、逆变器模块、滤波模块、测量模块和电网模块。采用不同控制策略进行仿真，图 3-13 分别给出了基于电压定向的矢量控制策略模块及有功功率、无功功率控制（PQ 控制）策略模块。

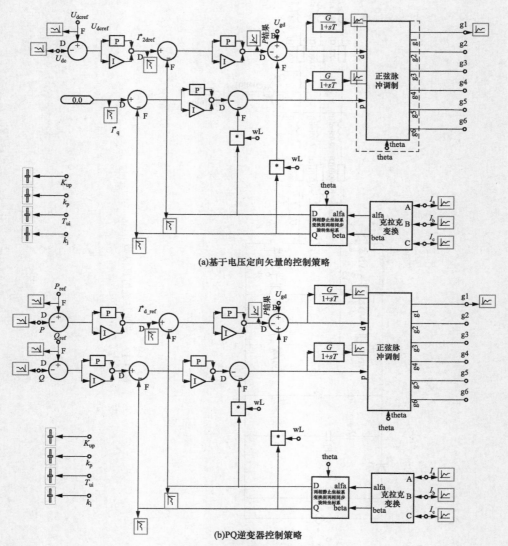

(a)基于电压定向矢量的控制策略

(b)PQ逆变器控制策略

图 3-13 光伏控制策略仿真模块

系统主要设计参数如表 3-1 所示。

表 3-1   光 伏 电 源 各 项 参 数

项目	参数	项目	参数
光伏容量（kW）	100	直流侧电容（F）	0.005
直流侧电压（V）	800	三角波频率（Hz）	1600
滤波电感（H）	0.075	滤波电容（F）	0.0001

逆变器控制系统采用基于电压定向矢量控制策略，仿真结果如图 3-14 所示。

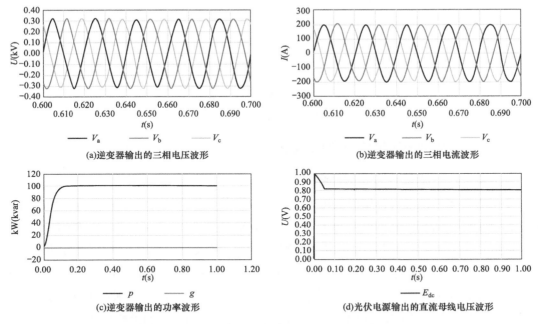

(a)逆变器输出的三相电压波形

(b)逆变器输出的三相电流波形

(c)逆变器输出的功率波形

(d)光伏电源输出的直流母线电压波形

图 3-14　基于电压定向矢量控制策略的稳态仿真图

由图 3-14 可知，采用基于电网电压定向矢量控制策略的光伏系统输出电压、电流稳定、无畸变，近似为正弦波。直流母线电压可以很快进入稳定的直流状态，系统稳定后输出有功功率 100kW，无功功率 0kvar，仿真结果与实际相符。

改变光伏并网逆变器控制策略，仿真 *PQ* 控制策略下光伏系统模型的工作情况，仿真结果如图 3-15 所示。

由图 3-15 可知，采用 *PQ* 控制策略的光伏系统输出电流、电压稳定，输出有功功率保持 100kW，无功功率保持 0kvar，实现了单位功率因数输出。以上两种控制策略下光伏并网系统仿真结果与实际工程稳态运行情况一致，验证了仿真模型的正确性。

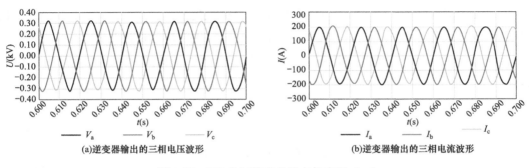

(a)逆变器输出的三相电压波形

(b)逆变器输出的三相电流波形

图 3-15　*PQ* 控制策略的稳态仿真图（一）

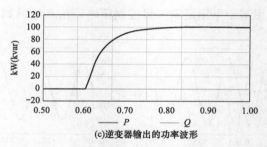

(c)逆变器输出的功率波形

图 3-15　PQ 控制策略的稳态仿真图（二）

3.1.2　永磁直驱风机控制策略及建模

3.1.2.1　网侧变流器控制策略

永磁直驱型风机采用背靠背型拓扑结构，根据其机侧和网侧变流器的不同功能有不同的控制策略。网侧变流器即三相电压源型 PWM 变流器（voltage-source PWM rectifier，VSR）常采用的控制策略包括基于电网电压定向的矢量控制（VOC）/直接功率控制（V-DPC），基于虚拟磁链定向的矢量控制（VFOC）/直接功率控制（VF-DPC）。本书中网侧变流器建模采用基于电网电压定向的矢量控制和直接功率控制两种控制策略。

（1）电网电压定向控制（VOC）。电压矢量定向的双闭环控制策略是通过坐标变换将三相电流变换为 d 轴有功电流分量和 q 轴无功电流分量，有功电流控制功率传输，无功电流调节功率因数，有效保证直流侧电压稳定的同时也实现了功率因数可控。

三相 VSR 在同步旋转坐标系下的电流方程为

$$\begin{cases} L\dfrac{\mathrm{d}i_d}{\mathrm{d}t} = e_d - Ri_d + \omega Li_q - u_d \\ L\dfrac{\mathrm{d}i_q}{\mathrm{d}t} = e_q - Ri_q - \omega Li_d - u_q \end{cases} \tag{3-12}$$

式中　i_d、i_q——同步旋转坐标系下网侧电流的有功分量和无功分量，kA；

u_d、u_q——输出控制量，kV；

L、R——滤波电感、电阻，H、Ω。

在同步旋转坐标系（dq）下，d 轴定向于电网电压矢量 $\boldsymbol{E}$，则 $e_d = |\boldsymbol{E}|$，$e_q = 0$。把对网侧相电流的控制转化为对电流矢量 I 在 d 轴和 q 轴的直流分量控制。

由于稳态时，i_d、i_q 均为直流量，其微分项等于零，根据式（3-12）化简得到稳态控制方程

$$\begin{cases} u_d = e_d - Ri_d + \omega Li_q \\ u_q = -Ri_q - \omega Li_d \end{cases} \tag{3-13}$$

由式（3-13）可知，d、q 轴电流除受控制量 u_d、u_q 的影响外，还受交叉耦合项 $+\omega Li_q$、$-\omega Li_d$ 和电网电压 e_d 扰动的影响，因此需要引入前馈解耦控制，实现电流的解耦控制并消除由电网电压波动引起的系统扰动。当电流内环采用 PI 调节器时，引入前

馈解耦控制后，u_d、u_q 的控制方程如下

$$\begin{cases} u_d = \left(K_{iP} + \dfrac{K_{iI}}{s}\right)(i_d^* - i_d) + e_d - Ri_d + \omega Li_q \\ u_q = \left(K_{iP} + \dfrac{K_{iI}}{s}\right)(i_q^* - i_q) - Ri_q - \omega Li_d \end{cases} \tag{3-14}$$

式中　K_{iP}、K_{iI}——电流内环比例调节增益和积分调节增益；

　　　i_d^*、i_q^*——电流 i_d、i_q 指令值，kA。

在双闭环控制系统中，为了保持直流侧电压的稳定，电压外环的输出即有功电流的参考值；无功电流由外部给定，在单位功率因数并网时，无功电流参考值为零。式（3-15）为电流给定值控制方程

$$\begin{cases} i_d^* = \left(K_{uP} + \dfrac{K_{uI}}{s}\right)(U_{dc}^* - U_{dc}) \\ i_q^* = 0 \end{cases} \tag{3-15}$$

式中　K_{uP}、K_{uI}——电压外环比例调节增益和积分调节增益。

网侧变流器在同步旋转坐标系下的电压矢量定向控制的框图如图 3-16 所示，虚线框为电流内环前馈解耦控制部分。

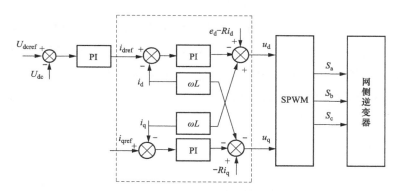

图 3-16　网侧变流器电压定向控制框图

与式（3-14）、式（3-15）对应，图 3-17 中通过直流电压外环得到有功电流参考值，无功电流参考值一般设为零，通过电流内环输出 PWM 控制信号。

（2）直接功率控制（V-DPC）。直接功率控制策略可借鉴交流电动机驱动控制中的直接转矩控制，可获得功率的快速响应。与基于电网电压定向的矢量控制相比，直接功率控制具有鲁棒性好、控制结构简单等优点。

直接功率控制的思想最初来源于交流电机的直接转矩控制，直接功率控制在控制过程中不需电流内环，用瞬时有功功率和无功功率的差值通过滞环控制来构建最优开关矢量表，系统在运行过程中，通过不断的查表来得到开关状态量，这种控制方法具有更高的功率因数，系统结构简单，对于电机参数的鲁棒性好。

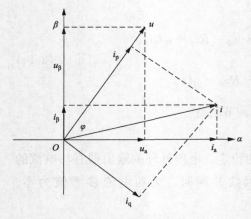

图 3-17 αβ 坐标系下电压电流关系

传统理论中的有功功率、无功功率等都是在平均值基础上或向量的意义上定义的，它们只适用于电压、电流均为正弦波的情况。为实现电压 PWM 变流器直接功率控制策略，必须采用瞬时功率理论测算瞬时有功功率和无功功率。

在两相静止坐标系（αβ）下，各电压电流量之间的相量关系如图 3-17 所示，其中，φ 为电压与电流的夹角，φ_u 为 αβ 坐标系下电压的相角，φ_i 为电流的相角，u_α、u_β、i_α、i_β 分别为电压电流在 α、β 轴上的投影，则瞬时有功功率无功功率的计算推导如下

$$\begin{cases} u_\alpha = |u|\cos\varphi_u \\ u_\beta = |u|\sin\varphi_u \end{cases} \quad \begin{cases} i_\alpha = |i|\cos\varphi_i \\ i_\beta = |i|\sin\varphi_i \end{cases} \tag{3-16}$$

由式（3-16）得瞬时功率计算公式为

$$\begin{cases} p = |u||i|\cos\varphi = |u||i|\cos(\varphi_u - \varphi_i) = u_\alpha i_\alpha + u_\beta i_\beta \\ q = |u||i|\sin\varphi = |u||i|\sin(\varphi_u - \varphi_i) = u_\beta i_\alpha + u_\alpha i_\beta \end{cases} \tag{3-17}$$

DPC 系统内环采用功率滞环控制，这是一种瞬时功率反馈控制方法，它将有功和无功功率限制在一定环宽的功率带内，即瞬时功率检测信号与功率给定值送入定环宽的滞环比较单元，输出相应的比较状态值 S_p、S_q，与扇区选择信号 θ_n 一起送入开关表，进而确定 DPC 系统所需的开关状态，即 S_a、S_b、S_c 的取值。定义 $\Delta P = P_{ref} - P$，$\Delta Q = Q_{ref} - Q$，则 S_p、S_q 按下列规则确定

$$S_p = \begin{cases} 1, & \Delta P > H_P \\ 0, & |\Delta P| \leqslant H_P \\ -1, & \Delta P < H_P \end{cases} \quad S_q = \begin{cases} 1, & \Delta Q > H_Q \\ 0, & |\Delta Q| \leqslant H_Q \\ -1, & \Delta Q < H_Q \end{cases} \tag{3-18}$$

式中 H_P、H_Q——有功功率和无功功率滞环比较器的环宽。

由于采用滞环控制造成了 VSR 开关频率不固定，本文按给定值的 5% 选取，H_P、H_Q 决定了功率控制精度，亦决定了变流器的开关频率。

根据整流器开关状态形成 8 个电压矢量，根据 θ 位置将电压矢量空间划分为六个扇区，得到扇区信号 θ_n。扇区划分由 u_α、u_β 确定，确定 u 的幅角 $\theta = \arctan \dfrac{u_\beta}{u_\alpha}$，如图 3-18 所示。

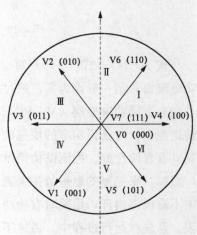

图 3-18 电压矢量空间划分示意图

为化简扇区划分模块，采用一种简便判断扇区的方法。$A=u_\beta$，$B=\sqrt{3}\,u_\alpha-u_\beta$，$C=-\sqrt{3}\,u_\alpha-u_\beta$，$N=\text{sign}(A)+2\text{sign}(B)+4\text{sign}(C)$，其中 $\text{sign}(x)=\begin{cases}1(x\geqslant0)\\0(x<0)\end{cases}$。经分析，扇区号 θ_n 与 N 是一一对应的关系，如表 3-2 所示。

表 3-2 　　　　　　　　　　　　　扇 区 对 应 关 系

N	3	1	5	4	6	2
θ_n	1	2	3	4	5	6

据此关系可以构成扇区划分模块。

开关表是根据式（3-18）及 θ_n 确定的 DPC 系统所需的最佳开关状态，即 S_a、S_b、S_c 的取值，如表 3-3 所示。

表 3-3 　　　　　　　　　　直接功率控制最佳开关表

扇区		1	2	3	4	5	6
$S_q=1$	$S_p=1$	101	100	110	010	011	001
	$S_p=0$	100	110	010	011	001	101
	$S_p=-1$	110	010	011	001	101	100
$S_q=0$	$S_q=1$	001	101	100	110	010	011
	$S_q=0$	111/000	111/000	111/000	111/000	111/000	111/000
	$S_q=-1$	010	011	001	101	100	110
$S_q=-1$	$S_p=1$	001	101	100	110	010	011
	$S_p=0$	011	001	101	100	110	010
	$S_p=-1$	010	011	001	101	100	110

在直驱风力发电系统中网侧 PWM 变流器的主电路拓扑结构的基础上，以稳定母线电压为目的的 DPC 控制系统结构如图 3-19 所示。

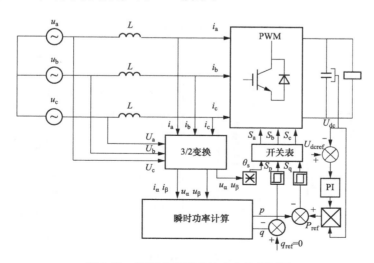

图 3-19　网侧变流器直接功率控制框图

图 3-19 中，根据检测到的电压、电流计算出瞬时功率，分别与功率参考值相比较后获得功率误差信号，并输入滞环控制器。根据滞环控制器的输出信号与跟踪得到的电网电压矢量所在扇区，即可在开关表中选择合适的网侧变流器三相开关信号。

3.1.2.2 机侧变流器控制策略

机侧变流器的控制策略主要分为定向矢量控制和直接转矩控制两大类。矢量控制又称为基于转子磁链定向的矢量控制，即将转子磁链方向作为坐标轴的基准方向，包括零 d 轴电流（zero d-axis current，ZDC）控制、单位功率因数（unit power factor，UPF）控制、单位电流最大转矩（maximum torque per ampere，MPTA）控制；直接转矩（direct torque control，DTC）控制是基于定子磁链定向的控制。其中零 d 轴电流控制是在运行中控制发电机 d 轴电流为零，可以实现定子电流对电磁转矩的线性控制；单位功率因数控制的目的是使整个系统以单位功率因数运行，通过给定 q 轴电流指令，使得定子电压和电流之间的定子功率因数角为零，就可实现单位功率因数运行，其控制框图如图 3-20（a）所示；单位电流最大转矩控制目的是以最小定子电流产生给定的转矩，通过调整电磁转矩 T_e 和转矩角之间的比例关系，找到产生给定转矩所需的最小定子电流；直接转矩控制直接在定子坐标系下对电机的电磁转矩和定子磁链进行控制，不需要进行坐

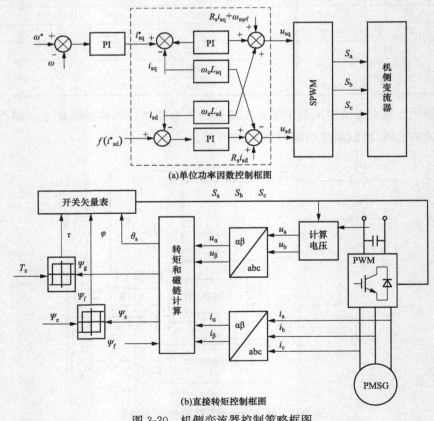

(a)单位功率因数控制框图

(b)直接转矩控制框图

图 3-20　机侧变流器控制策略框图

标旋转变换，也不需要考虑定子电流的解耦问题，可以通过控制转矩角来有效地实现电机转矩的直接控制，其控制框图如图 3-20(b) 所示。

本书中机侧变流器建模采用的控制策略为经典的零 d 轴电流控制。

首先建立永磁同步发电机在同步旋转（dq）坐标系下的数学模型。依据"发电机惯例"，dq 轴定子电流 i_{sd} 和 i_{sq} 均从定子流出，利用坐标变换理论，将三相静止坐标系（abc）下的电压方程和磁链方程变换到同步旋转坐标系（dq）下，如式（3-19）、式（3-20）所示

$$\begin{cases} u_{sd} = \dfrac{\mathrm{d}\psi_{sd}}{\mathrm{d}t} + R_s i_{sd} - \omega_s \psi_{sq} \\[2mm] u_{sq} = \dfrac{\mathrm{d}\psi_{sq}}{\mathrm{d}t} + R_s i_{sq} - \omega_s \psi_{sd} \end{cases} \tag{3-19}$$

$$\begin{cases} \psi_{sd} = L_{sd} i_{sd} + \psi_f \\[1mm] \psi_{sq} = L_{sq} i_{sq} \end{cases} \tag{3-20}$$

式中　u_{sd}、u_{sq}——电机端电压的 d、q 轴分量；

ψ_{sd}、ψ_{sq}——定子磁链的 d、q 轴分量；

i_{sd}、i_{sq}——定子电流的 d、q 轴分量；

$\omega_s = p\omega_r$——转子电角速度，其中 p 为电机极对数；

ψ_f——转子磁链；

L_{sd}、L_{sq}——定子 d、q 轴同步电感。

由于永磁同步发电机 ψ_f 恒定，$\mathrm{d}\psi_f / \mathrm{d}t = 0$，消去磁链，可得永磁同步发电机在同步旋转（dq）坐标系下的数学模型表达式为

$$\begin{cases} u_{sd} = R_s i_{sd} + L_{sd} \dfrac{\mathrm{d}i_{sd}}{\mathrm{d}t} - \omega_s L_{sq} i_{sq} \\[2mm] u_{sq} = R_s i_{sq} + L_{sq} \dfrac{\mathrm{d}i_{sq}}{\mathrm{d}t} + \omega_s L_{sd} i_{sd} + \omega_s \psi_f \end{cases} \tag{3-21}$$

永磁同步电机在 d、q 轴坐标系下的转矩方程可表示为

$$T_e = \frac{3}{2} p (\psi_{sd} i_{sq} - \psi_{sq} i_{sd}) \tag{3-22}$$

将式（3-21）代入式（3-22），可将电磁转矩方程写为

$$T_e = \frac{3}{2} p [\psi_f i_{sq} + (L_{sd} + L_{sq}) i_{sd} + i_{sq}] \tag{3-23}$$

根据式（3-23）可知永磁同步发电机的电磁转矩由两部分组成，中括号内的第一项 $\psi_f i_{sq}$ 是由定子电流和永磁体励磁磁场相互作用产生的电磁转矩；第二项 $(L_{sd} - L_{sq}) i_{sd} i_{sq}$ 是由转子凸极效应引起的磁阻转矩。

零 d 轴电流控制即在运行中控制发电机 d 轴定子电流为零，实现定子电流对电磁转矩的线性控制。为了实现零 d 轴电流控制，需要将静止坐标系下的三相定子电流变换为

同步旋转坐标系下的 dq 轴分量。变换后通过控制，将 d 轴电流分量 i_{sd} 调节为零。当 d 轴定子电流为零时，定子电流等于 q 轴电流分量 i_{sq}。

$$\begin{cases} \vec{i_s} = i_{sd} + ji_{sq} = ji_{sq} \\ i_s = \sqrt{i_{sd}^2 + i_{sq}^2} = i_{sq} \end{cases} \quad (i_{sd} = 0) \tag{3-24}$$

式中　$\vec{i_s}$——定子电流空间矢量，i_s 表示其幅值，同时也是静止坐标系下三相定子电流的峰值。

式（3-24）可简化为

$$T_e = \frac{3}{2} p \psi_f i_{sq} = \frac{3}{2} p \psi_f i_s \tag{3-25}$$

以上公式表明：当 $i_{sd} = 0$ 时，发电机转矩正比于定子电流 i_s。在转子磁链 ψ_f 恒定的情况下，转矩和定子电流之间呈线性关系。这一关系使得对转矩的控制大大简化，同时也简化了永磁同步电机的数学模型。另外当 d 轴电流控制为零时，电枢反应磁链与转子磁链垂直，没有去磁分量，因此可以避免控制策略造成的永磁体退磁。

由式（3-21）可得出永磁同步发电机的稳态控制方程为

$$\begin{cases} u_{sd} = R_s i_{sd} - \omega_s L_{sq} i_{sq} \\ u_{sq} = R_s i_{sq} + \omega_s L_{sd} i_{sd} + \omega_s \psi_f \end{cases} \tag{3-26}$$

定子 dq 轴电流分量 i_{sd}、i_{sq} 除受控制电压 u_{sd}、u_{sq} 的影响外，还受耦合电压 $-\omega_s L_{sq} i_{sq}$、$\omega_s L_{sd} i_{sd}$ 的影响，由于单纯的定子 dq 轴电流负反馈不能实现解耦，因此需对定子 dq 轴电流的控制引入前馈补偿项，实现对电流 i_{sd}、i_{sq} 的解耦控制。且要使实际电流跟踪给定值，需在式（3-26）中加入反馈控制量。当电流内环调节器采用 PI 调节器时，u_{sd}、u_{sq} 的控制方程如下

$$\begin{cases} u_{sd} = \left(K_P + \dfrac{K_I}{s}\right)(i_{sd}^* - i_{sd}) + R_s i_{sd} - \omega_s L_{sq} i_{sq} \\ u_{sq} = \left(K_P + \dfrac{K_I}{s}\right)(i_{sq}^* - i_{sq}) + R_s i_{sq} + \omega_s L_{sd} i_{sd} + \omega_s \psi_f \end{cases} \tag{3-27}$$

式中　K_P、K_I——电流内环比例调节增益和积分调节增益；

i_{sd}^*、i_{sq}^*——定子电流 d、q 轴分量指令值，指令值由下式给出，$i_{sd}^* = 0$，$i_{sq}^* = \left(K_{wP} + \dfrac{K_{wI}}{s}\right)(\omega_{ref}^* - \omega_s)$，转速外环参考值 ω_{ref}^* 由最大功率追踪环节给出。

根据以上数学模型，可建立零 d 轴电流控制框图如图 3-21 所示。

图 3-21 中，通过角速度外环得到定子 q 轴电流参考值，为了实现零 d 轴控制直接给定定子 d 轴电流参考值为 0，进而通过电流内环得到 PWM 控制信号。同时，图中通过电流状态反馈实现两轴电流间的解耦控制。

3.1.2.3　建模及仿真验证

根据前两小节中控制策略介绍，机侧采用零 d 轴电流的矢量控制策略，网侧分别采

用基于电网电压定向的矢量控制策略和直接功率控制策略，在 PSCAD 中进行建模和稳态仿真。永磁同步发电机关键参数如表 3-4 所示。永磁同步发电机仿真模型如图 3-22 所示。

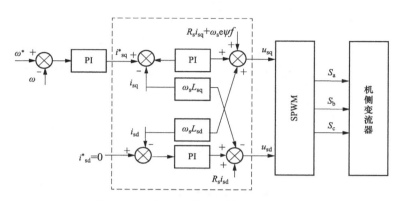

图 3-21　机侧变流器零 d 轴电流控制框图

表 3-4　　　　　　　　　　　　永磁同步发电机参数

项目	参数	项目	参数
额定功率（MW）	1.5	定子绕组电阻 R_s	0.158（标幺值）
额定频率（Hz）	20	定子绕组漏抗 L_s	0.079（标幺值）
额定电压（V）	690	直轴电抗 X_d	0.873（标幺值）
极对数	60	交轴电抗 X_q	0.873（标幺值）
永磁磁通	1（标幺值）	直流母线电压（kV）	1.2

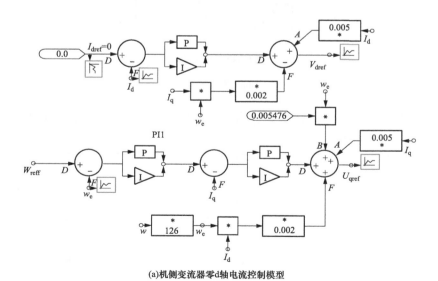

(a)机侧变流器零d轴电流控制模型

图 3-22　永磁同步发电机仿真模型（一）

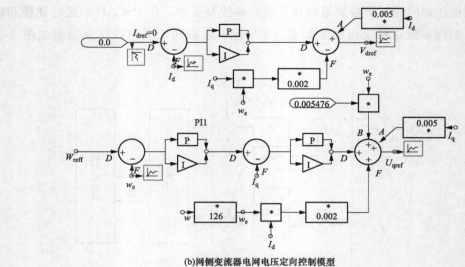

(b)网侧变流器电网电压定向控制模型

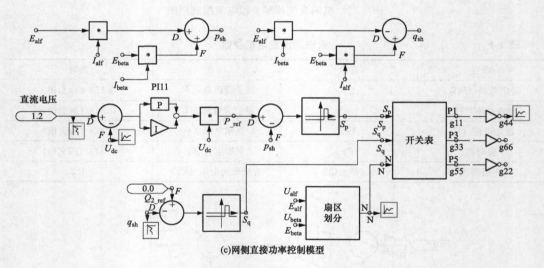

(c)网侧直接功率控制模型

图 3-22　永磁同步发电机仿真模型（二）

基于以上仿真模型，网侧变流器采用电网电压定向控制策略时仿真波形如图 3-23 所示。

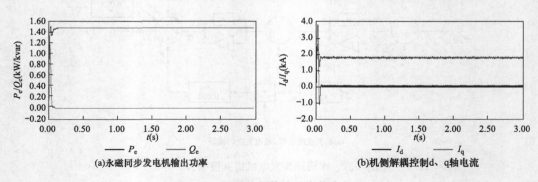

(a)永磁同步发电机输出功率　　　　　　　　(b)机侧解耦控制d、q轴电流

图 3-23　矢量控制策略稳态仿真（一）

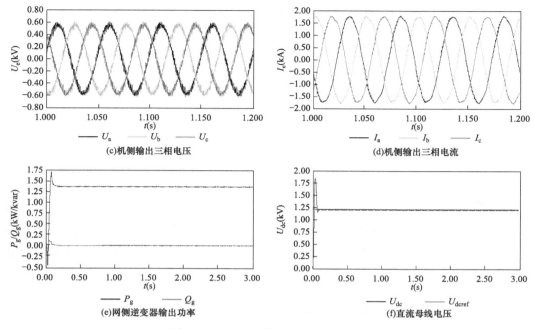

(c)机侧输出三相电压

(d)机侧输出三相电流

(e)网侧逆变器输出功率

(f)直流母线电压

图 3-23　矢量控制策略稳态仿真（二）

网侧变流器采用直接功率控制策略时仿真波形如图 3-24 所示。

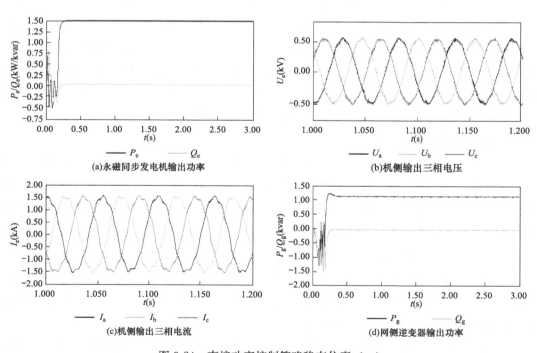

(a)永磁同步发电机输出功率

(b)机侧输出三相电压

(c)机侧输出三相电流

(d)网侧逆变器输出功率

图 3-24　直接功率控制策略稳态仿真（一）

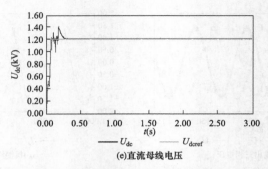

(e)直流母线电压

图 3-24　直接功率控制策略稳态仿真（二）

根据仿真波形可知，机侧 d 轴电流能够稳定在 0 附近，实现了电压电流的解耦控制；网侧变流器在两种控制策略下均能保证直流母线电压稳定，实现单位功率因数控制，输出稳定的三相电压电流及功率。所搭建的两种 PSCAD 模型在稳态仿真时是正确的。

3.1.3　双馈风机控制策略及建模

3. 1. 3. 1　网侧变流器控制策略

风能是一种变化剧烈、随机性强的新能源，对于变速恒频双馈式风力发电机的网侧变流器来说，当转差功率不断变化时，直流侧电压的静态稳定性和动态调节速度对风力发电系统的运行特性至关重要，网侧变流器（GSC）控制目标为实现直流侧电压保持恒定和控制功率因数。因此，为了能让网侧变流器达到上述性能，其控制器的设计非常关键，而控制器的性能由控制策略决定。目前适用于网侧变流器的控制策略有很多，例如，基于虚拟磁链定向（virtual flux oriented，VFO）的矢量控制（vector control，VC)/直接功率控制（direct power control，DPC）、基于电网电压定向（grid voltage oriented，GVO）的矢量控制/直接功率控制。

参考感应电机的控制方法，可以将 PWM 变流器系统看成一个虚拟电机，虚拟磁链定义为电网相电压的积分，滞后于电网电压 90°，将电网输入电阻、电抗和电网相电压分别认为是虚拟电机的定子电阻、定子漏抗和反向电动势，这样就可以将 PWM 变流器视为一个感应电机来实施矢量控制或直接功率控制。虚拟磁链定向省去了电压传感器，但需采用较为复杂的计算来获取瞬时有功、无功功率和电网虚拟磁链矢量，基于虚拟磁链定向的矢量控制 ［控制框图如图 3-25（a）所示］ 与直接功率控制 ［控制框图如图 3-25（b）所示］ 的区别在于直接功率控制用功率环代替了电流环，无需对电压、电流进行旋转坐标变换和反变换，使系统控制结构更为简洁。

$u_{g\beta}$ 电网电压定向的矢量控制将电网电压和电流转换到两相同步旋转坐标系下，然后使用双闭环 PI 调节器来实现对网侧变流器的控制。基于电网电压定向的直接功率控制通过检测直流侧电压、变流器工作状态以及电网侧电流来计算得到变流器需要从电网吸收的有功

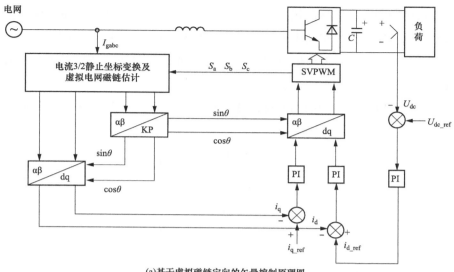

(a)基于虚拟磁链定向的矢量控制原理图

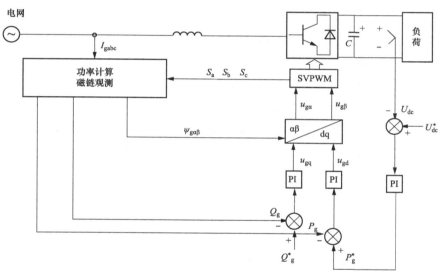

(b)基于虚拟磁链定向的直接功率控制原理图

图 3-25　矢量控制和直接功率控制策略原理图

功率和无功功率，一般为保证其工作在单位功率因数而将无功功率置零。与矢量控制相比，直接功率控制用功率环代替了电流环，通过控制瞬时有功、无功功率达到控制输出的目的。

　　以上四种方法各有优缺点，基于电网电压定向的矢量控制和直接功率控制具有固定的开关频率，可以使用各种先进的控制方法，但是它的算法比较复杂，对参数的依赖性比较强；而基于虚拟磁链定向的矢量控制和直接功率具有很好的动态响应，功率因数高，对参数的敏感性比较低，但是需要较高的开关频率，需要高性能的处理器和 A/D 转换器。它们都可以实现有功功率和无功功率的解耦控制，理论上都可以应用于风力发电中的网侧变流器的控制。在实际的风力发电中，网侧变流器的控制主要还是使用基于电网电压定向的矢量控制，但直接功率控制是现在研究的热点，极具应用潜力。

鉴于以上分析，本书以基于电网电压定向的矢量控制和基于电网电压定向的直接功率控制策略为例建立数学模型。

（1）基于电网电压定向的网侧变流器数学模型。同步旋转 dq 坐标系中网侧变流器的数学模型为

$$
\begin{cases}
u_{gd} = R_g i_{gd} + L_g \dfrac{di_{gd}}{dt} - \omega_1 L_g i_{gq} + \nu_{gd} \\[3mm]
u_{gq} = R_g i_{gq} + L_g \dfrac{di_{gq}}{dt} + \omega_1 L_g i_{gd} + \nu_{gq} \\[3mm]
c \dfrac{dU_{dc}}{dt} = \dfrac{3}{2}(S_d i_{gd} + S_q i_{gq}) - i_{load}
\end{cases}
\tag{3-28}
$$

式中　ν_{gd}、ν_{gq}——网侧变流器交流侧电压的 d、q 轴分量；

$\quad\quad\ U_{dc}$——变流器直流侧电压，C 为直流母线电容；

$\quad\quad\ i_{load}$——直流侧负载电流，在 DFIG 风电系统的双 PWM 励磁变流器中，网侧变流器的负载则是与转子绕组相连的转子侧变流器；

$\quad\quad\ R_g$——包括电抗器电阻在内的线路电阻；

$\quad\quad\ L_g$——进线电抗器的电感。

令 $U_g = u_{gd} + j u_{gq}$ 为电网电压矢量，采用电网电压定向时，d 轴定向于电网电压矢量，则有 $u_{gd} = |U_g| = U_g$，$u_{gq} = 0$，U_g 为电网相电压幅值，则

$$
\begin{cases}
\nu_{gd} = -R_g i_{gd} - L_g \dfrac{di_{gd}}{dt} + \omega_1 L_g i_{gq} + U_g \\[3mm]
\nu_{gq} = -R_g i_{gq} - L_g \dfrac{di_{gq}}{dt} - \omega_1 L_g i_{gd}
\end{cases}
\tag{3-29}
$$

（2）基于电网电压定向的矢量控制策略数学模型。

令 $\begin{cases} \nu'_{gd} = -R_g i_{gd} - L_g \dfrac{di_{gd}}{dt} = \left(k_{ipd} + \dfrac{k_{iid}}{s}\right)(i^*_{gd} - i_{gd}) \\[3mm] \nu'_{gq} = -R_g i_{gq} - L_g \dfrac{di_{gq}}{dt} = \left(k_{ipq} + \dfrac{k_{iiq}}{s}\right)(i^*_{gq} - i_{gq}) \end{cases}$ 作为解耦项，其中 k_{ipd}、k_{ipq}，

k_{iid}、k_{iiq} 分别为电流环 d、q 轴比例、积分系数，令 $\Delta u_{gd} = \omega_1 L_g i_{gq}$，$\Delta u_{gq} = \omega_1 L_g i_{gd}$ 作为消除定子电压、电流交叉耦合的补偿项，U_g 为前馈补偿量，与反馈控制相得益彰，从而实现 d、q 轴电流的解耦控制，得到网侧变流器交流侧电压参考值

$$
\begin{cases}
\nu^*_{gd} = \left(k_{ipd} + \dfrac{k_{iid}}{s}\right)(i^*_{gd} - i_{gd}) + \omega_1 L_g i_{gq} + U_g \\[3mm]
\nu^*_{gq} = \left(k_{ipq} + \dfrac{k_{iiq}}{s}\right)(i^*_{gq} - i_{gq}) - \omega_1 L_g i_{gd}
\end{cases}
\tag{3-30}
$$

式中　　*——相应参数的参考值。

直流环节电压控制器写成 PI 形式表示为

$$i_{gd}^* = \left(k_{vp} + \frac{k_{vi}}{s}\right)(U_{dc}^* - U_{dc}) \tag{3-31}$$

式中　　k_{vp}、k_{vi}——电压环比例、积分系数。

根据式（3-30）、式（3-31）可以得到基于电网电压定向的网侧变流器矢量控制策略框图，见图 3-26。

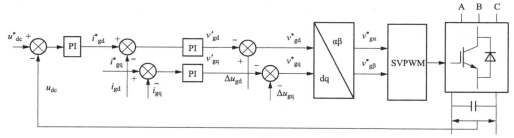

图 3-26　基于电网电压定向的矢量控制策略原理图

图中通过直流电压外环得到有功电流参考值，无功电流参考值一般设为零，通过电流内环输出 PWM 控制信号。

（3）基于电网电压定向的直接功率控制策略数学模型。根据瞬时有功功率、无功功率定义，电网电压定向 dq 坐标系下网侧变流器输入的有功功率和无功功率分别为

$$\begin{cases} P_g = u_{gd}i_{gd} + u_{gq}i_{gq} = U_g i_{gd} \\ Q_g = u_{gq}i_{gd} - u_{gd}i_{gq} = -U_g i_{gq} \end{cases} \tag{3-32}$$

由上式可以得到 $i_{gd} = \dfrac{P_g}{U_g}$，$i_{gq} = -\dfrac{Q_g}{U_g}$ 代入式（3-29）得

$$\begin{cases} \nu_{gd} = -R_g\dfrac{P_g}{U_g} - \dfrac{L_g}{U_g}\dfrac{\mathrm{d}P_g}{\mathrm{d}t} - \omega_1 L_g\dfrac{Q_g}{U_g} + U_g \\ \nu_{gq} = R_g\dfrac{Q_g}{U_g} + \dfrac{L_g}{U_g}\dfrac{\mathrm{d}Q_g}{\mathrm{d}t} - \omega_1 L_g\dfrac{P_g}{U_g} \end{cases} \tag{3-33}$$

$$\begin{cases} \nu_{gd}' = -R_g\dfrac{P_g}{U_g} - \dfrac{L_g}{U_g}\dfrac{\mathrm{d}P_g}{\mathrm{d}t} = \left(k_{Pp} + \dfrac{k_{Pi}}{s}\right)(P_g^* - P_g) \\ \nu_{gq}' = R_g\dfrac{Q_g}{U_g} + \dfrac{L_g}{U_g}\dfrac{\mathrm{d}Q_g}{\mathrm{d}t} = \left(k_{Qp} + \dfrac{k_{Qi}}{s}\right)(Q_g^* - Q_g) \end{cases}$$

作为解耦项，其中 k_{Pp}、k_{Qp}、k_{Pi}、k_{Qi} 是功率环比例、积分系数，令 $\Delta u_{gd} = \omega_1 L_g\dfrac{Q_g}{U_g}$，$\Delta u_{gq} = \omega_1 L_g\dfrac{P_g}{U_g}$ 作为消除定子电压、功率交叉耦合的补偿项，U_g 为前馈补偿量，与反馈控制相得益彰，从而实现有功、无功功率的解耦控制，得到网侧变流器交流侧电压参

考值

$$\begin{cases} \nu_{\mathrm{gd}}^* = \left(k_{\mathrm{Pp}} + \dfrac{k_{\mathrm{Pi}}}{s}\right)(P_{\mathrm{g}}^* - P_{\mathrm{g}}) - \omega_1 L_{\mathrm{g}} \dfrac{Q_{\mathrm{g}}}{U_{\mathrm{g}}} + U_{\mathrm{g}} \\ \\ \nu_{\mathrm{gq}}^* = \left(k_{\mathrm{Qp}} + \dfrac{k_{\mathrm{Qi}}}{s}\right)(Q_{\mathrm{g}}^* - Q_{\mathrm{g}}) - \omega_1 L_{\mathrm{g}} \dfrac{P_{\mathrm{g}}}{U_{\mathrm{g}}} \end{cases} \tag{3-34}$$

直流环节电压控制器改用功率的形式如式（3-35）所示，PI 参数不变。

$$P_{\mathrm{g}}^* = \left(k_{\mathrm{vp}} + \dfrac{k_{\mathrm{vi}}}{s}\right)(U_{\mathrm{dc}}^* - U_{\mathrm{dc}}) \tag{3-35}$$

根据式（3-34）、式（3-35）可以得到基于电网电压定向的网侧变流器直接功率控制控制策略框图，见图 3-27。

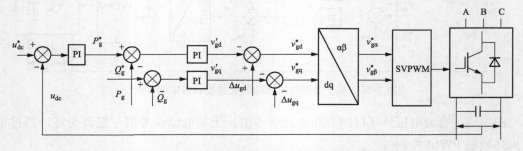

图 3-27　基于电网电压定向的直接功率控制策略原理图

对比基于电网电压定向的矢量控制策略和直接功率控制策略，两种控制策略外环均为电压环，设计时 PI 调节器参数一样；矢量控制内环为电流环，直接功率控制内环为功率环，因为功率是电压与电流的乘积，所以功率环的 PI 参数大小是电流环的 PI 的 $\dfrac{1}{u_{\mathrm{gd}}}$。由于网侧的矢量控制与直接功率控制的控制器设计非常相似，因此，它们的稳态性能和动态响应特性会很相近。

3.1.3.2　转子侧变流器控制策略

直流环节的解耦作用使得各变流器的功能独立，网侧变流器不参与对 DFIG 的控制，双馈发电机的控制主要通过转子侧变流器（RSC）实现，其控制的有效性直接关系着风电系统的运行性能。

转子侧控制器的控制目标主要是通过控制 DFIG 的转速，实现变速恒频下的最大风能追踪；再结合相应的控制策略实现有功功率和无功功率解耦，从而灵活地调节无功。由于 DFIG 是一个高阶、多变量、非线性、强耦合的时变系统，为了实现以上目标，转子侧变流器可以采用的控制策略有很多。例如最早由德国鲁尔大学的 Depenbrock 教授提出的直接转矩控制（direct torque control，DTC），通过控制电机定子磁链矢量的大小和转速，进而控制定、转子磁链矢量间的夹角，从而跳过电流环节达到直接控制电磁转矩的目的。此外还有矢量控制技术，以及在直接转矩控制的基础上发展而来的直接功率控制，目前这两种控制策略作为最有应用前景的控制策略引起了研究者们的广泛关注。

常用的矢量定向控制技术包括：气隙磁链定向（air-gap flux oriented，AFO）控制、定子磁链定向（stator flux oriented，SFO）控制和定子电压定向（stator voltage oriented，SVO）控制。

气隙磁链定向控制方法，可实现定子端口有功和无功的解耦，但该励磁系统控制模型在推导中忽略了定子漏抗和转子漏抗，同时近似地认为气隙磁链为常数，在很大程度上可能造成励磁控制模型精度的下降，且在实际控制系统中很难准确做到气隙磁场定向，工程实现较难，现已不采用。

定子磁链定向控制方法基于电流内环和速度外环控制模式，可获取最大风能追踪以及有功、无功功率解耦和转速的独立控制，应用较为广泛。

基于定子电压定向的控制方法与基于定子磁链控制相比省去了定子磁链观测，在忽略定子电阻的情况下，其仅与定子磁链定向控制在定向上相差90°，基本原理与定子磁链控制相似，其控制原理图如图 3-28 所示。

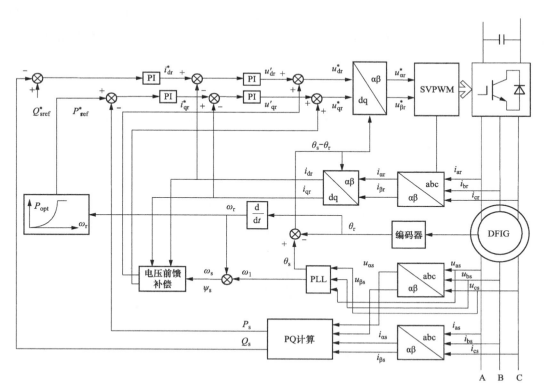

图 3-28　基于电网电压定向的矢量控制策略原理图

常用的直接功率控制技术包括：查表法-直接功率控制（LUP-DPC）、基于空间矢量调制的直接功率控制（SVM-DPC）和预测直接功率控制（P-DPC）。

查表法-直接功率控制根据瞬时有功、无功功率的误差和网侧变流器交流侧电压矢量的空间位置，采取两位滞环调节器从优化开关表中选择网侧变流器的三相开关状态（即电压空间矢量），直接控制所产生的瞬时功率大小，达到消除功率误差的目的，本书给出基于电网电压定向的LUP-DPC控制原理图，见图3-29(a)。其控制特性与PWM变流器的开关非线性特性十分匹配，显示出特有的优良控制效果，近年来在DFIG控制中得到了较深入的研究，并取得了实际应用成果，德国ABB公司已经有相应的产品生产。但这种原始的DPC方式存在变流器开关频率不固定的弊病，会导致宽频的谐波电流注入电网，导致滤波电抗器设计困难。

为了获得恒定的开关频率，学者们提出了各种改进型DPC策略，包括基于空间矢量调制的直接功率控制（SVM-DPC）、预测直接功率控制（P-DPC）。由于SVM-DPC需要使用线性控制器，如PI控制器来调节瞬时有功、无功功率，功率脉动较小、稳态性能好，但动态性能不如传统的LUT-DPC。而P-DPC则既有优良的稳态性能，又兼有快速的动态响应，但是应用较为复杂，还有改进的必要和空间，其控制原理图如图3-29(b)所示。

鉴于以上分析，本书选择了基于定子磁链定向的矢量控制策略和直接功率控制策略进行研究，其中直接功率控制策略采用的是基于空间矢量调制的直接功率控制（SVM-DPC）。

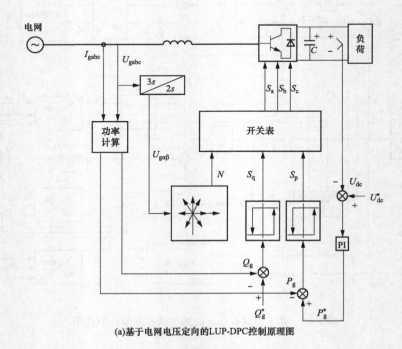

(a)基于电网电压定向的LUP-DPC控制原理图

图3-29 直接功率控制策略原理图（一）

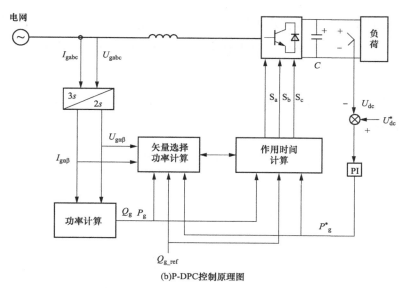

(b)P-DPC控制原理图

图 3-29　直接功率控制策略原理图（二）

（1）基于定子磁链定向的转子侧变流器数学模型。理想对称电网电压条件下 DFIG 风电系统稳态运行，定、转子侧均采用电动机惯例，同步旋转 dq 坐标系中的 DFIG 电压和磁链方程为

$$
\begin{cases}
u_{sd} = R_s i_{sd} + \dfrac{\mathrm{d}\psi_{sd}}{\mathrm{d}t} - \omega_1 \psi_{sq} \\[2mm]
u_{sq} = R_s i_{sq} + \dfrac{\mathrm{d}\psi_{sq}}{\mathrm{d}t} + \omega_1 \psi_{sd} \\[2mm]
u_{rd} = R_r i_{rd} + \dfrac{\mathrm{d}\psi_{rd}}{\mathrm{d}t} - \omega_s \psi_{rq} \\[2mm]
u_{rq} = R_r i_{rq} + \dfrac{\mathrm{d}\psi_{rq}}{\mathrm{d}t} + \omega_s \psi_{rd}
\end{cases}
\tag{3-36}
$$

$$
\begin{cases}
\psi_{sd} = L_s i_{sd} + L_m i_{rd} \\[1mm]
\psi_{sq} = L_s i_{sq} + L_m i_{rq} \\[1mm]
\psi_{rd} = L_r i_{rd} + L_m i_{sd} \\[1mm]
\psi_{rq} = L_r i_{rq} + L_m i_{sq}
\end{cases}
\tag{3-37}
$$

式中　u_{rd}、u_{rq}——转子电压 d、q 轴分量；

$\quad\quad i_{rd}$、i_{rq}——转子电流 d、q 轴分量；

$\quad\quad \psi_{rd}$、ψ_{rq}——转子磁链 d、q 轴分量；

$\quad\quad R_s$、R_r——定、转子绕组等效电阻；

$\quad\quad L_s$、L_r——定、转子绕组等效电感；

$\quad\quad L_m$——定转子绕组互感。

式中，转子侧的量均折算到定子侧；令 $\psi_s=\psi_{sd}+j\psi_{sq}$ 为定子磁链矢量，转子侧采用定子磁链定向，即同步旋转坐标系的 d 轴定向于定子磁链矢量 ψ_s，则有 $\psi_{sd}=|\psi_s|=\psi_s$，$\psi_{sq}=0$，其中 ψ_s 为定子磁链幅值。

定子磁链矢量 ψ_s 的幅值 ψ_s 和坐标变换用空间位置角度 θ_1 可通过定子磁链矢量 ψ_s 的 α、β 分量来计算

$$\begin{cases} \psi_{s\alpha}=\int(u_{s\alpha}-R_s i_{s\alpha})\mathrm{d}t \\ \psi_{s\beta}=\int(u_{s\beta}-R_s i_{s\beta})\mathrm{d}t \end{cases} \tag{3-38}$$

$$\begin{cases} \psi_s=\sqrt{\psi_{s\alpha}^2+\psi_{s\beta}^2} \\ \theta_s=\arctan\left(\dfrac{\psi_{s\beta}}{\psi_{s\alpha}}\right) \end{cases} \tag{3-39}$$

式中　$\psi_{s\alpha}$、$\psi_{s\beta}$——定子磁链矢量的 α、β 分量；

$u_{s\alpha}$、$u_{s\beta}$——定子电压矢量的 α、β 分量；

$i_{s\alpha}$、$i_{s\beta}$——定子电流矢量的 α、β 分量。

在实际应用中通常采用低通滤波器来取代式（3-38）中的纯积分器，以避免因初始值或干扰而造成的直流偏置。

则定、转子磁链方程变为

$$\begin{cases} \psi_s=L_s i_{sd}+L_m i_{rd} \\ 0=L_s i_{sq}+L_m i_{rq} \\ \psi_{rd}=L_r i_{rd}+L_m i_{sd} \\ \psi_{rq}=L_r i_{rq}+L_m i_{sq} \end{cases} \tag{3-40}$$

根据定子磁链定向下的 DFIG 定子有功、无功功率的表达式为

$$\begin{cases} P_s=-\mathrm{Re}\left(\dfrac{3}{2}U_s\hat{I}_s\right)\approx\dfrac{3L_m}{2L_s}\omega_1\psi_s i_{rq} \\ Q_s=-\mathrm{Im}\left(\dfrac{3}{2}U_s\hat{I}_s\right)\approx\dfrac{3L_m}{2L_s}\omega_1\psi_s\left(i_{rd}-\dfrac{\psi_s}{L_m}\right) \end{cases} \tag{3-41}$$

（2）基于定子磁链定向的矢量控制策略数学模型。根据式（3-40）的磁链方程，消去定子电流得转子磁链与定子磁链和转子电流的关系式

$$\begin{cases} \psi_{rd}=\dfrac{L_m}{L_s}\psi_s+\dfrac{L_s L_r-L_m^2}{L_s}i_{rd} \\ \psi_{rq}=\dfrac{L_s L_r-L_m^2}{L_s}i_{rq} \end{cases} \tag{3-42}$$

定子磁链定向，定子磁链恒定，其导数为 0，对式（3-42）两边微分

$$\begin{cases} \dfrac{\mathrm{d}\psi_{\mathrm{rd}}}{\mathrm{d}t} = \dfrac{L_s L_r - L_m^2}{L_s} \dfrac{\mathrm{d}i_{\mathrm{rd}}}{\mathrm{d}t} \\[3mm] \dfrac{\mathrm{d}\psi_{\mathrm{rq}}}{\mathrm{d}t} = \dfrac{L_s L_r - L_m^2}{L_s} \dfrac{\mathrm{d}i_{\mathrm{rq}}}{\mathrm{d}t} \end{cases} \tag{3-43}$$

将式（3-42）、式（3-43）代入式（3-36）中的转子电压方程得

$$\begin{cases} u_{\mathrm{rd}} = \dfrac{L_s L_r - L_m^2}{L_s} \dfrac{\mathrm{d}i_{\mathrm{rd}}}{\mathrm{d}t} - \omega_s \dfrac{L_s L_r - L_m^2}{L_s} i_{\mathrm{rq}} + R_r i_{\mathrm{rd}} \\[3mm] u_{\mathrm{rq}} = \dfrac{L_s L_r - L_m^2}{L_s} \dfrac{\mathrm{d}i_{\mathrm{rq}}}{\mathrm{d}t} + \omega_s \dfrac{L_s L_r - L_m^2}{L_s} i_{\mathrm{rd}} + \omega_s \dfrac{L_m}{L_s} \psi_s + R_r i_{\mathrm{rq}} \end{cases} \tag{3-44}$$

令 $\begin{cases} u'_{\mathrm{rd}} = \dfrac{L_s L_r - L_m^2}{L_s} \dfrac{\mathrm{d}i_{\mathrm{rd}}}{\mathrm{d}t} + R_r i_{\mathrm{rd}} = \left(k_{\mathrm{iprd}} + \dfrac{k_{\mathrm{iird}}}{s} \right) (i_{\mathrm{rd}}^* - i_{\mathrm{rd}}) \\[3mm] u'_{\mathrm{rq}} = \dfrac{L_s L_r - L_m^2}{L_s} \dfrac{\mathrm{d}i_{\mathrm{rq}}}{\mathrm{d}t} + R_r i_{\mathrm{rq}} = \left(k_{\mathrm{iprq}} + \dfrac{k_{\mathrm{iirq}}}{s} \right) (i_{\mathrm{rq}}^* - i_{\mathrm{rq}}) \end{cases}$ 作为解耦项，其中 k_{iprd}、

k_{iprq}，k_{iird}、k_{iirq} 是转子电流内环 d、q 轴比例、积分系数，令 $\Delta u_{\mathrm{rd}} = \omega_s \dfrac{L_s L_r - L_m^2}{L_s} i_{\mathrm{rq}}$，

$\Delta u_{\mathrm{rq}} = \omega_s \dfrac{L_s L_r - L_m^2}{L_s} i_{\mathrm{rd}}$ 作为消除转子电压、电流交叉耦合的补偿项，$\omega_s \dfrac{L_m}{L_s} \psi_s$ 为前馈补偿量，与反馈控制相得益彰，从而实现 d、q 轴电流解耦控制，得到转子侧变流器转子电压参考值，写成用 PI 控制器表示的形式

$$\begin{cases} u_{\mathrm{rd}}^* = \left(k_{\mathrm{iprd}} + \dfrac{k_{\mathrm{iird}}}{s} \right) (i_{\mathrm{rd}}^* - i_{\mathrm{rd}}) - \omega_s \dfrac{L_s L_r - L_m^2}{L_s} i_{\mathrm{rq}} \\[3mm] u_{\mathrm{rq}}^* = \left(k_{\mathrm{iprq}} + \dfrac{k_{\mathrm{iirq}}}{s} \right) (i_{\mathrm{rq}}^* - i_{\mathrm{rq}}) + \omega_s \dfrac{L_s L_r - L_m^2}{L_s} i_{\mathrm{rd}} + \omega_s \dfrac{L_m}{L_s} \psi_s \end{cases} \tag{3-45}$$

将矢量控制的功率外环表达式写成用 PI 控制器表示的形式

$$\begin{cases} i_{\mathrm{rq}}^* = \left(k_{\mathrm{Ppq}} + \dfrac{k_{\mathrm{Piq}}}{s} \right) (P_s^* - P_s) \\[3mm] i_{\mathrm{rd}}^* = \left(k_{\mathrm{Qpd}} + \dfrac{k_{\mathrm{Qid}}}{s} \right) (Q_s^* - Q_s) \end{cases} \tag{3-46}$$

式中 k_{Ppq}、k_{Piq}、k_{Qpd}、k_{Qid}——功率环比例、积分系数。

根据式（3-45）、式（3-46）可以得到基于定子磁链定向的矢量控制的转子侧变流器控制策略原理图，见图 3-30。

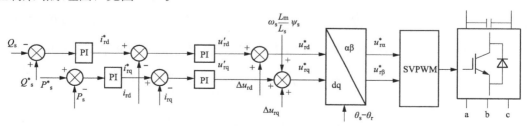

图 3-30　基于定子磁链定向的矢量控制策略原理图

图中通过功率外环得到 d、q 轴电流参考值，通过电流内环以及解耦项引入输出 PWM 控制信号。

（3）基于定子磁链定向的直接功率控制策略数学模型。根据式（3-41）可得转子电流与定子功率的关系式

$$
\begin{cases}
i_{rq} = \dfrac{2L_s}{3L_m\omega_1\psi_s}P_s \\[3mm]
i_{rd} = \dfrac{2L_s}{3L_m\omega_1\psi_s}Q_s + \dfrac{\psi_s}{L_m}
\end{cases}
\tag{3-47}
$$

将其代入式（3-42）得

$$
\begin{cases}
\psi_{rq} = \dfrac{2}{3}\dfrac{L_sL_r - L_m^2}{L_m\omega_1\psi_s}P_s \\[3mm]
\psi_{rd} = \dfrac{2}{3}\dfrac{L_sL_r - L_m^2}{L_m\omega_1\psi_s}Q_s + \dfrac{L_r}{L_m}\psi_s
\end{cases}
\tag{3-48}
$$

定子磁链定向，定子磁链恒定，其导数为 0，对式（3-48）两边微分

$$
\begin{cases}
\dfrac{d\psi_{rq}}{dt} = \dfrac{2}{3}\dfrac{L_rL_s - L_m^2}{L_m\omega_1\psi_s}\dfrac{dP_s}{dt} \\[3mm]
\dfrac{d\psi_{rd}}{dt} = \dfrac{2}{3}\dfrac{L_sL_r - L_m^2}{L_m\omega_1\psi_s}\dfrac{dQ_s}{dt}
\end{cases}
\tag{3-49}
$$

将式（3-47）～式（3-49）代入式（3-44）中的转子电压方程且令 $U_s = \omega_1\psi_s$ 得

$$
\begin{cases}
u_{rd} = \dfrac{2}{3}\dfrac{L_sL_r - L_m^2}{L_mU_s}\dfrac{dQ_s}{dt} - \dfrac{2}{3}\dfrac{L_sL_r - L_m^2}{L_m}\dfrac{\omega_s}{U_s}P_s + \dfrac{2}{3}\dfrac{L_sR_r}{L_mU_s}Q_s + \dfrac{R_r}{L_m}\psi_s \\[3mm]
u_{rq} = \dfrac{2}{3}\dfrac{L_sL_r - L_m^2}{L_mU_s}\dfrac{dP_s}{dt} + \dfrac{2}{3}\dfrac{L_sL_r - L_m^2}{L_m}\dfrac{\omega_s}{U_s}Q_s + \dfrac{2}{3}\dfrac{L_sR_r}{L_mU_s}P_s + \omega_s\dfrac{L_r}{L_m}\psi_s
\end{cases}
\tag{3-50}
$$

令

$$
\begin{cases}
u'_{rd} = \dfrac{2}{3}\dfrac{L_sL_r - L_m^2}{L_mU_s}\dfrac{dQ_s}{dt} + \dfrac{2}{3}\dfrac{L_sR_r}{L_mU_s}Q_s = \left(k_{Qprd} + \dfrac{k_{Qird}}{s}\right)(Q_s^* - Q_s) \\[3mm]
u'_{rq} = \dfrac{2}{3}\dfrac{L_sL_r - L_m^2}{L_mU_s}\dfrac{dP_s}{dt} + \dfrac{2}{3}\dfrac{L_sR_r}{L_mU_s}P_s = \left(k_{Pprq} + \dfrac{k_{Pirq}}{s}\right)(P_s^* - P_s)
\end{cases}
$$

作为解耦项，

其中 k_{Qprd}、k_{Pprq}，k_{Qird}、k_{Pirq} 是转子功率环 d、q 轴比例、积分系数，令 $\Delta u_{rd} = \dfrac{2}{3}\dfrac{L_sL_r - L_m^2}{L_m}\dfrac{\omega_s}{U_s}P_s$，$\Delta u_{rq} = \dfrac{2}{3}\dfrac{L_sL_r - L_m^2}{L_m}\dfrac{\omega_s}{U_s}Q_s$ 作为消除转子电压、定子功率交叉耦合的补偿项，$\dfrac{R_r}{L_m}\psi_s$，$\omega_s\dfrac{L_r}{L_m}\psi_s$ 为前馈补偿量，与反馈控制相得益彰，从而实现 d、q 轴有功、无功的解耦控制，得到转子侧变流器转子电压参考值写成用 PI 控制器表示的形式

$$
\begin{cases}
u_{rd}^* = \left(k_{pp} + \dfrac{k_{ip}}{s}\right)(Q_s^* - Q_s) - \dfrac{2}{3}\dfrac{L_sL_r - L_m^2}{L_m}\dfrac{\omega_s}{U_s}P_s + \dfrac{R_r}{L_m}\psi_s \\[3mm]
u_{rq}^* = \left(k_{pq} + \dfrac{k_{iq}}{s}\right)(P_s^* - P_s) + \dfrac{2}{3}\dfrac{L_sL_r - L_m^2}{L_m}\dfrac{\omega_s}{U_s}Q_s + \omega_s\dfrac{L_r}{L_m}\psi_s
\end{cases}
\tag{3-51}
$$

根据式（3-51）可以得到基于定子磁链定向的直接功率控制的转子侧变流器控制策略框图，见图 3-31。

对比基于定子磁链定向的矢量控制策略和直接功率控制策略可以看出，矢量控制策略有两个 PI 控制环，外环是功率环，内环是转子电流环，其可控对象是转子电压，被控对象是转子电流。直接功率控制策略只有一个 PI 控制环，即功率环，其可控对象是转子电压，被控对象是定子功率。相比而言，直接功率控制省去了电流控制环，简化了控制结构，动态响应快，且受电机参数和运行工况影响小，鲁棒性好。

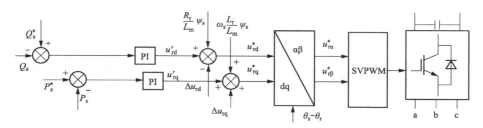

图 3-31　基于定子磁链定向的直接功率控制策略原理图

3.1.3.3　建模及仿真

以仿真软件 PSCAD/EMTDC 为平台，结合上一章介绍的原理和数学模型，考虑最大功率追踪控制，变流器脉冲触发方式为电压空间矢量调制（SVPWM）的情况下，分别根据矢量控制和直接功率控制两套控制策略搭建了 30kW 双馈发电机风力系统仿真模型。双馈风机关键参数如表 3-5 所示。

表 3-5　　　　　　　　双 馈 风 机 参 数

项目	参数	项目	参数
风机容量	30kW	Rs	0.06507（标幺值）
额定频率	50Hz	Rr	0.07888（标幺值）
定子额定电压	380V	Ls	0.12789（标幺值）
极对数	3	Lr	0.20366（标幺值）
同步转速	1000r/min	Lm	6.65859（标幺值）
绕组折算系数	1.6589	直流母线电压	716V
运行转速	1.2（标幺值）超同步运行	直流环节电容	10000μF

分别采用矢量控制模型及直接功率控制模型进行仿真。采用矢量控制策略时网侧采用基于电网电压定向的矢量控制，转子侧采用基于定子磁链定向的矢量控制。采用直接功率控制策略时网侧采用基于电网电压定向的直接功率控制，转子侧采用基于定子磁链定向的直接功率控制。详细变流器控制模型如图 3-32 所示。

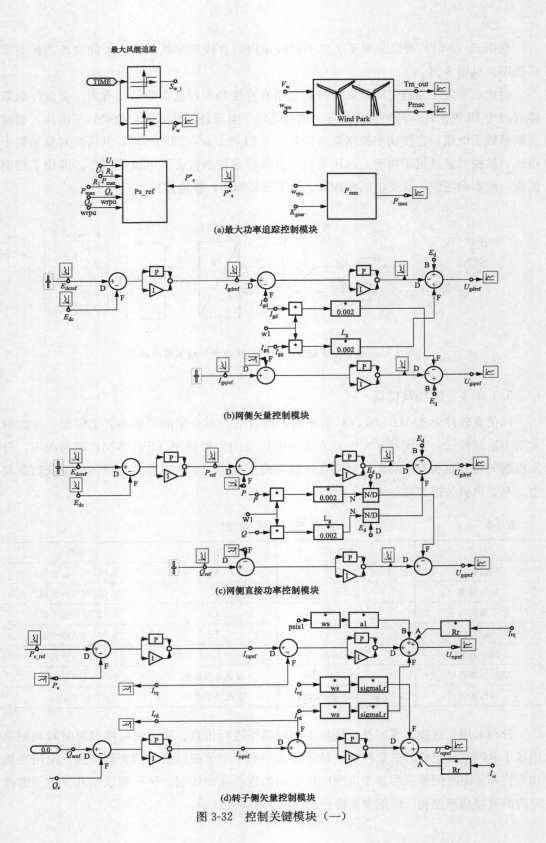

(a)最大功率追踪控制模块

(b)网侧矢量控制模块

(c)网侧直接功率控制模块

(d)转子侧矢量控制模块

图 3-32　控制关键模块（一）

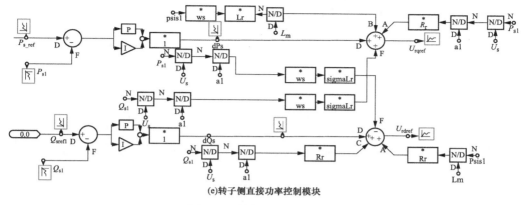

(e)转子侧直接功率控制模块

图 3-32　控制关键模块（二）

基于以上仿真模型，矢量控制策略下的稳态仿真波形如图 3-33 所示。

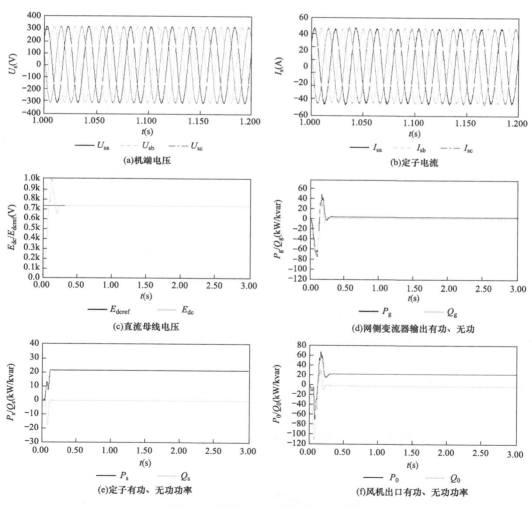

图 3-33　矢量控制策略稳态仿真结果

直接功率控制策略下的稳态仿真波形如图 3-34 所示。

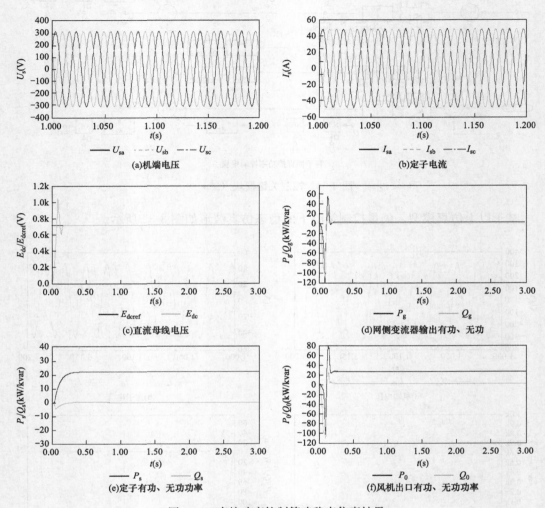

图 3-34　直接功率控制策略稳态仿真结果

从以上仿真结果可以看出，两套控制策略均能很好地控制系统运行，网侧控制策略均实现了单位功率因数控制和稳定直流母线电压的目的，转子侧控制策略均实现了最大风能追踪控制和有功无功解耦控制的目标。双馈风机稳态运行时，不同的控制策略只对运行初始阶段有影响，进入稳定运行后，基本不影响运行结果。可见，所搭建的仿真模型，适用于风机的稳态运行。

3.1.4　单轴微型燃气轮机控制策略及建模

目前，微型燃气轮机产品主要有两种结构类型，一种为单轴（single-shaft）结构，另一种为分轴（split-shaft）结构。分轴结构微型燃气轮机动力涡轮与燃气涡轮采用不同转轴，通过变速齿轮与发电机相连，由于降低了发电机转速，因此可以直接并网运行；

单轴结构微型燃气轮机中燃气涡轮与发电机同轴，因此发电机转速较高，需采用电力电子器件进行整流逆变才可并网运行。

单轴结构微型燃气轮机具有效率高、维护少、运行灵活、安全可靠等优点。这种微型燃气轮机的独特之处在于其压气机与发电机安装在同一转动轴上，该轴由空气轴承支撑，其结构图如图 3-35 所示。整个系统的工作原理为：压气机输出的高压空气首先在回热器内由燃气涡轮排气预热；然后进入燃烧室与燃料混合，点火燃烧，产生高温高压的燃气；输出的高温高压燃气导入燃气涡轮膨胀做功，推动燃气涡轮转动，并带动压气机及发电机高速旋转，实现了气体燃料的化学能部分转化为机械能，最终转化为电能并输出至电网。通常燃气涡轮旋转速度高达 30000～100000r/min，需要采用高能永磁材料（如钕铁硼材料或钐钴材料）的永磁同步发电机，其产生的高频交流电通过电力电子装置（整流器、逆变器及其控制环节）转化为直流电或工频交流电向用户供电。

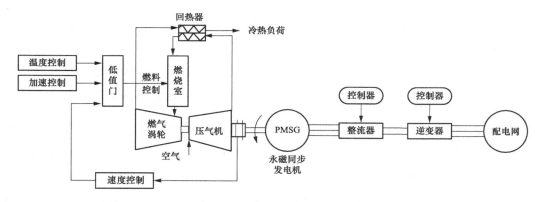

图 3-35　单轴结构微型燃气轮机发电系统结构图

3.1.4.1　网侧变流器控制策略

对于全功率变流器的网侧变流器，控制方法包括直接功率控制（direct power control，DPC）、基于虚拟磁链定向的矢量控制（virtual-flux oriented control，VFOC）及基于电网电压定向的矢量控制（voltage oriented control，VOC）。

直接功率控制。直接功率控制的原理图如图 3-36 所示，控制策略中首先检测三相电网电压和三相并网电流，通过三相静止坐标系或者两相静止坐标系下的公式计算出瞬时有功功率 P 和瞬时无功功率 Q；其次，根据电网电压矢量角 θ 的位置将电压空间矢量划分为 12 个扇区，结合系统对控制精度的要求和对开关频率的限制，可以选择滞环比较器并确定滞环宽度 H_p 和 H_q，将有功功率 P 和无功功率 Q 与各自给定的参考值 P_{ref} 和 Q_{ref} 比较后的差值信号送入滞环比较器得到开关信号 S_p 和 S_q；最后，根据 S_p、S_q、θ 在开关表中选择所需的占空比信号 S_a、S_b、S_c，去驱动主电路的开关管，实现并网运行。

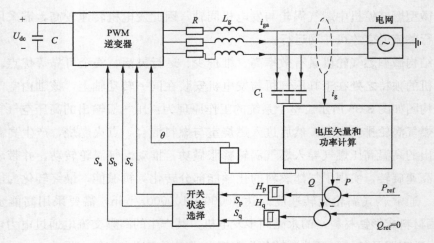

图 3-36　直接功率控制系统框图

基于虚拟磁链定向的矢量控制。基于虚拟磁链定向的矢量控制通过引入虚拟磁链的概念，将三相并网变流器电网侧看作一台虚拟电机，如图 3-37 所示，则电感 L_g 及其等效电阻 R 分别对应于虚拟电机的定子电感和定子电阻，将虚拟磁链矢量定义成电网电压矢量的积分 $\int \vec{u}\, dt$，其方向滞后电网电压矢量 $90°$。与 VOC 控制系统不同，为了实现单位功率因数，在基于虚拟磁链定向的控制系统中，应该将与虚拟磁链矢量方向一致的坐标轴上的电流分量控制为零，与虚拟磁链矢量垂直方向上的投影分量大小是有功电流。图 3-37 中 u_{ga}、u_{gb}、u_{gc} 表示变流器交流侧的三相电压。基于虚拟磁链定向的坐标系示意图如图 3-38 所示，其中将 d 轴定向于 Ψ，$\Psi_d = \Phi$，$\Psi_q = 0$；电网电压矢量 $\vec{U}$ 超前 d 轴 $90°$，i_d 对应于无功电流，i_q 对应于有功电流。基本的控制框图如图 3-39 所示，控制策略中电网电压不是通过采样得到，而是通过并网电流、开关函数以及直流电压估算得到。

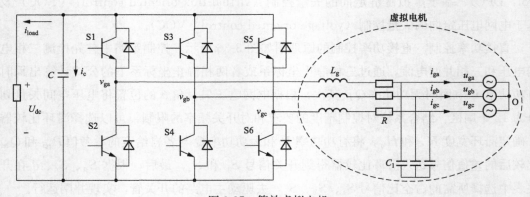

图 3-37　等效虚拟电机

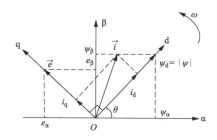

图 3-38　虚拟磁链定向的坐标系矢量图

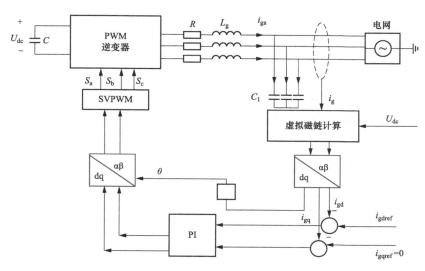

图 3-39　虚拟磁链定向的矢量控制框图

基于电网电压定向的矢量控制是目前应用最广泛的控制策略。当燃气轮机系统并网运行时，一般采取恒 PQ 控制，其作用为：当外部网络发生扰动时维持功率输出不变，并且能够通过功率跟踪控制使燃气轮机系统按给定值输出，即网侧变流器的控制策略为基于 d 轴电网电压定向的恒功率控制。本书以该控制策略为例建立网侧变流器数学模型。

微型燃气轮机的网侧变流器采用三相桥式 PWM 变流器，其拓扑结构如图 3-40 所示。

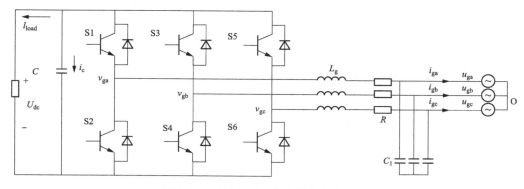

图 3-40　三相 PWM 变流器主电路拓扑

图 3-40 中，u_{ga}、u_{gb}、u_{gc} 分别为三相电网的相电压；ν_{ga}、ν_{gb}、ν_{gc} 分别为变流器交流侧三相电网的相电压；i_{ga}、i_{gb}、i_{gc} 为变流器提供给电网的三相相电流。根据基尔霍夫电流定律和电压定律，可以得到三相 PWM 变流器的数学模型。

在两相同步旋转 dq 坐标系中，网侧变流器的数学模型为

$$
\begin{cases}
u_{gd} = i_{gd} R_g + L_g \dfrac{di_{gd}}{dt} - \omega L_g i_{gq} + \nu_{gd} \\[2mm]
u_{gq} = i_{gq} R_g + L_g \dfrac{di_{gq}}{dt} + \omega L_g i_{gd} + \nu_{gq} \\[2mm]
C \dfrac{dU_{dc}}{dt} = \dfrac{3}{2}(S_{gd} i_{gd} + S_{gq} i_{gq}) - i_{load}
\end{cases}
\tag{3-52}
$$

式中　u_{gd}、u_{gq}——网侧变流器电网电压的 d、q 轴分量；

　　　i_{gd}、i_{gq}——网侧变流器并网电流的 d、q 轴分量；

　　　S_{gd}、S_{gq}——网侧变流器开关函数的 d、q 轴分量。

当坐标系的 d 轴定向于电网电压矢量时，则有 $u_{gd} = U_g$，$u_{gq} = 0$，其中 U_g 为电网电压幅值。则由式（3-52）得网侧变流器交流侧输出电压方程为

$$
\begin{cases}
\nu_{gd} = -i_{gd} R_g - L_g \dfrac{di_{gd}}{dt} + \omega L_g i_{gq} + u_{gd} \\[2mm]
\nu_{gq} = -i_{gq} R_g - L_g \dfrac{di_{gq}}{dt} - \omega L_g i_{gd} + 0
\end{cases}
\tag{3-53}
$$

从式（3-53）可以看出 d、q 轴电流除受控制量 ν_{gd}、ν_{gq} 的影响外，还受交叉耦合电压 $\omega L_g i_{gq}$、$\omega L_g i_{gd}$ 扰动和电网电压 u_{gd} 的影响。由于 d、q 轴变量相互耦合，因而给控制器的设计造成一定的困难。因此，要实现对 d、q 轴电流的有效控制，必须寻找一种能解决 d、q 轴电流间耦合和消除电源电压扰动的控制方法。

为消除微分项 $L_g \times i_{gd}/dt$ 引起的静差，引入比例积分控制器 PI 设计电流控制器，状态方程如下

$$
\begin{cases}
\nu'_{gd} = L_g \dfrac{di_{gd}}{dt} = L_g \dfrac{di_{gdref}}{dt} + k_{igp}(i_{gdref} - i_{gd}) + k_{igi} \displaystyle\int (i_{gdref} - i_{gd})dt \\[3mm]
\nu'_{gq} = L_g \dfrac{di_{gq}}{dt} = L_g \dfrac{di_{gqref}}{dt} + k_{igp}(i_{gqref} - i_{gq}) + k_{igi} \displaystyle\int (i_{gqref} - i_{gq})dt
\end{cases}
\tag{3-54}
$$

式中　i_{gdref}、i_{gqref}——网侧变流器 d、q 轴的电流参考值；

　　　K_{igp}、K_{igi}——网侧变流器电流控制器的比例、积分系数。

将式（3-54）代入式（3-53），并令

$$
\begin{cases}
\Delta u_{gd} = -i_{gd} R_g + w L_g i_{gq} \\[2mm]
\Delta u_{gq} = -i_{gq} R_g - w L_g i_{gd}
\end{cases}
\tag{3-55}
$$

得网侧变流器交流侧参考电压方程组为

$$\begin{cases} \nu_{\text{gdref}} = -\nu'_{\text{gd}} - i_{\text{gd}}R_{\text{g}} + wL_{\text{g}}i_{\text{gq}} + u_{\text{gd}} = -\nu'_{\text{gd}} + \Delta u_{\text{gd}} + u_{\text{gd}} \\ \nu_{\text{gqref}} = -\nu'_{\text{gq}} - i_{\text{gq}}R_{\text{g}} - wL_{\text{g}}i_{\text{gd}} + u_{\text{gq}} = -\nu'_{\text{gq}} + \Delta u_{\text{gq}} + u_{\text{gq}} \end{cases} \tag{3-56}$$

式中 ν_{gdref}、ν_{gqref}——网侧变流器输出的 d、q 轴电压参考值。

变流器输出功率可以表示为

$$\begin{cases} P_{\text{ref}} = u_{\text{gd}}i_{\text{gd}} + u_{\text{gq}}i_{\text{gq}} \\ Q_{\text{ref}} = -u_{\text{gd}}i_{\text{gq}} + u_{\text{gq}}i_{\text{gd}} \end{cases} \tag{3-57}$$

电网电压定向在 d 轴上，$u_{\text{gq}} = 0$，所以变流器输出功率为

$$\begin{cases} P_{\text{ref}} = u_{\text{gd}}i_{\text{gd}} \\ Q_{\text{ref}} = -u_{\text{gd}}i_{\text{gq}} \end{cases} \tag{3-58}$$

由此可得电流内环的参考电流为

$$\begin{cases} i_{\text{gdref}} = P_{\text{ref}}/u_{\text{gd}} \\ i_{\text{gqref}} = Q_{\text{ref}}/(-u_{\text{gd}}) \end{cases} \tag{3-59}$$

对应以上公式可建立基于 d 轴电网电压定向的恒功率控制框图，如图 3-41 所示。

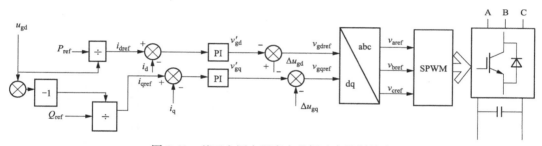

图 3-41　基于电网电压定向的恒功率控制策略

图 3-41 中 i_{gd}、i_{gq} 分别对应并网电流中的有功和无功分量，控制的目标是让并网电流相位跟踪电网电压相位，无功分量为 0。有功和无功电流经过电流内环反馈控制后，送至正弦脉宽调制单元产生占空比信号，便可以使得并网电流和电网电压同相，能量以单位功率因数回馈至电网。

3.1.4.2　机侧变流器控制策略

机侧变流器控制策略多样，本书选择比较有代表性的五种控制策略作简要介绍，它们分别是基于电压定向的矢量控制（voltage oriented control，VOC）、基于虚拟磁链定向的矢量控制（virtual flux oriented control，VFOC）、基于电压定向的直接功率控制（voltage based direct power control，V-DPC）、基于虚拟磁链定向的直接功率控制（virtual flux based direct power control，VF-DPC）和基于转子磁链定向的矢量控制（stator-voltage oriented control，SVOC）。基于电压定向的矢量控制（VOC）：基于电压定向的矢量控制的矢量图和方框图如图 3-42 所示。

由框图可知，电压外环用来保持整流器的直流侧电压恒定，电压调节器输出有功电

流参考 i_d^*。为了实现单位功率因数，无功电流参考 $i_q^* = 0$。有功和无功电流参考与 dq 轴电流分量的反馈值进行比较后分别送入两个电流调节器，调节器输出经矢量变换后，通过空间矢量调制器对整流器中的开关器件进行控制。这种策略不仅具有直接电流控制的动态响应快、稳态性能好、自身有限流保护能力等优点，并且还可以消除电流稳态误差，达到单位功率因数，所以在工控领域应用十分广泛。但也具有不利的方面如：必须对有功分量和无功分量进行坐标变换和解耦；算法比较复杂等；输入功率因数比直接功率控制策略要低等。

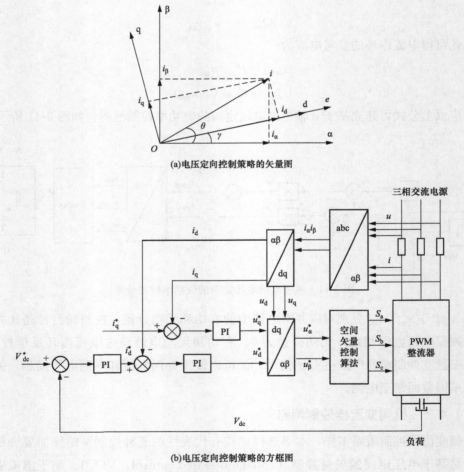

(a)电压定向控制策略的矢量图

(b)电压定向控制策略的方框图

图 3-42　电压定向控制策略的矢量图和方框图

基于虚拟磁链定向的矢量控制（VFOC）：基于虚拟磁链定向的矢量控制是在电压定向的基础上发展起来的，它主要是利用系统的低通滤波特性，在不是十分理想的电源条件下来提高整流器的性能，将整流器交流侧等效为一个虚拟交流电机来处理（如图 3-43 所示），仅仅只用直流电压传感器的虚拟磁通定向控制方框图和矢量图如图 3-44 所示，虚拟磁通矢量落后电压矢量 90°，因此，参照基于电压定向的矢量控制，为了得到单位功率因数，i_d^* 的参考值应设为零。基于虚拟磁链定向的矢量控制（VFOC）也是基于坐标变换的矢量控制，虽然其算法复杂，然而相对于基于电压定向的矢量控制（VOC），它的显著特点就是输入侧省去了电流传感器，控制回路中省去了两个电流调节器，简化了电路结构。研究表明 VFOC 具有 VOC 相同的优缺点。

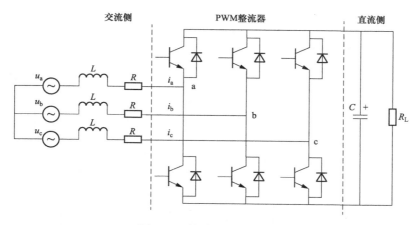

图 3-43　等效的虚拟电动机

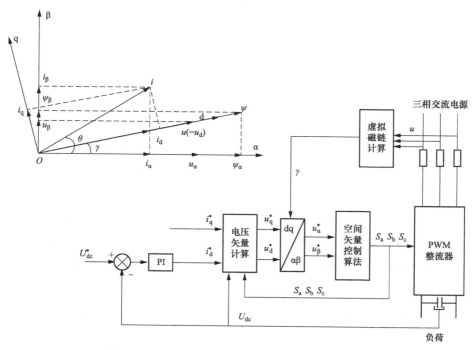

图 3-44　虚拟磁链定向控制策略的方框图和矢量图

基于电压定向的直接功率控制（V-DPC）：基于电压定向的直接功率控制是以电压定向控制为基础的，是对功率的滞环控制策略，其方框图如图 3-45 所示。从电网侧输入的

有功功率和无功功率为

$$
\begin{cases}
P = L\left(\dfrac{\mathrm{d}i_a}{\mathrm{d}t}i_a + \dfrac{\mathrm{d}i_b}{\mathrm{d}t}i_b + \dfrac{\mathrm{d}i_c}{\mathrm{d}t}i_c\right) + U_{dc}(S_a + S_b + S_c) \\
Q = \dfrac{1}{\sqrt{3}}\left\{3L\left(\dfrac{\mathrm{d}i_a}{\mathrm{d}t}i_c - \dfrac{\mathrm{d}i_c}{\mathrm{d}t}i_a\right) - U_{dc}\left[S_a(i_b - i_c) + S_b(i_c - i_a) + S_c(i_a - i_b)\right]\right\}
\end{cases}
$$

$$(3\text{-}60)$$

式中　L——整流器输入电感。

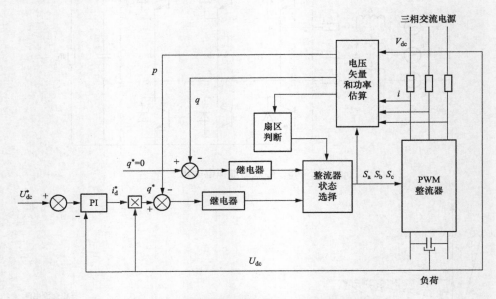

图 3-45　基于电压的直接功率控制策略方框图

　　为了实现单位功率因数,无功功率必须为零,由两个滞环控制器和一个包含线电压矢量的扇区识别器,就可以直接选择整流器的下一个状态,最终实现对有功和无功的直接控制。研究表明直接功率控制策略具有如下的优点:①不需要调制模块、电流调节环以及坐标变换;②不需要检测交流侧的电压信号,省去了网侧的电压传感器;③由整流器的交流侧电流、直流侧电压和功率器件的开关状态来估算有功功率和无功功率;④具有较好的动态性能,通过选择最优开关状态来实现有功功率和无功功率的解耦控制。

　　但是这种控制方式为了获得平滑的电流波形需要较大的电感和较高的采样频率;在开关时刻进行功率和电压的估算可能引起较大的误差;开关频率不固定以及需要较快的微处理器和 A/D 转换器等方面是它固有的不足。

　　基于虚拟磁链定向的直接功率控制(VF-DPC):虚拟磁通控制的思想也可用来提高直接功率控制的性能,基于虚拟磁链定向的直接功率控制的方框图和矢量图如图 3-46 所示。图中 ψ_g 为虚拟磁链合成矢量,滞后于线电压合成矢量 u_g 90°,V_g 为整流器交流侧电压矢量，$\omega_1 L_g I_g$ 为电感的电压矢量，I_g 为相电流合成矢量，它滞后于 $\omega_1 L_g I_g 90°$。由于直接功率控制没有电流内环，因此，基于虚拟磁链的直接功率控制的关键在于正确而且快速地对有功和无功进行估算。

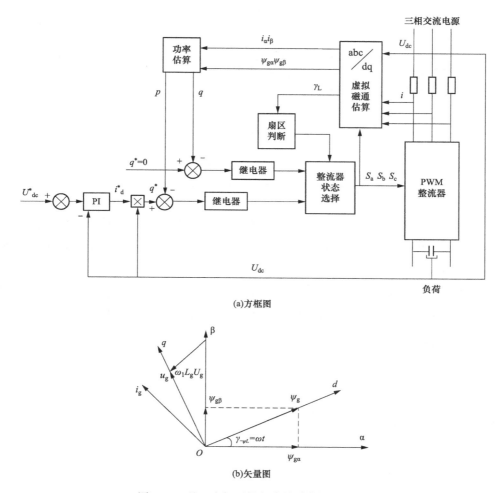

图 3-46 基于虚拟磁链的直接功率控制策略

研究表明：基于虚拟磁链定向的直接功率控制策略具有线电流的总谐波失真 THD 低；能适用于不平衡电压的情况；不需要单独的 PWM 电压调制模块、电流环和坐标变换；具有较好的动态性能；能实现有功功率和无功功率的解耦控制等一系列优点，但是它的开关频率不固定（给输入滤波器的设计带来困难），且滞环控制器的数字实现需要较高的采样频率、较快的微处理器以及 A/D 转换芯片。

基于转子磁链定向的矢量控制的机侧变流器矢量控制策略。本书以该策略为例建立机侧变流器数学模型：

微型燃气轮机并网发电系统中永磁同步发电机侧变流器（整流器，VSR）模型的建立是整个系统并网控制和安全运行的关键，其结构如图 3-47 所示。

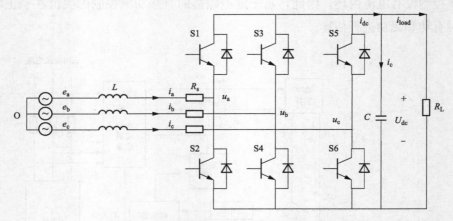

图 3-47　三相电压型 PWM 整流器拓扑结构

针对本系统三相电压型 PWM 整流器一般数学模型的建立，通常做出假设：发电机定子端电压为三相平稳的理想正弦波电动势（u_a、u_b、u_c）；发电机内定子电感 L 是线性的，不考虑饱和。

对于机侧变流器而言，其控制实质就是对永磁同步发电机的控制，因此"永磁同步发电机数学模型"也是变流器机侧的数学模型。故在两相旋转 dq 坐标系中，三相电压型 PWM 整流器的数学模型为

$$\begin{cases} u_d = -R_s i_d + \omega_r L_q i_q - L_d \dfrac{di_d}{dt} \\ u_q = -R_s i_q - \omega_r L_d i_d - L_q \dfrac{di_q}{dt} + \omega_r \psi_f \end{cases} \tag{3-61}$$

式中　ω_r——永磁同步发电机转子电角速度；

　　　ψ_f——转子永磁体的磁链；

　L_d、L_q——永磁同步发电机的 d 轴和 q 轴电感；

　i_d、i_q——永磁同步发电机定子输出电流的 d 轴和 q 轴分量；

　u_d、u_q——机侧变流器交流侧电压的 d 轴和 q 轴分量。

由于微型燃气轮机转速高，所以 PMSG 转子采用隐极结构，其电磁转矩具有自然解耦性，可通过控制发电机电流的 q 轴分量 i_q 来控制有功功率的输出，此时在输出所要求的有功功率及电磁转矩情况下，需要的定子电流为最小，从而使发电机铜耗降低，效率有所提高。因此，采用外环直流电容电压控制、内环电流控制的双环控制策略，给定发电机电流 d 轴分量，设定 d 轴电流参考值 $i_d^* = 0$；控制直流电容电压输出发电机电流 q 轴参考值 i_q^*，该控制策略放开了无功通道的控制。

由式（3-61）可知，d、q 轴电流除受控制量 u_d、u_q 的影响外，还受交叉耦合电压

$\omega L_q i_q$、$\omega L_d i_d$ 扰动和电源电压 $\omega_r \psi_f$ 的影响。由于 d、q 轴变量相互耦合，因而给控制器的设计造成一定的困难。因此，要实现对 d、q 轴电流的有效控制，必须寻找一种能解决 d、q 轴电流间耦合和消除电源电压扰动的控制方法。

为了消除控制静差，引入积分环节，可设计如下电流控制器

$$\begin{cases} u_d = L_d \dfrac{di_d}{dt} = L_d \dfrac{di_d^*}{dt} + K_{ip}(i_d^* - i_d) + K_{iI}\displaystyle\int (i_d^* - i_d)dt \\[3mm] u_q = L_q \dfrac{di_q}{dt} = L_q \dfrac{di_q^*}{dt} + K_{ip}(i_q^* - i_q) + K_{iI}\displaystyle\int (i_q^* - i_q)dt \end{cases} \tag{3-62}$$

式（3-62）给出了电流控制器的输出电压，则可设计机侧变流器交流侧电压 e_d、e_q 的控制方程为

$$\begin{cases} e_d = -R_s i_d + \omega_r L_q i_q - u_{sd}' \\ e_q = -R_s i_q - \omega_r L_d i_d - u_{sq}' + \omega_r \psi_f \end{cases} \tag{3-63}$$

直流电压外环的作用是为了稳定或调节直流电压。显然，引入直流电压反馈并通过一个 PI 调节器可实现直流电压的无静差控制。由于直流电压的控制可通过 i_d 的控制来实现，因此直流电压外环 PI 调节器的输出量即为有功电流内环的电流参考值 i_d^*，从而对 VSR 的有功功率进行调节。

式（3-63）表明，由于引入了电流状态反馈量 $\omega_r L_q i_q$、$\omega_r L_d i_d$ 实现解耦，同时又引入电源扰动电压项和电压降项 $R_s i_d$、$R_s i_q$ 进行前馈补偿从而实现了 d、q 轴电流的解耦控制，有效提高了系统的动态控制性能。图 3-48 是解耦的整流器双闭环控制结构的原理图。电压外环控制直流输出电压恒定，电压外环调节器输出为有功电流给定值 i_d^*。系统内环为电流环，其作用是控制电流响应。

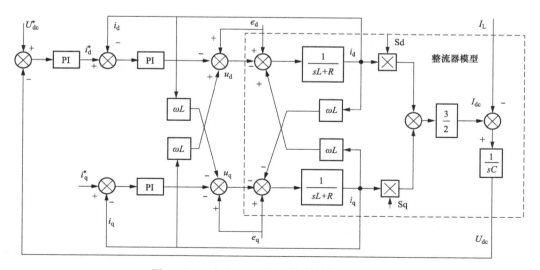

图 3-48　三相 VSR 双闭环控制结构的原理图

图 3-48 中，电压控制器和电压反馈构成外环，电压控制器 $G_u(S)$ 的输出作为 d 轴电流（有功分量）参考值。电流控制器和电流反馈构成内环，但电流内环只是整个电流控制的一部分，对电流的控制还包括电流状态反馈解耦和永磁发电机发出的电动势扰动的补偿。将电流调节器 $G_i(S)$ 的输出分别和另外两项（状态反馈分量和电压反馈分量）合成作为整流器的交流侧 d、q 轴电压输出 e_d、e_q。在同步旋转坐标系里看，三相平衡电动势相当于常值扰动，即使不检测也能消除它的影响，但加入电压前馈补偿，有利于提高系统的抗干扰能力。

应该指出的是，图 3-48 中用到的整流器模型隐含了两个假设。一是认为直流电压的变化对交流输入无影响。或者说，相对于电流变化而言，直流电压的变化比较慢，可以认为，直流电压在一个开关周期内基本不变。二是认为，开关状态的改变对直流电流的影响仅通过 d、q 轴电流实现，而没有直接影响到直流输出电流。所以这里用到的模型还是作了一定的简化处理，但这种简化是符合实际情况的，电流状态反馈的引入实现了电流的解耦控制，在此基础上可以应用双闭环控制器的工程设计方法，由三相双闭环控制原理图可得到其矢量解耦控制框图如图 3-49 所示。其中电流内环的解耦由式（3-63）可以得到。

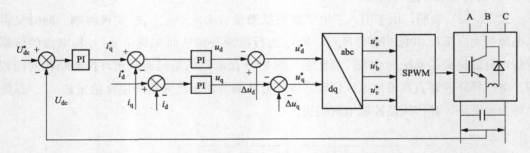

图 3-49　三相 VSR 的矢量解耦控制框图

根据图 3-49 可知，该控制框图通过引入 Δu_d、Δu_q 实现了 d、q 轴解耦控制。直流环节电压控制器 PI 形式表示为

$$i_q^* = \left(k_{vp} + \frac{k_{vi}}{s}\right)(U_{dc}^* - U_{dc})\tag{3-64}$$

令

$$\begin{cases}\Delta u_d = -R_s i_d + \omega_r L_q i_q \\ \Delta u_q = R_s i_q + \omega_r L_d i_d - \omega_r \psi_f\end{cases}\tag{3-65}$$

3.1.4.3　建模及仿真验证

本节在 PSCAD/EMTDC 仿真软件下搭建了微型燃气轮机并网发电系统模型，如图 3-50 所示。模型重要部件包括微型燃气轮机、永磁同步电机及变流器，其详细参数见表 3-6～表 3-8。

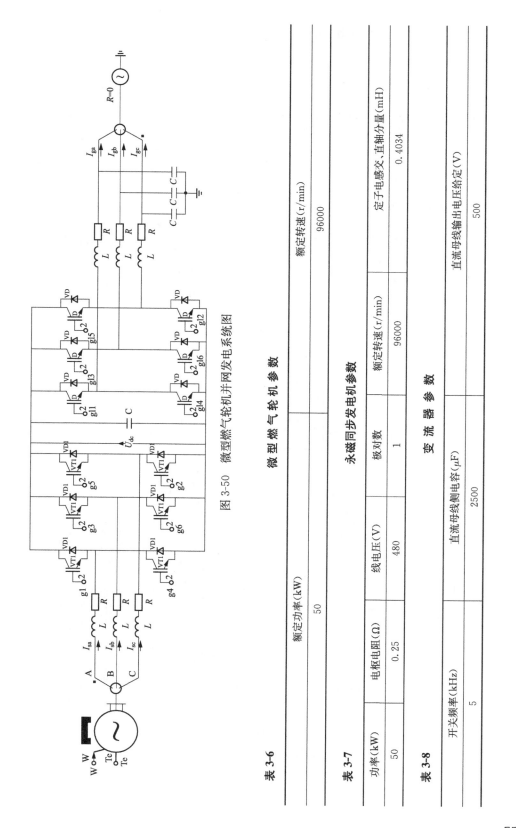

图 3-50　微型燃气轮机并网发电系统图

微型燃气轮机参数

表 3-6

额定功率（kW）	额定转速（r/min）
50	96000

永磁同步发电机参数

表 3-7

功率（kW）	电枢电阻（Ω）	线电压（V）	极对数	额定转速（r/min）	定子电感交、直轴分量（mH）
50	0.25	480	1	96000	0.4034

变流器参数

表 3-8

开关频率（kHz）	直流母线侧电容（μF）	直流母线输出电压给定（V）
5	2500	500

网侧变流器各部分控制模块如图 3-51 所示。

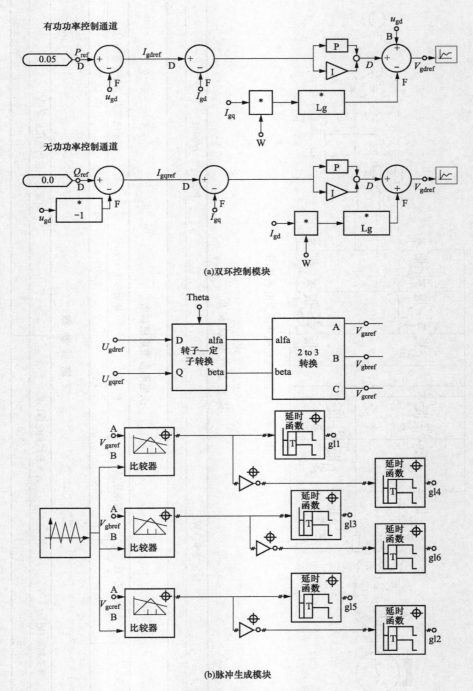

(a)双环控制模块

(b)脉冲生成模块

图 3-51 网侧变流器控制模块

其中，图 3-51(a) 为双环控制模块，实现双环控制功能；图 3-51（b）为脉冲生成模块，为电力电子装置发送触发脉冲。

机侧变流器各部分控制模块如图 3-52 所示。机侧变流器脉冲生成模块与网侧相同。

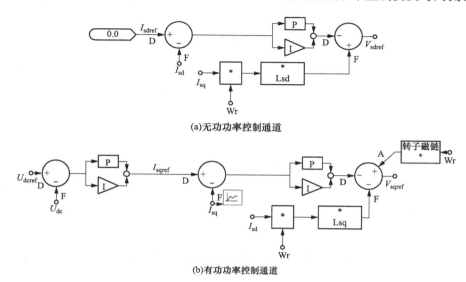

(a)无功功率控制通道

(b)有功功率控制通道

图 3-52   机侧变流器控制模块

其中，图 3-52 为双环控制，实现双环控制功能。

微型燃气轮机并网发电系统稳态仿真结果如图 3-53 所示。

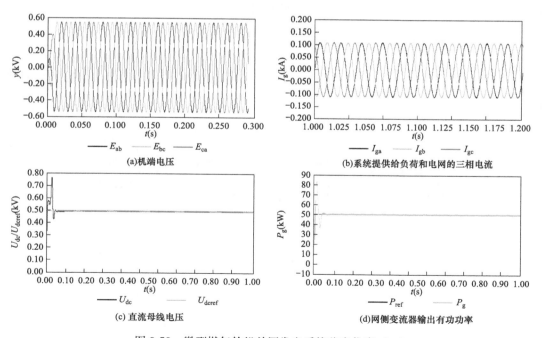

(a)机端电压

(b)系统提供给负荷和电网的三相电流

(c)直流母线电压

(d)网侧变流器输出有功功率

图 3-53   微型燃气轮机并网发电系统稳态仿真（一）

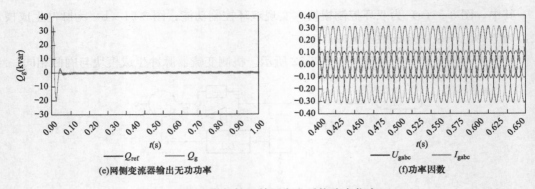

(e)网侧变流器输出无功功率   (f)功率因数

图 3-53 微型燃气轮机并网发电系统稳态仿真（二）

从以上仿真结果可以看出，本控制策略均能很好的控制系统运行，网侧控制策略实现了单位因数控制的目的，机侧控制策略实现了稳定直流母线电压和有功无功解耦控制的目标。由此可见，所搭建的仿真模型，适应于微型燃气轮机的稳态运行。

3.2 旋转电机型分布式电源的建模及控制方式

对于输出工频电压和电流的分布式电源，不需要通过电力电子装置接口并网，可直接并网。旋转电机型分布式电源不易出现由于电力电子装置的存在而产生的谐波、三相电压电流不平衡以及电压闪变等问题。本节将对分轴微型燃气轮机和鼠笼式异步发电机两种典型的旋转电机型分布式电源进行详细介绍。

3.2.1 分轴微型燃气轮机控制策略

分轴微型燃气轮机，燃气涡轮与动力涡轮采用不同的转轴，其结构及控制示意如图 3-54 所示。

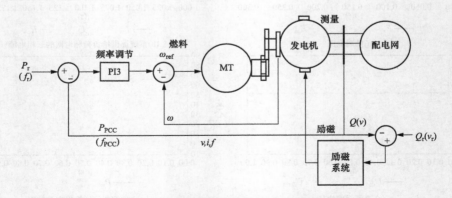

图 3-54 分轴微型燃气轮机结构及控制示意

3.2.2 鼠笼式异步发电机控制策略

在风力发电领域中，鼠笼式异步发电机因其成熟的技术和简单的控制方式得以广泛地应用。目前，正在应用的异步风力发电机组的并网方法包括直接并网法、准同期并网法、降压并网法、捕捉式准同步快速并网法与软并网法。鼠笼式异步发电机风力发电系统的基本结构如图 3-55 所示，系统包括风力机、齿轮箱、感应发电机、软启动装置、电容器组以及变压器等部分，也可以称作异步风力发电系统。异步发电机在实际运行中不仅输出频率变化较小，而且叶片转速变化范围也很小，看上去叶片似乎是在"恒速"旋转，故称之为恒速恒频。在正常运行时，风力机保持恒速运行，转速由发电机的极数和齿轮箱决定。若采用双速发电机，则风力机可以在两种不同的速度下运行，运行时根据不同的风速切换不同的工作绕组：风速较低时使用低速绕组；当风速较高时切换到高速绕组，以提高功率输出。

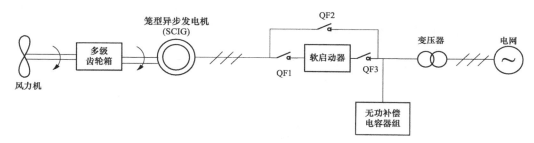

图 3-55 鼠笼式异步发电机

此类直接并网形式的鼠笼式异步发电机是以电动机的形式启动的。当风速到达切入风速时，转子速度为同步速的 90%～100%，由测速装置给出自动并网信号，将风机接入电网。若风速继续增加，使转子速度继续升高至大于同步速，异步电机工作在发电机状态。若风力增加，发电机输出功率也会相应的增加。但若风力过大时，为了保护风力发电机，应停机脱网。此类并网方式的发电机发出电能的电压和频率与电网的电压和频率是一致的。

可以看出，这种机组的突出优点是结构简单、鲁棒性好、控制方便、无需进行维护、造价较低，在风力发电发展初期占据了大部分风电市场。但随着技术的发展以及用户对电能的稳定性和电能质量的要求的提高，这种机组的缺点也逐渐暴露出来，包括：①无功不可控，需要电容器组或 SVC 进行无功补偿；②叶片与轮毂刚性连接，风速波动较大时产生较大的机械负载，容易导致齿轮箱故障，对叶片要求也较高；③输出功率波动较大；④发生失速时，难以保证恒定的功率输出，输出功率有所降低。鉴于以上原因，这种风力发电系统的容量通常较小，且不能满足用户日益提高的要求，使其市场份额逐步减小，正慢慢退出历史舞台。20 世纪 90 年代之后，大部分逐渐改为采用变速风机，并采用经过变流器与升压变压器再并网的方式与电网连接。

鼠笼式异步发电机不需经过变流器与电网连接，但由于鼠笼式异步发电机没有励磁绕组，因此在其并网运行时，需要从网络中吸收滞后性质的无功功率用于励磁，因此需要在发电机端安装无功补偿电容组对其进行无功补偿。此外，若采用直接并网的并网方式，异步电机并网时会产生一个持续时间较短的冲击电流，故现今多加装软启动装置以防止风力机切入和切出时产生过大的冲击电流，即软并网法。它是以两个反向并联的晶闸管为一组，在电机定子与电网之间的每相中均接入这样的一组晶闸管，通过晶闸管的移项调压原理，控制门级触发电路的触发延迟角，改变晶闸管的导通时间，实现其输出电压从零到电源电压的调节，从而有效降低系统的启动电流，减小对系统的冲击。使得过载冲击电流由不可控制变成为可控制。

如图 3-56 所示，为基于传统比例积分微分（proportion integration differentiation, PID）的电流闭环控制系统结构图。图中的"被控对象"为交流调压电路和感应电机。c 值为一个输入的给定值，是设定的电机的最大启动电流。通过引入负反馈电流 i，利用传统的 PID 控制器来控制三相鼠笼式异步电机的启动电流。

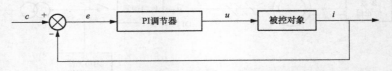

图 3-56　基于传统 PID 的电流闭环控制系统结构图

一旦启动过程结束，软启动器将被开关 QF2 旁路，风力发电系统通过变压器和电网直接连接。因为该系统在通常工况下不需要功率变流器并网，因此它被定义为一种无变流器的风力发电机。而电容器组则是为感应发电机提供足够的无功补偿。常用于这种恒速风力机系统的功率控制方式为定桨距控制，或失速控制。它是指叶片与转轴刚性连接，风力机桨距角保持不变，当风速增大时风力机叶片的攻角增大，直到最后气流在翼型上表面分离而产生脱落，即失速效应。此时需要发电机通过自动控制系统，限制功率，降低效率，通过桨叶翼型失速理论，让气流攻角在额定风速之上时可以达至一个特定值，让桨叶表面形成涡流，对功率的最大值进行控制，风能利用系数随之降低。这时叶片升力减小，阻力提高，从而达到降低风能捕获的目的。

小　结

根据并网方式将分布式电源分为变流器型和旋转电机型两类。针对变流器型分布式电源，本章以光伏电源、永磁直驱风力发电机、双馈风力发电机及单轴微型燃气轮机为例详细介绍了其控制策略，并分别搭建了四种分布式电源的模型进行仿真验证。本章对机侧与网侧变流器控制策略分别进行了介绍。对于光伏电源，其网侧变流器一般采用电压源型逆变器，控制策略可分为基于电网电压定向的矢量控制/直接功率控制，常采用基于电网电压定向的矢量控制，属于直接电流控制。对于永磁直驱风机，通过背靠背双PWM变流器并网，其中机侧变流器一般采用零 d 轴电流控制、单位功率因数控制、单位电流最大转矩控制、直接转矩控制，网侧变流器控制策略包括电压定向控制、直接功率控制、基于虚拟磁链的电压定向控制和直接功率控制；本章重点介绍了永磁直驱风机的零 d 轴控制策略和电网电压定向控制。对于双馈风力发电机，其定子直接并网，转子侧通过背靠背变流器并网，背靠背变流器中靠近转子侧的称为转子侧变流器，靠近电网侧的称为网侧变流器，本章分别详细介绍了双馈风力发电机中网侧变流器基于电网电压定向的矢量控制策略、基于电网电压定向的直接功率控制策略，以及转子侧变流器基于定子磁链定向的矢量控制策略、基于定子磁链定向的直接功率控制策略，并搭建了模型进行仿真验证。对于单轴微型燃气轮机，其燃气涡轮与发电机同轴，转速较高，需连接永磁同步发电机并通过整流器、逆变器，才能够并网运行。单轴微型燃气轮机控制策略分为"网侧变流器控制策略"和"机侧变流器控制策略"。其网侧变流器控制策略包括：直接功率控制、基于虚拟磁链定向的矢量控制及基于电网电压定向的矢量控制。其机侧变流器控制策略包括：基于电压定向的矢量控制、基于虚拟磁链定向的矢量控制、基于电压定向的直接功率控制、基于虚拟磁链定向的直接功率控制和基于转子磁链定向的矢量控制。

针对旋转电机型分布式电源，本章选取了分轴微型燃气轮机及鼠笼式异步发电机两种典型电源，并简要介绍了分轴微型燃气轮机和鼠笼式异步发电机的控制策略。分轴微型燃气轮机的控制系统主要考虑控制系统的有功功率控制函数，控制系统被简化为有功功率比例积分（PI）控制函数，控制送往涡轮机的有功功率。鼠笼型异步发电机部分简要介绍了其启动与运行的控制特点，并根据其特点介绍了与之配套的限流软启动控制方法，即利用 PID 控制器控制启动电流，使启动电流不超过设定值。此外，简要介绍了定桨距控制的含义。

参 考 文 献

[1] 张兴. 新能源发电变流技术. 北京：机械工业出版社，2018.

[2] 张兴，曹仁贤，等. 太阳能光伏并网发电及其逆变控制. 北京：机械工业出版社，2018.

[3] 赵甜甜. 三相电压型 PWM 整流器的直接功率控制策略研究 [D]. 山东大学，2012.

[4] 张尧，马皓，雷彪，何湘宁. 基于下垂特性控制的无互联线逆变器并联动态性能分析 [J]. 中国电机工程学报，2009，29（3）：42-48.

[5] 郭晋楠. 基于 PQ 控制策略的微网分布式发电并网的研究 [D]. 安徽大学，2012.

[6] 吴斌. 风力发电系统的功率变换与控制 [M]. 北京：机械工业出版社，2012.

[7] 刘向向. 直驱永磁同步风力发电系统并网运行控制策略研究 [D]. 西南交通大学，2013.

[8] 石书琪. 直驱风力发电变流系统的直接转矩控制研究 [D]. 湖南大学，2012.

[9] 任碧莹，同向前，孙向东. 具有限定功率运行的永磁直驱风力发电并网控制设计 [J]. 电力系统保护与控制，2014，42（2）：87-92.

[10] 杨晓萍，郭鑫. 直驱式永磁风力发电机组并网控制 [J]. 电力系统及其自动化学报，2011，23（6）：121-126.

[11] 贺益康，胡家兵，徐烈. 并网双馈异步风力发电机运行控制 [M]. 北京：中国电力出版社，2012.

[12] 李菁. 电网故障下双馈感应风力发电机组暂态特性研究 [D]. 华北电力大学，2013.

[13] 喻冲，肖潇. 双馈风机网侧变流器直接功率控制研究 [J]. 华东交通大学学报，2010，27（6）：80-83.

[14] 张帆. 双馈风机低电压穿越控制技术研究 [D]. 东北电力大学，2012.

[15] 王磊. 双馈异步风力发电系统的直接功率控制 [D]. 上海交通大学，2017.

[16] 钱军，李欣然，马亚辉，王玲. 面向负荷建模的微型燃气轮机建模及其等效描述 [J]. 电力系统自动化，2010，34（19）：81-85.

[17] 刘君，穆世霞，李岩松，班允柱. 微电网中微型燃气轮机发电系统整体建模与仿真 [J]. 电力系统自动化，2010，34（7）：85-89.

[18] 秦旷宇. 基于微网并网运行的微型燃气轮机系统稳定性仿真 [D]. 天津大学，2010.

[19] 刘志乾. 含微型燃气轮机的微电网孤岛运行动态特性研究 [D]. 华北电力大学，2020.

[20] 陈志勇. 用于微电网的微型燃气轮机启动/发电一体控制研究 [D]. 华北电力大学（北京），2021.

[21] 王成山，马力，郭力. 微网中两种典型微型燃气轮机运行特性比较 [J]. 天津大学学报，2009，42（4）：316-321.

[22] Y. Zhu, K. Tomsovic. Development of models for analyzing the load-following performance of microturbines and fuel cells [J]. Electric Power Systems Research, 2002, 62 (1).

[23] 张勇. 微型燃气轮机转速控制策略研究 [D]. 中国矿业大学，2020.

[24] 刁瑞盛. 风力发电对电网的影响研究 [D]. 浙江大学，2006.

[25] 柴盛丛. 笼型异步风力发电机驱动控制技术研究 [D]. 合肥工业大学，2012.

[26] 吕润宇. 大容量电动机软启动设计 [D]. 华东理工大学，2011.

[27] 王智宇. 三相异步电动机直接启动与限流式软起动的 MATLAB 对比仿真 [J]. 中国设备工程，2017（10）.

[28] 中国电力科学研究院. 分布式电源建模及故障暂态特性研究 [R]. 2015.

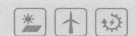

4　分布式电源的静态特性与故障暂态特性

本章介绍了变流器型、旋转电机型分布式电源仿真模型的建立，进一步分析了光照强度或风速变化时变流器型分布式电源的静态特性、机械输入转矩变化等情况下旋转电机型电源的静态特性，并在低电压穿越试验测试与电磁暂态仿真数据分析的基础上，研究了不同故障场景下变流器型与旋转电机型分布式电源的故障暂态特性。

4.1　分布式电源静态特性分析

本节主要介绍变流器型和旋转电机型两种分布式电源的仿真模型及其分别在光照强度、风速、输入机械转矩等变化情况下的静态特性。

4.1.1　变流器型分布式电源的静态特性分析

这里变流器型分布式电源主要包含分布式光伏电源、全功率变换风力发电和部分功率变换风力发电电源，它们的静态特性受光照强度或风速大小影响，而光照强度和风速大小均具有较强随机性与间歇性，后续主要通过分析光照强度或风速变化时变流器型分布式电源输出功率等的变化规律，阐述不同类型变流器型分布式电源的静态特性。

4.1.1.1　分布式光伏电源的静态特性分析

（1）光伏发电的仿真模型。光伏发电系统多采用两级式结构并网，相应的基于PSCAD/EMTDC 的仿真模型如图 4-1 所示，主要由光伏阵列、DC/DC 变流器及其控制器、直流稳压电容、DC/AC 变流器及其控制器、低通滤波器、箱式变压器等组成。光伏阵列可直接将太阳能转化为电能，其输出功率特性受日照强度、环境温度等外部因素影响，为提高太阳能的利用效率，通常通过控制 DC/DC 变流器使得光伏阵列工作在最大功率点处。DC/DC 变流器通过直流稳压电容与 DC/AC 变流器相接，实现将直流电能转化为电网匹配的交流电能。DC/AC 变流器出口处所接低通滤波器主要实现滤除因电力电子开关器件快速开断产生的高频谐波，而箱式变压器主要用于升压。

1）光伏阵列模块。PSCAD 中的光伏阵列模块如图 4-2 所示，光伏阵列由光伏组件以串并联方式构成，其中串联组件的个数是由光伏阵列工作电压和光伏组件开路电压决定，并联组件的个数是由光伏阵列的功率与串联组件的额定功率决定。本仿真模型中，

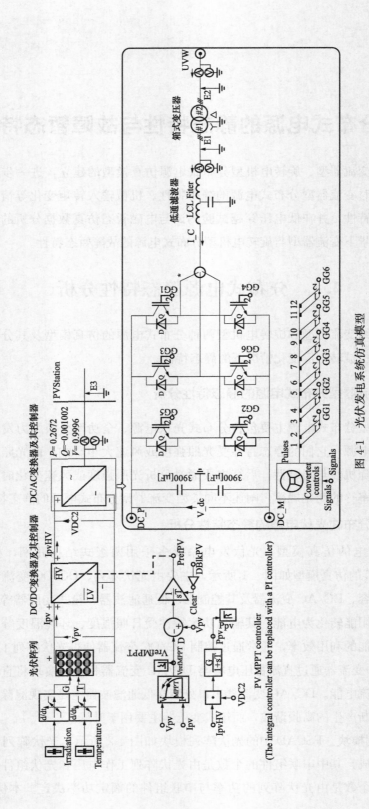

图 4-1　光伏发电系统仿真模型

光伏阵列有 22 个串联的光伏模块组，每一串光伏模块组由 250 个并联的光伏子模块组成，每个光伏子模块由 36 个串联的光伏组件构成，每个光伏组件的参数设置如图 4-3 所示。

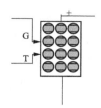

图 4-2　光伏阵列模块

2）DC/DC 变流器模块（见图 4-4）。DC/DC 模块的主要作用是实现光伏阵列最大功率追踪与控制，在仿真分析中根据光照强度和温度情况，利用 PSCAD 仿真软件中 MPPT（最大功率追踪）模块得到光伏阵列输出直流电压参考值，以该参考值为基础调整光伏阵列实际输出直流电压，确保光伏阵列工作于最大功率点。

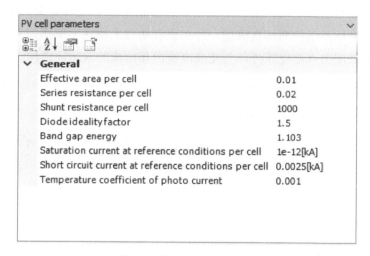

图 4-3　单个光伏组件参数

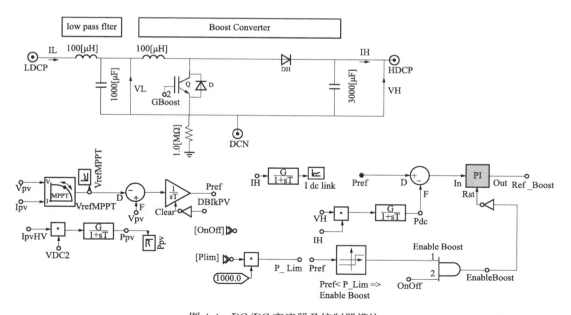

图 4-4　DC/DC 变流器及控制器模块

如图 4-4 所示，V_{pv} 为光伏阵列实际输出的直流电压，I_{pv} 为光伏阵列的输出电流，MPPT 模块通过检测 V_{pv} 和 I_{pv} 来得出光伏阵列输出直流电压参考值 $V_{refMPPT}$，DC/DC 变流器控制回路为双闭环控制，外环为电压环，内环为功率环，控制环通过调整 DC/DC 变流器中全控型器件 IGBT 的占空比，使得从光伏阵列侧看 DC/DC 变流器的等效电阻随光照强度反向变化，从而实现实时控制光伏阵列的输出功率。

3）DC/AC 变流器模块（见图 4-5）。对于两级式结构的光伏发电系统而言，DC/AC 变流器的作用通常为稳定 DC/DC 变流器与 DC/AC 变流器之间的直流母线电压，并将光伏发电系统发出的直流电转化为电压与频率都符合并网要求的交流电。DC/AC 变流器控制多采用经典的电网电压定向矢量控制策略，将静止坐标下变流器交流侧的三相基波正弦量转化为旋转坐标系下的两相直流量，并实现有功与无功功率解耦控制。DC/AC 变流器控制回路通常采用由直流电压外环与交流电流内环构成的双闭环结构。

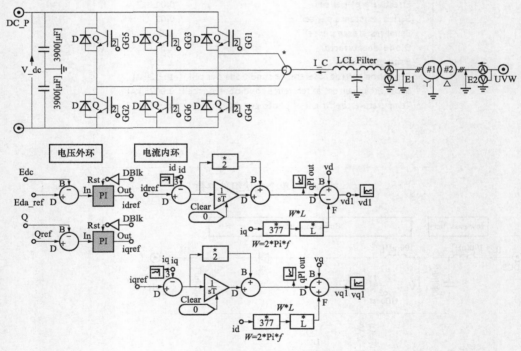

图 4-5 DC/AC 变流器模块

如图 4-5 所示直流母线电压参考值与其实际值 E_{dc} 作差，通过比例积分 PI 控制器后，输出 d 轴电流参考值 i_{dref}，该电流参考值与实际电流值 i_d 比较，经 PI 控制器输出变流器控制的调制电压 V_{d1}，从而实现稳定直流母线电压的变流器控制目标。同时，无功功率参考值 Q_{ref} 与其实际值 Q 作差，通过 PI 控制器输出 q 轴电流参考值 i_{qref}，再经过电流闭环控制，实现 DC/AC 变流器单位功率因数运行。

（2）光伏发电的静态特性分析。因光伏阵列输出功率的大小会受光照强度影响，而光照强度具有随机性与间歇性的特点，以下将分别分析光照强度阶跃变化、线性变化情况下光伏发电系统的静态特性。

1) 光照阶跃变化下动态响应特性。假设光伏电源初始工作光照强度 1000W/m², $t=$ 1.0s 时光照强度阶跃变化至 900W/m²，如图 4-6 所示。

随着光照强度的变化，受 DC/DC 变流器最大功率追踪控制的影响，光伏阵列输出直流电压也会发生变化，如图 4-7 所示直流最佳工作电压从 0.990（标幺值）快速降至 0.972（标幺值）。图 4-8 为光照阶跃变化下光伏发电系统输出有功功率，光伏发电系统的输出有功经过短时间的振荡后，从故障前 0.894（标幺值）降至故障稳态值 0.794（标幺值）。

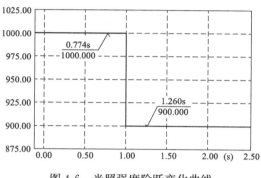

图 4-6　光照强度阶跃变化曲线

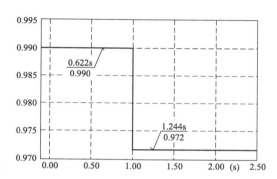

图 4-7　光照阶跃变化下光伏阵列输出直流电压

光照强度阶跃变化场景下，光伏阵列输出的直流电压能快速跟随最大功率点电压参考值进行调整，从而使光伏电源的输出有功功率维持在最大功率点处。光伏阵列输出直流电压、光伏发电系统输出有功功率与光照强度成正相关关系，光照强度减弱，光伏阵列输出的直流电压降低，光伏发电系统输出的有功功率将减小，反之亦然。

2) 光照线性变化下动态响应特性。假设光伏电源初始工作光照强度为 1000W/m²，$t=1\sim2s$ 光照强度发生线性变化，从 1000W/m² 降低为 900W/m²，如图 4-9 所示。

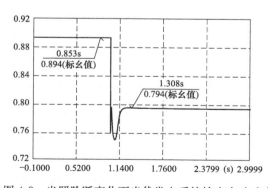

图 4-8　光照阶跃变化下光伏发电系统输出有功功率

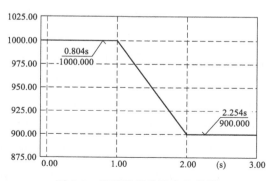

图 4-9　光照强度线性变化曲线

如图 4-10 所示，当光照强度发生线性变化时，受 DC/DC 变流器最大功率追踪控制影响，光伏阵列直流最佳工作电压从 0.990（标幺值）线性变化为 0.972（标幺值）。此时，光照线性变化下光伏发电系统输出有功功率如图 4-11 所示，光照强度线性变化情况下，光伏发电系统输出有功功率也将发生近似线性变化，从 0.990（标幺值）逐渐下降到 0.973（标幺值）。这表明，光伏发电系统的输出功率大小受光照强度直接影响，光照强度的随机性与波动性特征，会使得光伏发电系统的输出功率具有随机性与波动性。

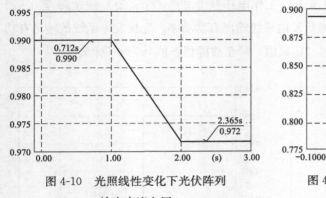

图 4-10　光照线性变化下光伏阵列
输出直流电压

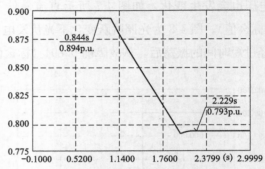

图 4-11　光照线性变化下光伏发电系统
输出有功功率

4.1.1.2　全功率变换风力发电系统的静态特性分析

全功率变换风力发电系统通常采用电力电子变流器将永磁直驱风电机组与电网相连。电力电子变流器的容量与风力发电机组相同，由直流电容器连接的两个背靠背电力电子 PWM 变流器组成，其中靠近风力发电机侧的 PWM 变流器接受发电机产生的功率，并将该功率通过直流电容器送往电网侧变流器，经电网侧变流器将发电机输出的功率送入所接电网中。下述以典型的永磁直驱风电机组为例，介绍基于 PSCAD/EMTDC 的全功率变换风力发电机组仿真模型建立方法，并在此基础上分析基本风、阵风、渐变风和随机风等不同工况下风力发电机组的静态特性。

（1）永磁直驱风力发电系统的仿真模型。永磁直驱风电机组静态特性理论分析在第三章中已详细介绍，这里主要从仿真角度对其静态特性进行分析。永磁直驱风力发电系统仿真模型如图 4-12 所示，主要由风力机、发电机和背靠背的电力电子 PWM 变流器及相关控制模块构成。风力机采用变桨距角结构，将风能转化为机械能；发电机为永磁直驱同步电机，其所输出的交流电的频率和电压幅值随风速（或转速）正向变化；背靠背的 PWM 变流器为由 IGBT 构成的电压型交—直—交变频器，可实现四象限运行，将发电机输出的变频变压交流电转化为恒频恒压的交流电。另外，在我国多数风力发电机组采用"一机一变"方式并网，所以永磁直驱风电机组最终经箱式变压器与电网相接。

1）风力机模块（见图 4-13）。风力机的叶片从运动的空气中吸收风能，将风能转化为机械能，并通过机械单元将其输送到发电机，风力机所提供的机械功率的大小决定了发电机能发出的电功率。当风速变化时，风力机通过调节叶片桨距角进行发电机机械功率调整。

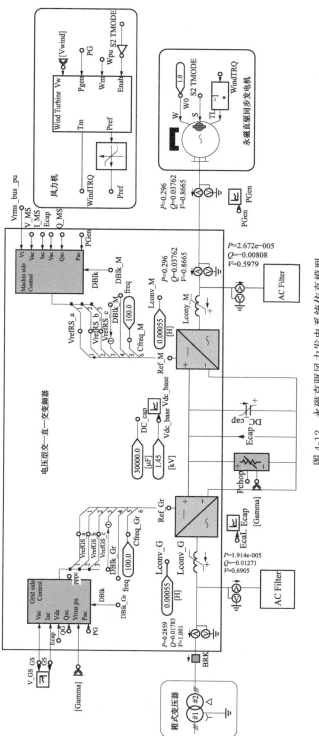

图 4-12 永磁直驱风力发电系统仿真模型

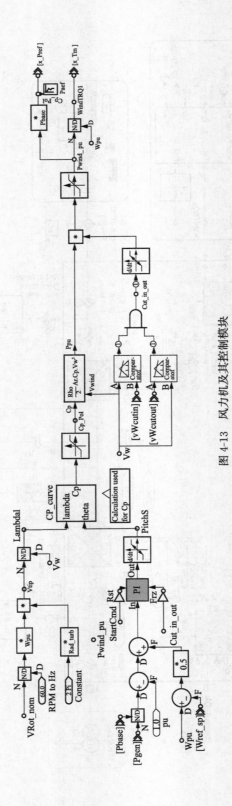

图 4-13 风力机及其控制模块

图 4-13 中，桨距角控制综合考虑了发电机实际功率与速度的变化情况，发电机实际功率 P_{gen} 与参考功率 P_{base} 的差值和实际转速 w_{pu} 与参考转速 w_{ref_sp} 的差值求和，经过比例积分控制器（PI 控制器）后得到桨距角 $Pitchs$，在实际功率 P_{gen}（实际转速 w_{pu}）低于额定功率（额定转速）时，桨距角 $Pitchs=0°$，风速变化时通过改变发电机转子转速，使风能利用系数恒定在 C_{pmax}，从而保证风力发电机组捕获最大风能；在实际功率 P_{gen}（实际转速 w_{pu}）高于额定功率（额定转速）时，调节桨距角从而减少风力机吸收的机械功率，使发电机输出功率稳定在额定功率，避免风力发电系统因转速过大而受损。

2）风力发电机。永磁直驱发电机仿真模型如图 4-14 所示，其作用是将风力机输出的机械功率转化为电能并输送到机侧电力电子变流器。仿真模型中，w 为模型启动时发电机的初始输入转速，T_L 为发电机的输入机械转矩，该转矩由风力机给出，S 为发电机工作模式切换的控制信号，当 $S=1$ 时，发电机工作于转速输入模式；而当 $S=0$ 时，发电机工作于转矩输入模式。模型启动阶段，设置 S 为 1，使得发电机工作于转速输入模式；待背靠背电力电子变流器之间的直流电容充满电，直流电压达到稳定后，通过调整 S 将发电机的工作模式切换为转矩输入模式。永磁直驱风力发电机参数见表 4-1。

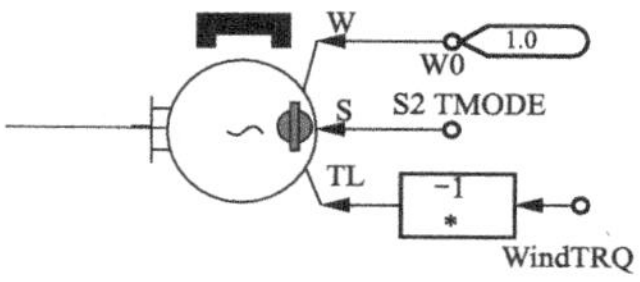

图 4-14　永磁直驱发电机仿真模型

表 4-1　　　　　　　　　　　永磁直驱风力发电机参数

参数	数值	参数	数值
额定功率	2MVA	定子绕组漏抗	0.0364 标幺值
额定电压	0.69kV	定子绕组电阻	0.0017 标幺值
额定频率	50Hz	绕组方式	三相对称绕组

3）机侧与网侧变流器控制模块。机侧变流器的控制目标通常为实现风电机组最大功率追踪，多采用基于定子磁链定向的矢量控制策略，其控制回路由功率外环和电流内环的双闭环控制结构构成。在该双闭环控制回路中，有功功率与无功功率可分别进行单独控制。正常运行情况下，发电机的无功功率设置为 0，即期望发电机运行于单位功率因数状态。机侧变流器控制仿真模型如图 4-15 所示。

图 4-15 中，发电机有功功率实际值 P_{pu} 与参考值 P_{ref_pu} 作差后通过比例积分控制器（PI 控制器）输出 d 轴电流参考值 $I_{d\_ord\_pu}$，进一步通过 d 轴电流闭环控制实现发电机最大风能追踪或定功率控制；同时，通过设置 q 轴电流参考值 $I_{q\_ord\_pu}$ 为 0，采用电流 PI 控制实现发电机单位功率因数运行。图 4-15 中电流控制回路中的 d 轴和 q 轴实际电流值是由三相交流电流瞬时值经 ABC/dq0 模块变换后的直流量。另外，在 d 轴（或 q 轴）电流控制回路中，引入前馈项 $I_{qpu}wL_{pu}$（或 $I_{dpu}wL_{pu}$），主要是为实现 d 轴与 q 轴电流的完全解耦控制。

网侧变流器的控制目标为实现功率因数可控以及直流母线电压稳定。网侧变流器的控制策略和控制结构与前文中光伏发电系统 DC/AC 变流器相同，在此不过多介绍。

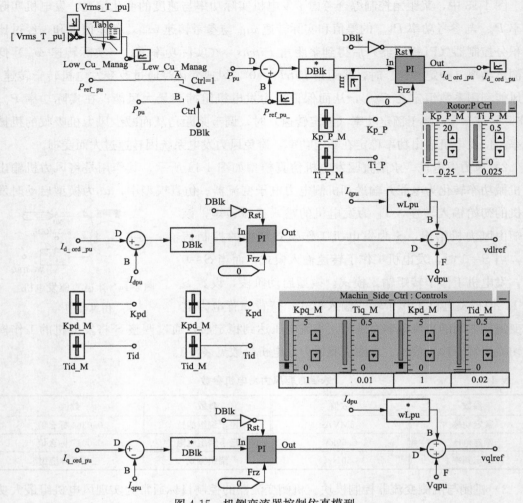

图 4-15　机侧变流器控制仿真模型

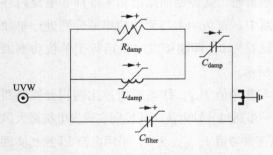

图 4-16　RLC 滤波器电路结构

4）滤波模块。风力发电系统的机侧与网侧变流器主要采用 PWM 调制技术，实现拟合控制回路输出的调制电压，这会使得变流器输出高次谐波。为了避免高次谐波对电网电能质量影响，本仿真算例中采用 RLC 滤波器，其电路结构如图 4-16 所示，滤波器中电气元件的参数设置见表 4-2。

表 4-2　　　　　　　　　　　　滤 波 器 参 数

参数	数值	参数	数值
L_{damp}	0.000621H	R_{damp}	1.332Ω
C_{filter}	700μF	C_{damp}	700μF

（2）永磁直驱风力发电系统的静态特性分析。将风力机模块、发电机模块、控制模块、PWM调制模块以及滤波模块等组合，即可构成永磁直驱同步发电仿真模型。因风速大小直接影响风力发电系统输出功率，而风速大小不受控，实际上风电场内的实际风速通常为基本风 V_a、阵风 V_b、渐变风 V_c 和随机风 V_d 的叠加组合，下面分别分析基本风、阵风、渐变风和随机风的数学模型以及永磁直驱风力发电系统静态特性。

基本风的数学表达式为

$$V_a = k \tag{4-1}$$

式中　V_a——基本风速（m/s）；

k——常数。

阵风的数学表达式为

$$V_b = \begin{cases} 0, (t < t_1) \\ \dfrac{V_{\max}}{2}\left\{1 - \cos\left[2\pi\left(\dfrac{t - t_1}{T}\right)\right]\right\}, (t_1 \leqslant t < t_1 + T) \\ 0, (t > t_1 + T) \end{cases} \tag{4-2}$$

式中　V_b——阵风风速（m/s）；

t_1——风速发生变化的时刻；

T——阵风风速变化的周期；

$V_{\max}$——风速峰值。

渐变风的数学表达式为

$$V_c = \begin{cases} 0, (t < t_1) \\ V_{\max}\left(\dfrac{t - t_1}{t_2 - t_1}\right), (t_1 \leqslant t < t_2) \\ V_{\max}, (t > t_2) \end{cases} \tag{4-3}$$

式中　V_c——渐变风风速（m/s）；

t_1——风速变化的起始时刻；

t_2——风速变化的结束时刻；

$V_{\max}$——风速峰值。

随机风的数学表达式为

$$V_d = V_{\max} R_{am}(0,1)\cos(\omega t + \varphi) \tag{4-4}$$

式中　$V_{\max}$——风速峰值；

$R_{am}(0，1)$——0 与 1 之间的随机数。

下述主要分析不同风速下风力发电机组输出有功功率、无功功率以及变流器直流母线电压的变化情况。仿真算例中，永磁直驱风电机组的切入风速为 3m/s，切出风速为 25m/s，额定风速为 11m/s，额定功率为 2MW。

1) 风况为基本风时全功率变换风力发电系统的静态特性（见图 4-17）。图 4-17（a）为基础风速的变化曲线，风速始终维持在 8m/s，由图 4-17（b）所示直流母线电压一直维持在 1.45kV 左右，实际上直流母线电压维持不变是风力发电机组能够稳定运行的基本条件。同时，由图 4-17（c）、（d）所示风速维持基本风速 8m/s 不变时，发电机输出有功功率约为 1.2MW 左右，而输出无功功率基本接近于 0，这表明风力发电机组处于单位功率因数运行状态。

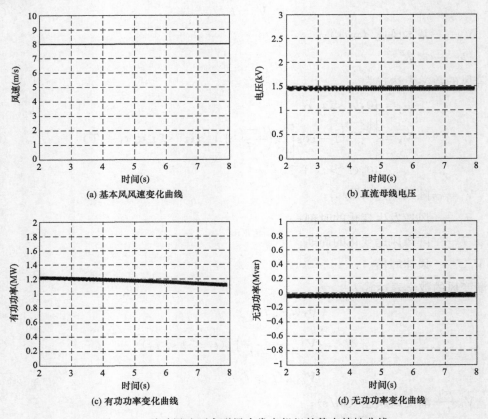

(a) 基本风风速变化曲线

(b) 直流母线电压

(c) 有功功率变化曲线

(d) 无功功率变化曲线

图 4-17　基础风速下永磁风力发电机组的静态特性曲线

2) 风况为渐变风时全功率变换风力发电系统的静态特性（见图 4-18）。图 4-18（a）为渐变风的风速变化曲线，在 $t=3s$ 时风速由 0m/s 呈线性增长至 8m/s，由图 4-18（b）可知在风速变化过程中直流母线电压始终维持在 1.45kV 运行，表明系统处于稳定运行状态。由图 4-18（c）、（d）可知，随着风速线性增加，风力发电机输出的有功功率也呈线性规律增加，而发电机组输出的无功功率并不会跟随风速变化而变化，始终保持为 0，风力发电机组处于单位功率因数运行状态。

3) 风况为阵风时全功率变换风力发电系统的静态特性（见图 4-19）。图 4-19（a）为阵风的风速变化曲线，$t=3s$ 时风速由 5m/s 逐渐增长至 8m/s，$t=4.5s$ 时风速由 8m/s 逐渐减小至 5m/s。由图 4-19（b）可知，阵风风速工况下，直流母线电压也并不会发生变化，始终

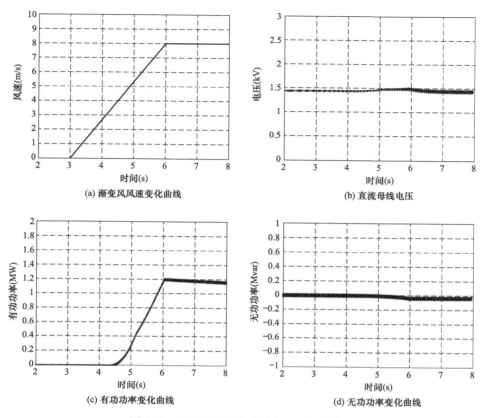

(a) 渐变风风速变化曲线

(b) 直流母线电压

(c) 有功功率变化曲线

(d) 无功功率变化曲线

图 4-18　渐变风速下永磁风电机组静态特性

维持 1.45kV 左右，而由图 4-19(c)、(d) 可知，永磁直驱风电机组输出的有功功率变化趋势与风速基本一致，保持最大功率追踪运行，但风力发电机组输出的无功功率始终为 0。

4）风况为随机风时全功率变换风力发电系统的静态特性（见图 4-20）。图 4-20(a) 为随机风对应的风速变化曲线，$t = 3 \sim 6s$ 风速在 $5 \sim 8m/s$ 变化，随机风是实际风电场中最常见的风况。如图 4-20(b) 所示，背靠背 PWM 变流器直流母线电压一直维持在

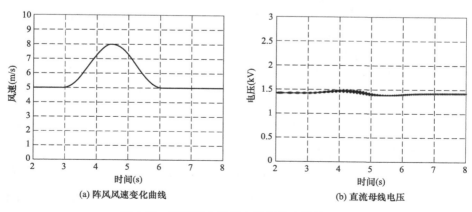

(a) 阵风风速变化曲线

(b) 直流母线电压

图 4-19　阵风下永磁风电机组静态特性（一）

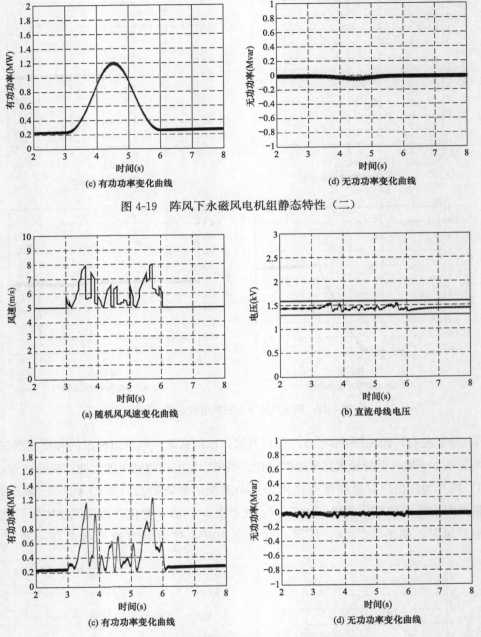

图 4-19　阵风下永磁风电机组静态特性（二）

(a) 随机风风速变化曲线

(b) 直流母线电压

(c) 有功功率变化曲线

(d) 无功功率变化曲线

图 4-20　随机风下永磁风电机组静态特性

1.45kV 附近，图 4-20(c)、(d) 表明随着风速随机变化风力发电机输出有功功率呈随机变化特征，但无功功率基本保持为 0。

通过以上不同风速下风力发电机组输出有功功率、无功功率与直流母线电压变化情况的分析，在风电机组稳定运行时，直流母线电压维持不变，风速发生变化发电机组输出的有功功率也会随之变化，且变化规律一致；但风电机组输出的无功功率并不随之发生改变。

4.1.1.3 部分功率变换风力发电系统的特性分析

与永磁直驱风力发电系统相比，双馈型风电机组的能量流动方式有所不同，定子绕组直接与电网相连，其端口功率单向流动；转子绕组一般经背靠背的 PWM 变流器接入电网，端口的功率流向取决于转差率的正负，可双向流动。背靠背的 PWM 电力电子变流器的容量约为发电机容量的 30% 左右。当风速变化时，通过控制转子励磁电流频率，使发电机定子侧输出频率恒定的电能，从而实现变速恒频运行。不同风速下，背靠背 PWM 变流器将呈现出不同运行的状态。

（1）双馈风力发电系统的仿真模型。双馈风力发电系统仿真模型如图 4-21 所示，模型主要由相对独立但又紧密关联的机械和电气部分构成。机械部分主要包括变桨距风力机及其控制系统，主要将风能转化为机械能；电气部分主要包括双馈发电机、交—直—交励磁变流器及其控制系统和箱式变压器，双馈发电机的结构类似于绕线式转子异步电动机，交—直—交励磁变流器是由 IGBT 构成的背靠背电压型 PWM 变流器，可实现四象限运行，主要将发电机输出的变频变压交流电转化为恒频恒压的交流电，箱式变压器主要实现升压。下述将逐一介绍双馈型风力发电机组的各个模块，与永磁直驱风力发电系统机械部分模块相同的内容将不重复介绍。

1）发电机模块。绕线式感应电动机如图 4-22 所示，仿真算例中采用的双馈风力发电机模型为绕线式感应电动机。在模型中，w 为模型启动时发电机的初始输入转速，T_L 为发电机的输入机械转矩，该转矩由风力机给出，S 为发电机工作模式切换的控制信号，当 $S=1$ 时，发电机工作于转速输入模式；而当 $S=0$ 时，发电机工作于转矩输入模式。永磁直驱风力发电机参数见表 4-3。

2）交—直—交励磁变流器及控制模块。交—直—交励磁变流器由两部分组成，包括转子侧变流器和电网侧变流器，均由 IGBT 电压型电力电子变流器构成，彼此独立控制。其中，网侧变流器主要控制直流母线电压并确保变流器运行于单位功率因数（即零无功功率）状态，而转子侧变流器主要控制发电机输出的有功功率和无功功率。

网侧变流器控制模块如图 4-23 所示，由直流母线电压（无功功率）外环控制和交流电流内环控制构成的双闭环控制回路。稳定的直流母线电压是保障转子绕组励磁变流器实现有功功率传输的关键，即在电网电压恒定的条件下，通过控制直流母线电压可实现对交流侧有功功率有效控制。而为了避免风力发电系统接入对电网无功功率分布的影响以及确保励磁变流器控制容量得到充分利用，一般控制网侧变流器交流输出无功功率为 0，实现风力发电系统单位功率因数运行。因此，如图 4-23 所示，直流电压控制输出为有功电流分量的参考值 $I_{d\_ord\_pu}$，而无功功率控制输出为无功电流分量的参考值 $I_{q\_ord\_pu}$，内环电流控制的输出为网侧变流器控制脉冲调制电压的输入 E_{d1ref} 和 E_{q1ref}。

机侧变流器主要实现对双馈风力发电机组的输出功率进行控制，主要的控制目标有两个：①变速恒频前提下通过控制双馈风力发电机转速、有功功率或转矩，实现风力发

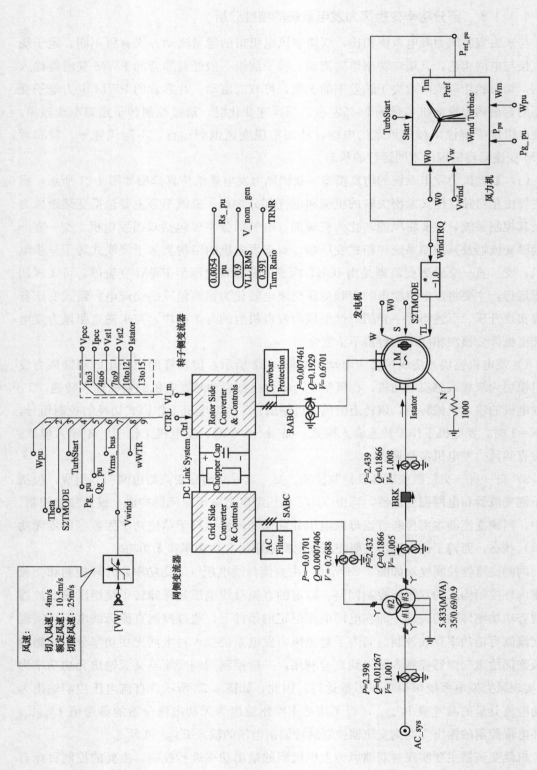

图 4-21 双馈风力发电系统仿真模型

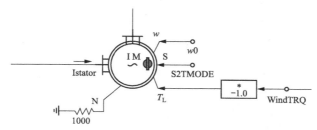

图 4-22 绕线式感应电动机

表 4-3   **永磁直驱风力发电机参数**

参数	数值	参数	数值
额定功率	5.5MVA	定子绕组电阻	0.0054 标幺值
额定电压	0.9kV	转子绕组电阻	0.00607 标幺值
额定频率	50Hz	绕组方式	三相对称绕组

电机组最大风能追踪控制目标，本仿真算例中采用有功功率控制；②双馈风力发电机输出无功功率的控制，通常通过设置无功功率参考值为 0，以保证发电机单位功率因数运行。机侧变流器控制模块如图 4-24 所示，机侧变流器控制由功率外环和电流内环构成，在定子磁链矢量定向的控制策略作用下，发电机有功功率控制器的输出为转子 d 轴电流控制回路的参考输入 I_{rdref}，而发电机无功功控制器的输出为转子 q 轴电流控制回路的参考输入 I_{rqref}。电流内环控制的输出为机侧变流器控制脉冲调制电压的参考 U_{rdref} 和 U_{rqref}。

（2）双馈风力发电系统的静态特性分析。在不同风况作用下，风电的控制系统会不断调整网侧变流器和机侧变流器的触发脉冲，实现网侧变流器单位功率因数运行和维持直流侧电压恒定，机端变流器最大风能追踪和发电机功率因数可控。网侧与机侧变流器的运行状态会随风况变化而变化，下面将分别针对阵风、基本风、渐变风和随机风的风况，分析双馈风力发电系统的静态特性。

1）风况为基本风时双馈风力发电系统的静态特性（见图 4-25）。图 4-25（a）中基本风的风速为 8m/s。在该风况下，图 4-25（b）～（d）分别为直流母线电压、双馈型风电机组输出有功功率和无功功率的变化曲线，可以看出风速维持不变的情况下直流母线电压基本维持在 1.45kV 左右，有功功率约为 2.4MW，无功功率约为 0。

2）风况为渐变风时双馈风力发电系统的静态特性（见图 4-26）。图 4-26（a）为渐变风情况下风速的变化曲线，从 $t=3s$ 开始风速由 0m/s 增加至 8m/s，$t=0.6s$ 以后风速保持为 8m/s。如图 4-26（c）所示，在风速增加阶段，风力发电系统输出的有功功率且呈线性增长趋势，由 0.3MW 逐渐增加至 2.4MW。

相比之下，尽管双馈风电机组输出的有功功率增大，但是其无功功率基本保持不变，维持在 0 附近，如图 4-26（d）所示。另外，如图 4-26（b）所示，直流母线电压也保持在 1.45kV 左右。这意味着在渐变风速下，双馈风力发电系统输出的有功功率会渐变，而输出无功功率和直流母线电压维持不变。

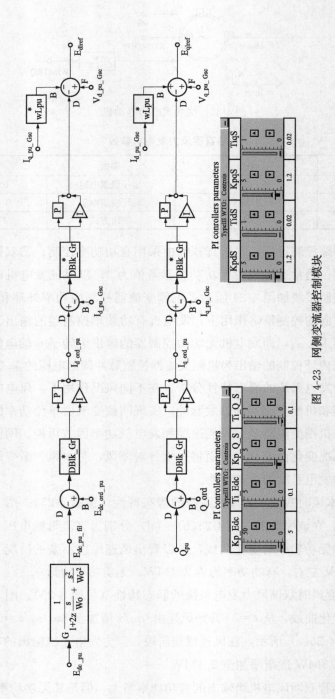

图 4-23 网侧变流器控制模块

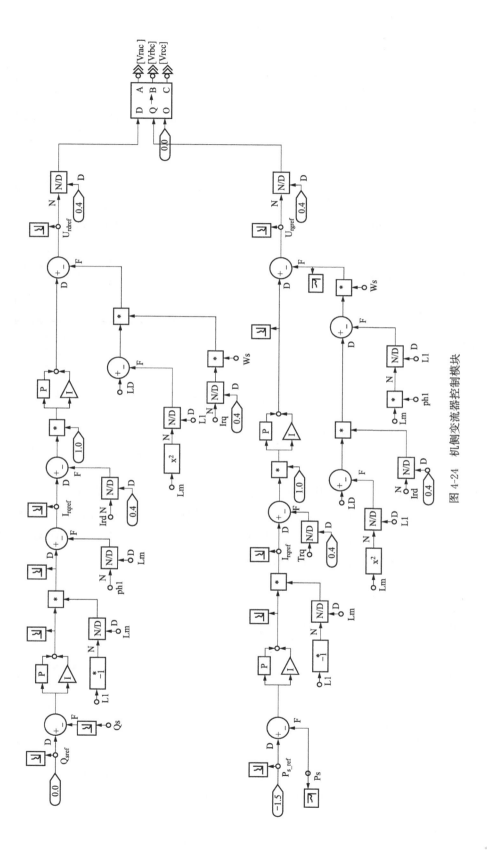

图 4-24 机侧变流器控制模块

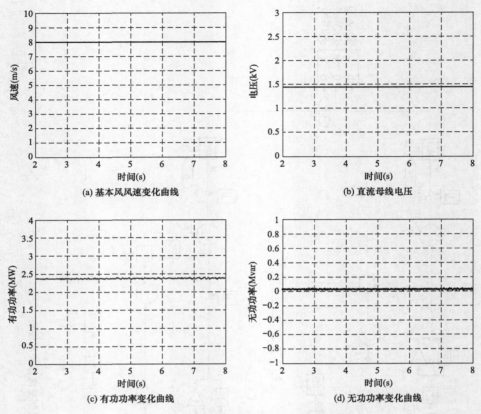

图 4-25 基本风下双馈型风电机组的静态特性

3）风况为阵风时双馈风力发电系统的静态特性（见图 4-27）。如图 4-27(a) 中风速变化曲线所示，基本风速为 5m/s，$t=3s$ 时发生阵风扰动，阵风最大值达到 8m/s，持续3s 后恢复基本风风速。在该风况下，双馈型风电机组输出有功功率、无功功率和直流母线电压的变化曲线分别如图 4-27(b)～(d) 所示。

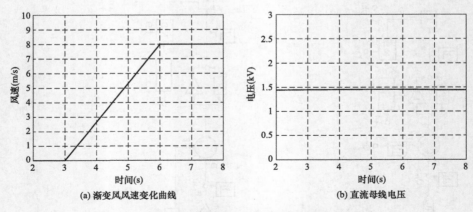

图 4-26　渐变风下双馈型风电机组的静态特性（一）

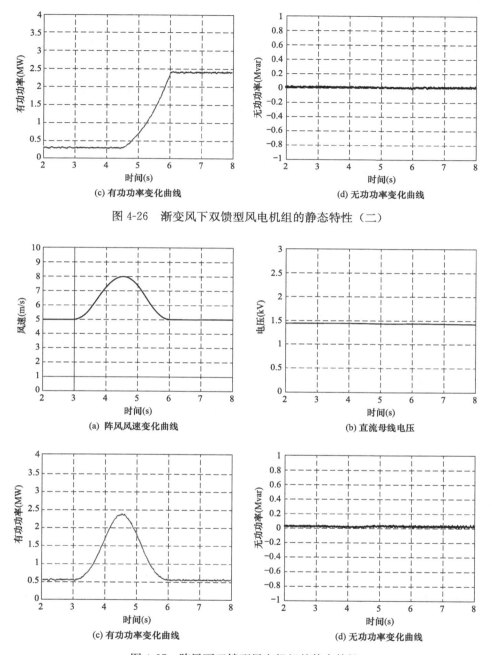

(c) 有功功率变化曲线　　　　　　　　(d) 无功功率变化曲线

图 4-26　渐变风下双馈型风电机组的静态特性（二）

(a) 阵风风速变化曲线　　　　　　　　(b) 直流母线电压

(c) 有功功率变化曲线　　　　　　　　(d) 无功功率变化曲线

图 4-27　阵风下双馈型风电机组的静态特性

由图 4-27 可知，阵风风况下，双馈风电机组输出的有功功率也将发生变化，$t=3\mathrm{s}$ 时从 0.55MW 逐渐增大至 2.4MW，随后从 2.4MW 降低至 0.55MW，该有功功率变化规律与风速基本相同，但是无功功率基本保持不变，保持在 0 左右。同时，在整个风速变化过程中，直流母线电压也基本保持不变，约为 1.45kV。

4）风况为随机风时双馈风力发电系统的静态特性（见图 4-28）。图 4-28（a）所示为随机风情况下风速的变化曲线，$t=3\sim6\mathrm{s}$ 风速在 $5\sim8\mathrm{m/s}$ 随机变化。如图 4-28（c）所示，因风速随机变化，双馈风力发电系统输出的有功功率也发生随机变化，变化范围为 $0.55\sim2.4\mathrm{MW}$。而如图 4-28（b）、（d）所示，直流母线电压和发电系统输出的无功功率基本维持不变，无功功率在 0 附近，表明发电系统处于单位功率因数运行状态；直流母线电压维持在 $1.45\mathrm{kV}$ 左右，整个发电系统能够稳定运行。

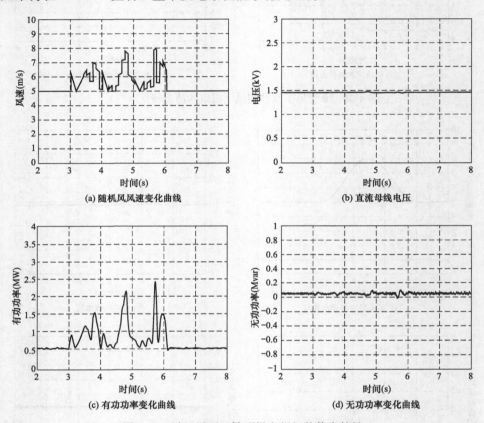

图 4-28　随机风下双馈型风电机组的静态特性

通过以上四种风况下双馈风力发电机组静态特性的分析可知，由于控制策略的作用，风速变化时发电系统输出的有功功率随之改变，而输出无功功率和直流母线电压维持不变，通常情况下输出无功功率为 0，发电机处于单位功率因数运行状态。

4.1.2　旋转电机型分布式电源的静态特性分析

4.1.2.1　同步电机型分布式电源的特性分析

（1）同步电机型分布式电源的仿真模型。同步电机通常分为凸极电机和隐极电机两种结构形式，隐极电机实际上是凸极电机的特例，其直轴、交轴的电抗相等，因此以凸极电机为原始模型，更加具有通用性。按照电机学原理，采用派克变换，将 ABC 的三相静止坐标系变换到 dq0 两相旋转坐标系后，将含有时变系数的微分方程组改写成常系数的微分方程组，有对于常系数的微分方程组的数值计算方法包括欧拉法、梯形法、隐式梯形迭代法、龙格—库塔法等。隐式梯形迭代法由于具有良好的收敛性，时间步长可以取一个较小值，计算的结果具有较高精度，计算的结果不容易发散。

　　基于 PSCAD/EMTDC 的同步电机型分布式电源仿真模型采用上述数学模型和计算方法处理，同步电机型分布式电源的结构如图 4-29 所示。典型参数为同步电机型分布式电源的额定容量为 3MW，额定线电压有效值为 0.69kV，额定电流有效值为 1867.76A。下述结合负荷变化、输入机械转矩变化情况下发电机输出有功功率、机端电压和转速的变化特性，分析发电机的静态特性。

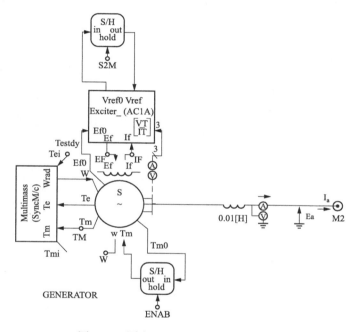

图 4-29　同步电机型分布式电源的结构

　　（2）同步电机型分布式电源的静态特性分析。

　　1）负荷变化。通过改变同步电机型分布式电源所接 0.69kV/10kV 升压变压器高压侧负荷大小，分析发电机输出有功功率、机端电压和转速的变化情况。负荷由 $P=2\mathrm{MW}$，$Q=0.003\mathrm{Mvar}$ 改变为 $P=5\mathrm{MW}$，$Q=0.003\mathrm{Mvar}$。观察如图 4-30（a）、（b）所示发电机输出有功功率的变化情况，可以发现发电机输出有功功率基本维持在 2.25MW 左右不变，这主要是由于分布式电源容量和负荷功率相对于所接电网容量较小，负荷变化导致系统中有功功率的变化主要由所接电网承担。

　　同时，由图 4-30（c）、（d）可知负荷变化前后发电机机端电压保持不变，因分布式电源容量相对较小，其出口处电压主要由所接大电网支撑。另外，由图 4-30（e）、（f）可得，因发电机输出有功功率未发生变化，其转速也并未改变，维持在 1.035 标幺值左右。

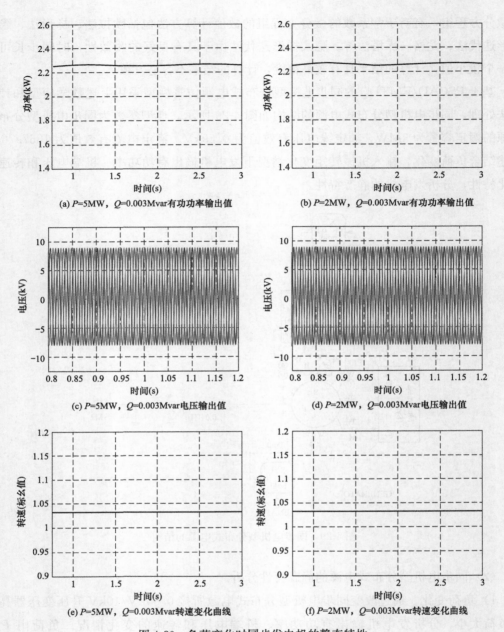

(a) P=5MW，Q=0.003Mvar有功功率输出值   (b) P=2MW，Q=0.003Mvar有功功率输出值

(c) P=5MW，Q=0.003Mvar电压输出值   (d) P=2MW，Q=0.003Mvar电压输出值

(e) P=5MW，Q=0.003Mvar转速变化曲线   (f) P=2MW，Q=0.003Mvar转速变化曲线

图 4-30　负荷变化时同步发电机的静态特性

2）转矩变化。发电机机械转矩由 0.7 标幺值降至 0.5 标幺值时，观察如图 4-31(a)、(b) 所示发电机输出有功功率的变化情况，可以发现发电机输出有功功率由 2.25MW 降至 1.75MW，同步机型分布式电源接入电网后，其输出有功功率大小与输入机械转矩有关。

如图 4-31(c)、(d) 所示，发电机机械转矩变化前后机端电压保持不变，这是由于分布式电源容量相对较小，其出口处电压主要由所接大电网支撑。由图 4-31(e)、(f) 可得，当机械转矩降低时，同步电机转速基本维持在 1.03 标幺值左右。

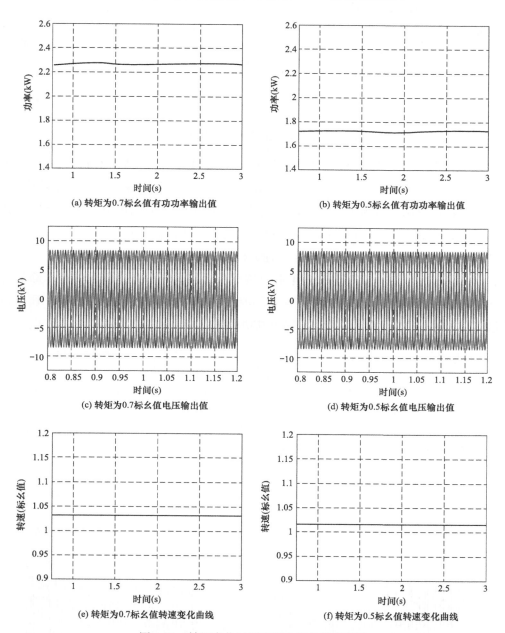

图 4-31　转矩变化时同步发电机的静态特性

4.1.2.2　异步电机型分布式电源的特性分析

（1）异步电机型分布式电源的仿真模型（见图 4-32）。异步电机的仿真模型包括四个部分，分别为：由电压和电流计算定子有效磁通的定子部分、计算转子有效磁通的转子部分、计算转矩的转矩部分、根据磁通计算电流分量的磁通部分。

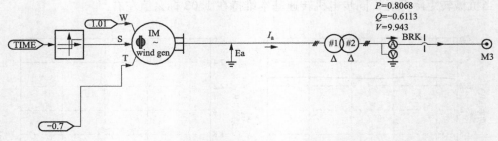

图 4-32　异步电机型分布式电源仿真模型

图 4-32 中异步发电机的额定容量为 3MW，额定电压为 690V，经过 0.69kV/10kV 升压变压器与配电网相连。异步发电机以恒定转速启动，当运行稳定后，通过转换开关，过渡到恒定转矩控制。后续主要通过改变负荷和发电机输入机械转矩，分析异步电机输出有功功率、机端电压以及转速的变化情况，讨论发电机的静态特性。

（2）异步电机型分布式电源的静态特性分析。

1）负荷变化。异步电机型分布式电源所接 0.69kV/10kV 升压变压器的高压侧负荷由 $P=5MW$、$Q=0.003Mvar$ 改变为 $P=2MW$、$Q=0.003Mvar$，如图 4-33（a）、（b）所示为发电机输出有功功率的变化曲线，发电机输出有功功率基本维持在 2.25MW 左右不变。

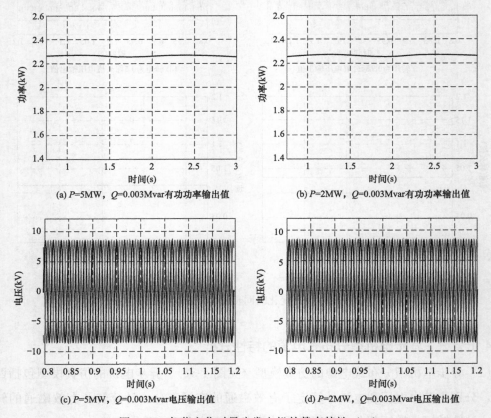

图 4-33　负荷变化时异步发电机的静态特性（一）

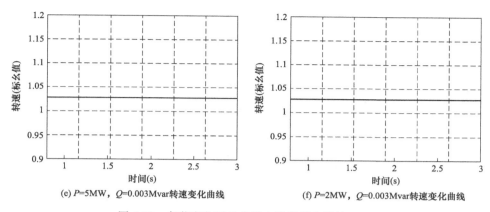

(e) *P*=5MW, *Q*=0.003Mvar转速变化曲线　　　(f) *P*=2MW, *Q*=0.003Mvar转速变化曲线

图 4-33　负荷变化时异步发电机的静态特性（二）

　　同时，由图 4-33(c)、(d) 可知，负荷变化前后发电机机端电压保持不变。另外，由图 4-33(e)、(f) 可得，因异步发电机输出有功功率未发生变化，其转速也并未改变，维持在 1.035 标幺值左右。

　　2）发电机输入机械转矩变化。异步发电机机械转矩由 0.7 标幺值降至 0.5 标幺值时，如图 4-34(a)、(b) 所示为发电机输出有功功率的变化情况，发电机输出有功功率由 2.25MW 降至 1.75MW，其输出有功功率大小与输入机械转矩有关。

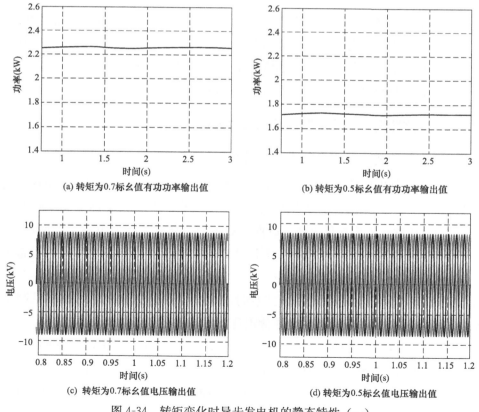

(a) 转矩为0.7标幺值有功功率输出值　　　　(b) 转矩为0.5标幺值有功功率输出值

(c) 转矩为0.7标幺值电压输出值　　　　　(d) 转矩为0.5标幺值电压输出值

图 4-34　转矩变化时异步发电机的静态特性（一）

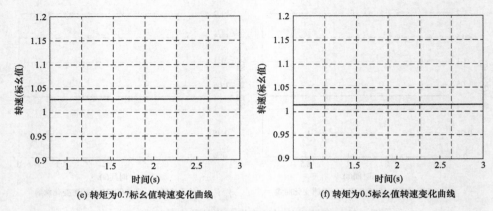

(e) 转矩为0.7标幺值转速变化曲线

(f) 转矩为0.5标幺值转速变化曲线

图 4-34   转矩变化时异步发电机的静态特性（二）

如图 4-34(c)、（d）所示，发电机机械转矩变化前后机端电压保持不变。由图 4-34(e)、（f）可得，当机械转矩降低时，异步电机转速由 1.03 标幺值变为 1.02 标幺值，该静态特性与前述同步电机转速变化特性有所不同。

4.2   分布式电源暂态特性分析

本节主要介绍电网故障下变流器型和旋转电机型分布式电源的故障暂态特性。其中，变流型分布式电源通常经电力电子变流器与电网相接，而电力电子变流器的过电流能力通常较差，并网的变流型分布式电源通常要求具有低电压穿越能力。为此，着重分析具有低电压穿越能力的变流型分布式电源的暂态特性。

4.2.1   变流器型分布式电源的暂态特性分析

4.2.1.1   分布式光伏电源暂态特性分析

（1）光伏电源低电压穿越能力试验测试。根据 GB/T 19964《光伏发电站接入电力系统技术规定》要求，若光伏发电站并网点电压跌至 0 时，光伏发电站应能不脱网连续运行 0.15s；若电压跌落程度在低电压穿越曲线以上时，要求光伏发电站不脱网连续运行。因此，有必要分析电网电压轻度跌落（不超过 80%）情况下光伏发电系统的暂态电流变化特性。

1）电压跌落至额定电压的 80%，持续时间为 2s。试验过程中，示波器录制某光伏逆变器在三相电压同时跌至 80% 时交流侧电压、电流波形。示波器每周波显示 250 个采样点。绘制电压、电流变化曲线如图 4-35～图 4-37 所示。图 4-35 中，三条曲线分别表示 A、B、C 三相电压。观察被测光伏逆变器并网点三相电压波形，三相电压不严格对称。除三相电压谐波较大外，C 相电压正半周与负半周电压幅值不对称。电压跌落期间，B 相电压正负半周不对称。

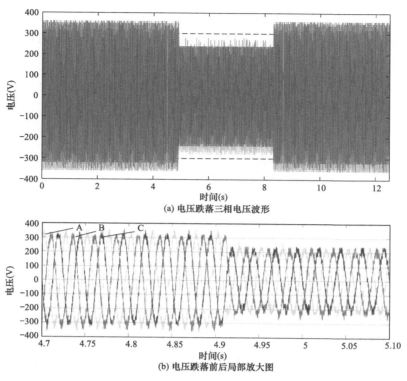

(a) 电压跌落三相电压波形

(b) 电压跌落前后局部放大图

图 4-35　电压跌落三相电压波形及局部放大图

图 4-36 和图 4-37 中，四条曲线分别表示 A、B、C 三相电流和 A 相电压。在电压跌落与电压恢复瞬间，变频器端口电压有畸变。电压跌落过程中，逆变器输出电流保持在额定值，A 相电流谐波有所增加。在电压恢复后有一小段电流调节过程，由控制方式切换引起。

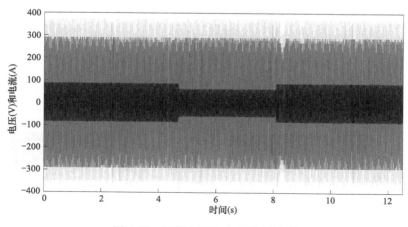

图 4-36　三相电流和 A 相电压波形

逆变器直流电压波形如图 4-38 所示，可以看出正常运行时光伏逆变器直流电压在

490~530V 波动，原因在于逆变器采用扰动观察法跟踪光伏阵列最大功率点。电压跌落期间，直流侧电压波动表明被测逆变器输出功率的波动；电压恢复后的直流电压调节与交流侧电流调节相对应。

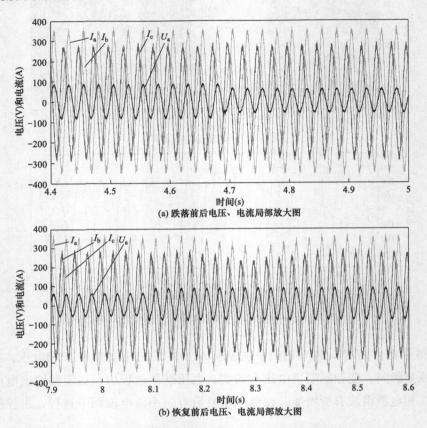

(a) 跌落前后电压、电流局部放大图

(b) 恢复前后电压、电流局部放大图

图 4-37　电压跌落与恢复前后电压、电流局部放大图

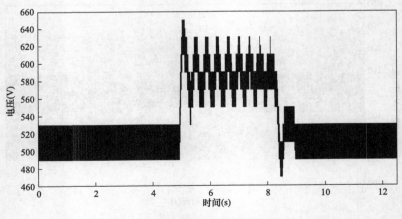

图 4-38　逆变器直流电压波形

2）电压跌落至额定电压的 20%。在上述低电压穿越能力测试的基础上，设置电压

跌落至额定电压的20%，对来自5个不同厂家逆变器进行测试。测试条件为500kW逆变器重载（＞400kW），测量点位置为逆变器经隔离变压器升压的高压侧。处理示波器数据，并绘制电流波形（横坐标为数据点数，非时间轴）。

1号逆变器在短路瞬间A相电流的输出特性如图4-39所示。在短路瞬间，被测逆变器的最大峰值故障电流约为故障前稳态电流的2.8倍，持续时间大约为2.5ms，随后电流达到稳态值，约为故障前电流的1.1倍。

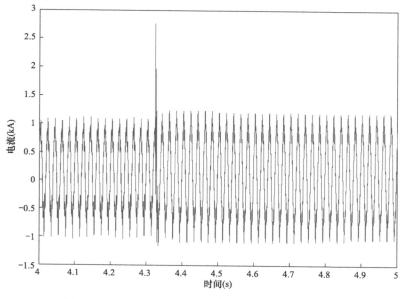

图4-39 1号逆变器在短路瞬间A相电流的输出特性

2号逆变器在短路瞬间A相电流的输出特性如图4-40所示，在短路瞬间，该逆变器最大峰值故障电流约为故障前稳态电流的1.8倍，持续时间大约为2.5ms，随后电流达到稳态值，在稳态时出现了电流不对称的情况。

3号逆变器在短路瞬间A相电流的输出特性如图4-41所示，被测逆变器在短路瞬间最大峰值故障电流约为故障前稳态电流的1.7倍，持续时间大约4ms，随后稳定在额定值80%左右，该值由其控制策略决定。

4号逆变器在短路瞬间A相电流的输出特性如图4-42所示，在短路瞬间，被测逆变器最大峰值故障电流约为故障前稳态电流的2.8倍，该过程中电流有畸变，持续时间大约为5ms，随后电流达到稳态值，约为故障前电流的1.1倍，并存在不对称特征，而且短路电流也存在较大谐波值。

5号逆变器在短路瞬间A相电流的输出特性如图4-43所示，被测逆变器在短路瞬间有3.8倍的冲击电流，持续时间大约8ms，并伴有电流畸变，随后电流稳态值约为故障前电流的90%。与前述逆变器的故障响应相比，该逆变器在短路瞬间调节时间较长。

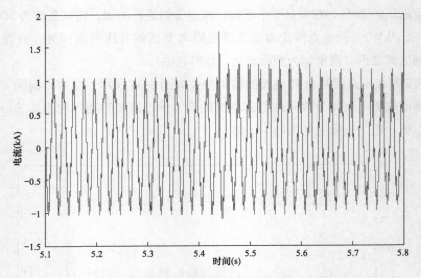

图 4-40　2 号逆变器在短路瞬间 A 相电流的输出特性

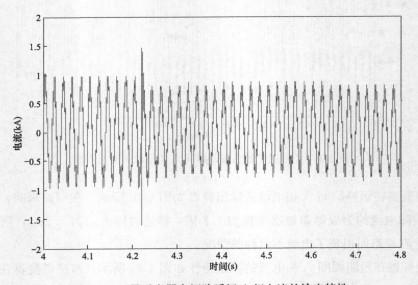

图 4-41　3 号逆变器在短路瞬间 A 相电流的输出特性

（2）不同故障下的电气量特征。由低电压穿越试验测试可知，在电网故障下光伏电源的暂态特性受电力电子变流器控制策略影响。下述将针对目前广泛应用的光伏电源低电压穿越控制策略，从理论角度分析其故障暂态特性，在此基础上，仿真分析不同故障类型、故障位置等情况下光伏电源的短路电流变化特性。

1）理论分析。并网型光伏发电单元主电路拓扑结构如图 4-44 所示，发电单元通过逆变器与电网相连，因逆变器的隔离作用，电网故障不会对发电单元产生直接影响。光伏电源的故障特性主要受逆变器故障穿越策略的影响。

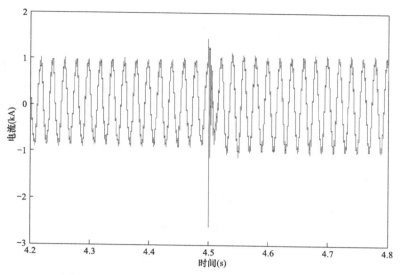

图 4-42   4 号逆变器在短路瞬间 A 相电流的输出特性

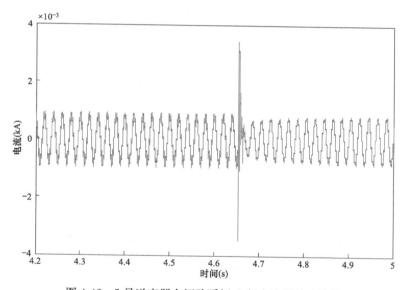

图 4-43   5 号逆变器在短路瞬间 A 相电流的输出特性

若电网发生故障，逆变器交流侧电压降低，导致流过的电流增加，有功、无功功率的表达式为

$$
\begin{cases}
P_{\text{out}} = 1.5(P_{\text{out}}^{\text{o}} + P_{\text{out}}^{\text{c}}\cos2\omega t + P_{\text{out}}^{\text{s}}\sin2\omega t) \\
Q_{\text{out}} = 1.5(Q_{\text{out}}^{\text{o}} + Q_{\text{out}}^{\text{c}}\cos2\omega t + Q_{\text{out}}^{\text{s}}\sin2\omega t)
\end{cases} \tag{4-5}
$$

式中 $P_{\text{out}}^{\text{o}}(Q_{\text{out}}^{\text{o}})$、$P_{\text{out}}^{\text{c}}(Q_{\text{out}}^{\text{c}})$、$P_{\text{out}}^{\text{s}}(Q_{\text{out}}^{\text{s}})$——瞬时有功（无功）功率中包含的直流分量、二倍频余弦和正弦分量的幅值，二倍频余弦和正弦分量仅在不对称故障情况（会产生负序电压）下存在，前述各分量表达式为

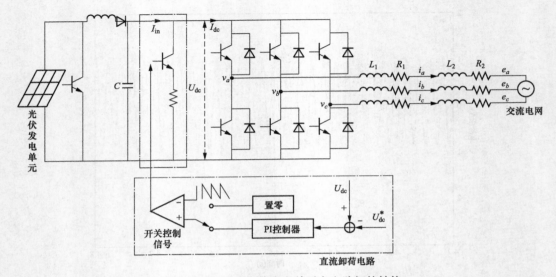

图 4-44　并网型光伏发电单元主电路拓扑结构

$$\begin{cases} P_{\text{out}}^{\text{o}} = e_d^{\text{p}} i_d^{\text{p}} + e_q^{\text{p}} i_q^{\text{p}} + e_d^{\text{n}} i_d^{\text{n}} + e_q^{\text{n}} i_q^{\text{n}} \\ Q_{\text{out}}^{\text{o}} = e_d^{\text{p}} i_q^{\text{p}} - e_q^{\text{p}} i_d^{\text{p}} - e_d^{\text{n}} i_q^{\text{n}} + e_q^{\text{n}} i_d^{\text{n}} \\ P_{\text{out}}^{\text{c}} = e_d^{\text{p}} i_d^{\text{n}} + e_q^{\text{p}} i_q^{\text{n}} + e_d^{\text{n}} i_d^{\text{p}} + e_q^{\text{n}} i_q^{\text{p}} = Q_{\text{out}}^{\text{s}} \\ Q_{\text{out}}^{\text{s}} = -e_d^{\text{p}} i_q^{\text{n}} + e_q^{\text{p}} i_d^{\text{n}} + e_d^{\text{n}} i_q^{\text{p}} - e_q^{\text{n}} i_d^{\text{p}} = -Q_{\text{out}}^{\text{c}} \end{cases} \tag{4-6}$$

式中　　e_d^{p}、e_q^{p}——光伏发电单元并网处正序电压在正序同步旋转坐标下的 d 轴和 q 轴
　　　　　　　分量；

　　　　e_d^{n}、e_q^{n}——光伏发电单元并网处正序电压在负序同步旋转坐标下的 d 轴和 q 轴
　　　　　　　分量；

i_d^{p}、i_q^{p}、i_d^{n}、i_q^{n}——流过逆变器正、负序电流分别在正负序同步旋转坐标系下的 d 轴和 q
　　　　　　　轴分量。

　　忽略逆变器和滤波器的损耗，直流母线上功率平衡方程为

$$2CU_{\text{dc}}\frac{\text{d}U_{\text{dc}}}{\text{d}t} = P_{\text{out}} - P_{\text{in}} \tag{4-7}$$

式中　C、U_{dc}——直流电容和电压；

　　$P_{\text{in}} = 2U_{\text{dc}} I_{\text{in}}$——光伏发电单元输入功率。

　　特别是电网不对称故障下，P_{out} 中二倍频脉动量将导致直流电压周期波动，为此，多通过逆变器控制加以消除。结合式（4-6），逆变器电流控制中正负序电流参考值 $i_d^{\text{p}*}$，$i_q^{\text{p}*}$，$i_d^{\text{n}*}$ 和 $i_q^{\text{n}*}$ 的表达式为

$$\begin{bmatrix} i_d^{\text{p}*} \\ i_q^{\text{p}*} \\ i_d^{\text{n}*} \\ i_q^{\text{n}*} \end{bmatrix} = \frac{2}{3D} \begin{bmatrix} e_d^{\text{p}} P_{\text{o}} - e_q^{\text{p}} Q_{\text{o}} \\ e_q^{\text{p}} P_{\text{o}} + e_q^{\text{p}} Q_{\text{o}} \\ -e_d^{\text{n}} P_{\text{o}} - e_q^{\text{n}} Q_{\text{o}} \\ -e_q^{\text{n}} P_{\text{o}} + e_d^{\text{n}} Q_{\text{o}} \end{bmatrix} \tag{4-8}$$

式中 Q_o——故障下期望无功功率，其大小由电网故障穿越要求决定；

　　　　P_o——期望有功功率；

$D = (e_d^p)^2 + (e_q^p)^2 - (e_d^n)^2 - (e_d^n)^2$，电网故障越严重，$D$ 越小，流过逆变器电流也越大，甚至会超过其最大允许值。

因此，流过逆变器电流应限制在一定范围内，通常取额定电流的 1.2～1.5 倍。下述分析逆变器控制中电流限幅的理论表达式。

首先，通过式（4-9）计算流过逆变器三相瞬时电流

$$\begin{cases} i_a = |I_{dq}^p| \sin(\omega t + \theta^p) + |I_{dq}^n| \sin(\omega t + \theta^n) \\ i_b = |I_{dq}^p| \sin\left(\omega t - \dfrac{2\pi}{3} + \theta^p\right) + |I_{dq}^n| \sin\left(\omega t + \dfrac{2\pi}{3} + \theta^n\right) \\ i_c = |I_{dq}^p| \sin\left(\omega t + \dfrac{2\pi}{3} + \theta^p\right) + |I_{dq}^n| \sin\left(\omega t - \dfrac{2\pi}{3} + \theta^n\right) \end{cases} \tag{4-9}$$

式中　　　　$|I_{dq}^k| = |i_d^{k*} + j i_q^{k*}| \ (k = p, \ n)$——正负序电流矢量参考幅值；

　　　　　　　　　　　　ω——电网角频率；

$\theta^p = \arctan(i_q^{p*}/i_d^{p*})$，$\theta^n = 2\pi - \arctan(i_q^{n*}/i_d^{n*})$——正负序电流矢量相角。

根据式（4-9）求得最大电流幅值 I_{max}。当 I_{max} 超过逆变器最大允许电流 I_{lim} 时，式（4-8）中正负序电流参考值被重置为

$$i_j^{k*\prime} = i_j^{k*} \frac{I_{lim}}{I_{max}} = \alpha i_j^{k*\prime} \tag{4-10}$$

式中　　$j = d$、q；

　　　　α——电流限制系数。

上述电流限幅器的应用不仅能有效抑制直流母线电压脉动，同时也在最大程度发挥逆变器调控能力的基础上保障光伏发电单元输出标准正弦电流。但限制逆变器电流会导致直流母线上的功率过剩，直流电压将不断升高，造成光伏发电单元控制系统崩溃。为解决直流过压问题，可配置直流卸荷电路，如图 4-44 中虚线框所示。

在前述故障穿越控制策略作用下，由式（4-8）和式（4-10）给定的控制目标，可得到光伏电源馈出正负序短路电流幅值（标幺值）为

$$\begin{cases} I_m^p = |I_{dq}^p| = \dfrac{|E_{dq}^p| S_o}{|E_{dq}^p|^2 - |E_{dq}^n|^2} = \dfrac{S_o}{\gamma E_{mN}(1 - \beta^2)} \\ I_m^n = |I_{dq}^n| = \dfrac{|E_{dq}^n| S_o}{|E_{dq}^p|^2 - |E_{dq}^n|^2} = \dfrac{\beta S_o}{\gamma E_{mN}(1 - \beta^2)} \end{cases} \tag{4-11}$$

式中　　$|E_{dq}^p|$、$|E_{dq}^n|$——光伏发电单元并网处正序和负序电压幅值；

　　　　　　　　γ——正序电压跌落系数；

$\beta = |E_{dq}^n| / |E_{dq}^p|$——电压不对称度；

　　　　　　　E_{mN}——故障前并网电压幅值；

S_o——故障下光伏电源提供的视在功率，其计算公式为

$$S_o = \begin{cases} \sqrt{P_o^2 + Q_o^2} & \alpha \geqslant 1 \\ \alpha\sqrt{P_o^2 + Q_o^2} & \alpha < 1 \end{cases} \tag{4-12}$$

结合式（4-9），进一步推导得出光伏发电单元馈出三相故障电流幅值为

$$\begin{cases} I_{am} = \left[\dfrac{S_o}{\gamma E_{mN}(1-\beta^2)} \right]\sqrt{1+\beta^2+2\beta\cos\theta_i} \\[3mm] I_{bm} = \left[\dfrac{S_o}{\gamma E_{mN}(1-\beta^2)} \right]\sqrt{1+\beta^2+2\beta\cos\left(\theta_i - \dfrac{4\pi}{3}\right)} \\[3mm] I_{cm} = \left[\dfrac{S_o}{\gamma E_{mN}(1-\beta^2)} \right]\sqrt{1+\beta^2+2\beta\cos\left(\theta_i + \dfrac{4\pi}{3}\right)} \end{cases} \tag{4-13}$$

由式（4-13）看出，光伏电源馈出三相短路电流幅值与两方面因素有关：①故障穿越期间逆变器功率控制目标，即实际视在功率 S_o。其数值大小主要由新能源电源并网规定的无功功率支撑要求、逆变器最大允许电流值等决定；②光伏电源并网处正序和负序电压相关量，它们与所接电网参数及故障情况相关。

2）仿真分析。正常运行情况下，如前文所述 DC/AC 逆变器多采用直流电压外环和交流电流内环构成的双闭环矢量定向控制策略，该策略并未考虑电网故障下逆变器过流和负序对控制回路的影响。为了确保电网故障下光伏电源安全运行且不脱网，须在 DC/AC 逆变器控制中设计故障穿越策略。为此，逆变器的故障穿越控制在将正负序电压与电流分离的基础上，同时控制正负序电流，以确保流过逆变器电流小于其最大允许电流，并保证逆变器直流侧电压始终维持在安全允许范围之内。

基于 PSCAD/EMTDC 的逆变器交流电压和电流正负序分离模块如图 4-45 所示，首先将三相交流电压和电流转换成两相正负序 DQ 旋转坐标下的直流量和二倍频量，然后利用陷波器，最终得到分离的正负序直流分量。

电流内环控制模型如图 4-45 所示，I_d^P 与 I_d^{Pref1}、I_q^P 与 I_q^{Pref1}、I_d^N 与 I_d^{Nref1}、I_q^N 与 I_q^{Nref1} 分别作差后，经过 PI 比例积分控制器输出为 DC/AC 逆变器控制的调制电压 U_d 和 U_q，以实现分别对正序与负序电流进行控制。直流电压外环控制模型如图 4-46 所示，实际电压 E_{dc} 与电压参考值 U_{dc}^{ref} 作差经过比例积分 PI 控制器后，输出为流出直流电容的电流，该电流与实际电压 E_{dc} 相乘计算出逆变器直流侧输入功率，忽略功率损耗的情况下，逆变器交流侧功率与直流侧功率相等，利用该功率值计算电流控制环中正负序电流参考值。

电网故障越严重，流过 DC/AC 逆变器的电流也将越大，甚至可能超过逆变器最大允许值（模型中取值为 2.4404kA）。为了避免逆变器过流，需要在正负序电流控制回路中引入电流限幅器，其模型如图 4-47 所示。若逆变器三相电流参考值的最大值大于最大允许电流时，正负序电流参考值将被重置，即在原电流参考值的基础上乘以系数 $2.4404/I_{max}$。

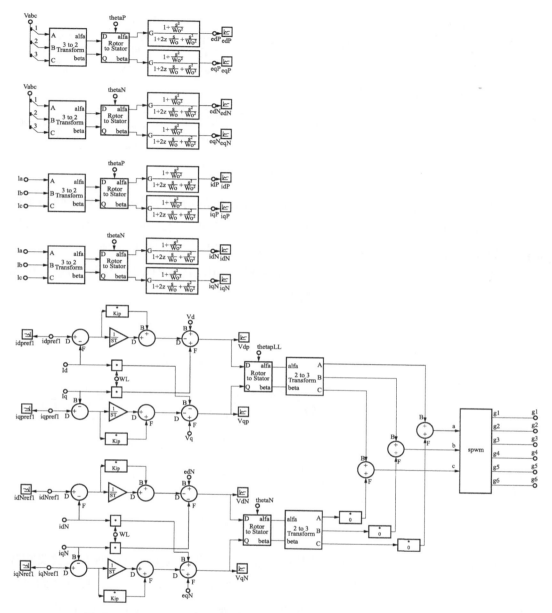

图 4-45 基于 PSCAD/EMTDC 的逆变器交流电压和电流正负序分离模块

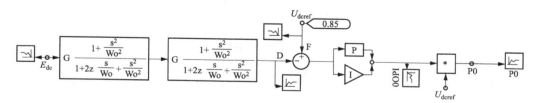

图 4-46 直流电压外环控制模型

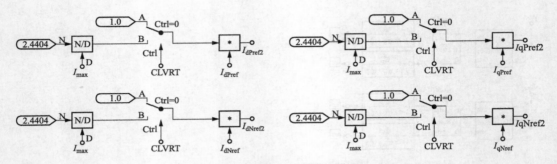

图 4-47　电流限幅器模块模型

　　若上述电流限幅环节发生作用，流过逆变器交流侧的功率将受限，而直流侧功率保持不变，此情况下极易导致直流母线过压。为确保直流电压始终在安全范围内，引入卸荷电路以实时平衡逆变器交直流侧功率，卸荷电路控制器模型如图 4-48 所示。

　　3）故障暂态特性。以上主要是关于故障穿越控制策略仿真模型的介绍，后续分析光伏电源在该故障穿越控制作用下的故障暂态特性。

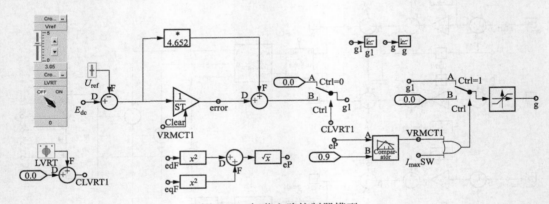

图 4-48　卸荷电路控制器模型

　　a. 不同故障类型的影响。不同于传统同步发电机，光伏电源的故障暂态特性受故障类型影响，其中在三相短路故障下短路电流变化特性较为简单，三相对称且可达到最大限幅值。如图 4-49 所示，假定 $t=0.6\text{s}$ 时母线 A 处发生 AB 两相接地、AB 两相相间和 A 相接地金属性故障，故障持续时间为 0.65s，故障前光伏电源额定运行，故障期间有功和无功功率控制目标分别为 $P_\circ=1$ 标幺值，$Q_\circ=0.1$ 标幺值。

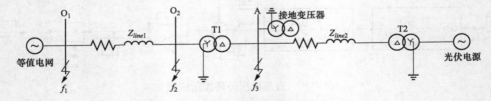

图 4-49　含光伏电源的电网拓扑结构

不同故障类型下光伏电源故障电流变化曲线如图 4-50 所示。为了便于阐述，时间取 0.58～0.82s。对比图 4-50(a) 曲线发现，AB 相间和 AB 两相接地故障下光伏电源馈出短路电流相比故障前发生了较大变化，且两种故障条件下光伏电源输出三相电流幅值变化规律基本一致，其中 B 相（故障相）电流达到了最大值（2.49kA），A 相电流略小约为 2.43kA，C 相电流小于其故障前稳态值。但是，A 相接地故障下光伏电源馈出电流几乎保持与故障前相同。这是由于光伏电源并网变压器 T2 采用三角形/星形接地的接线方式，母线 A 处单相接地短路故障不会引起光伏电源出口处交流电压和电流发生变化。

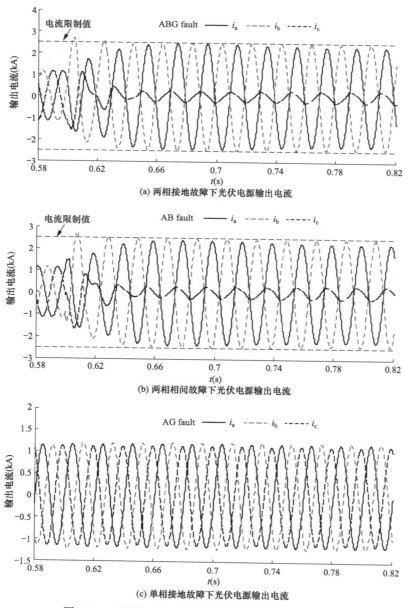

(a) 两相接地故障下光伏电源输出电流

(b) 两相相间故障下光伏电源输出电流

(c) 单相接地故障下光伏电源输出电流

图 4-50　不同故障类型下光伏电源故障电流变化曲线

b. 不同故障位置的影响。不同位置发生电网故障，光伏电源出口处交流电压的跌落程度存在差异，使得光伏电源馈出短路电流有所不同。如图 4-49 所示，假定含光伏电源电网母线 O_1、O_2 和 A 处分别发生了三相接地短路故障，其中母线 O_1、O_2 的接地电阻均为 35Ω，经主变压器变比（$231kV/38.5kV$）折算母线 A 处的接地电阻为 0.97Ω。故障发生时刻和持续时间如前文所述，故障前光伏电源额定运行，故障期间功率参考值均为 $P_o=1$ 标幺值，$Q_o=0.1$ 标幺值。

不同故障位置下光伏电源输出电流变化曲线如图 4-51 所示，从中可以看出离光伏电源

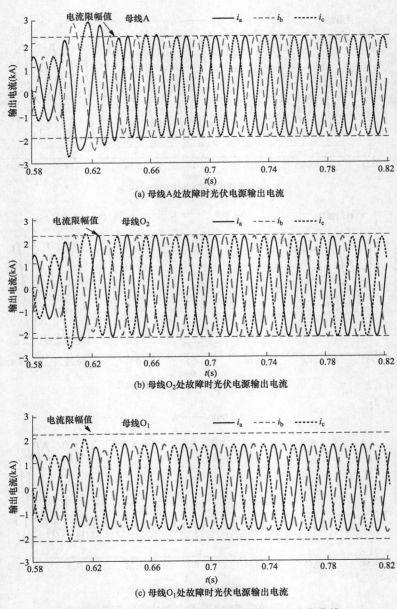

(a) 母线A处故障时光伏电源输出电流

(b) 母线O_2处故障时光伏电源输出电流

(c) 母线O_1处故障时光伏电源输出电流

图 4-51　不同故障位置下光伏电源输出电流变化曲线

较近的母线 A 处、母线 O_2 处发生三相接地故障时，光伏电源馈出短路电流均达到逆变器最大允许电流限幅值 2.49kA；而相比之下，离光伏电源较远处母线 O_1 处发生故障时，三相电流幅值由故障前 1.22kA 增加至 1.63kA，未达到逆变器最大允许电流限幅值。

  c. 不同电网短路容量的影响。接下来分析不同电网短路比对光伏电源短路电流的影响，短路比的定义通常为 $S_{cr}=S_C/S_g$，其中 S_C 表示接入点的电网短路容量，其计算表达式为 $S_C=u_g^2/Z_g$（u_g 表示接入点电网的额定电压，Z_g 表示电网等效阻抗）；S_g 表示新能源电源的额定功率。评价系统相对强弱的短路比指标中，短路比小于 2 为弱；短路比在 2～3 为中，短路比大于 3 为强。

  假定图 4-49 中母线 O_2 处发生三相接地故障，故障接地电阻为 35Ω，故障发生时刻及持续时间与前述情况相同，电网与光伏电源的短路比分别取为 $SCR=1.5$、$SCR=4$。故障前光伏电源额定运行。

  不同电网短路比下光伏电源故障电流变化曲线如图 4-52 所示，对比可发现短路比越小，同一位置发生故障后光伏电源提供的短路电流越大。如图 4-52(a) 所示，当容量比为 1.5 时，光伏电源输出短路电流幅值为 2.49kA，达到了逆变器最大允许电流值。而如图 4-52(b) 所示，当短路比为 4 时，光伏电源馈出三相电流幅值约为 1.83kA，较逆变器最大允许电流小。

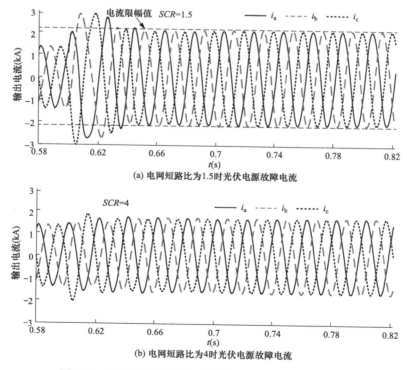

图 4-52 不同电网短路比下光伏电源故障电流变化曲线

4.2.1.2 全功率变换风力发电系统的暂态特性分析

（1）永磁直驱风电机组接入系统的低电压穿越试验。不同电网短路比下光伏电源故障电流变化曲线如图 4-53 所示，充分考虑了我国现有风力发电实际情况，风电机组通过 50km 线路与系统相连，在连接点 200km 处有小型火电厂通过线路 1 接入系统。线路 1 可根据试验需要投入或退出，小型火电厂的机组也可以灵活的投/退。试验时，调节火电厂对风电连接系统提供支撑的强弱，组成不同的系统运行条件。动模试验系统包含发电机、变压器、线路等，各元件参数见表 4-4。试验用电流互感器（TA）均采用全星形接线方式，其安装位置及变比见表 4-5。

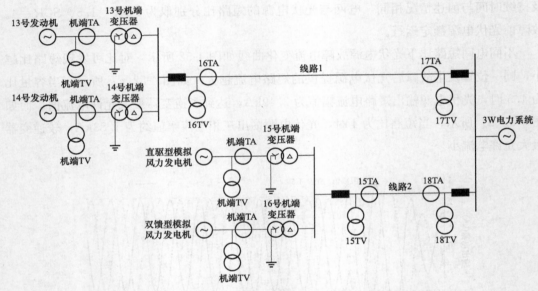

图 4-53 风力发电机接入系统的一次系统结构

表 4-4 动模试验系统各元件参数

元件名称	参数名称	参数标识	参数值	元件名称	参数名称	参数标识	参数值
直驱型发电机	额定有功功率	P_N	30kW	机端变压器	额定容量	S_N	40kVA
	额定电压	U_N	380V		电压比	U_{N1}/U_{N2}	1500V/380V
	额定电流	I_N	45A		接线方式		$Y_0/\triangle$
线路 1	线路长度		200km				
	电压等级		1500V				
线路 2	线路长度		50km				
	电压等级		1500V				

表 4-5

TA 编号	安装位置	变比	TV 编号	安装位置	变比
15TA	线路 1 风电侧	10A/1A	15TV	线路 1 风电侧	1500V/0.1kV
18TA	线路 1 系统侧	10A/1A	18TV	线路 1 系统侧	1500V/0.1kV
16TA	线路 2 风电侧	10A/1A	16TV	线路 2 风电侧	1500V/0.1kV
17TA	线路 2 系统侧	10A/1A	17TV	线路 2 系统侧	1500V/0.1kV
机端 TA	机端变压器低压侧	30A/5A	机端 TV	机端变压器低压侧	380V/0.1kV

根据 GB/T 19963.1—2021《风电场接入电力系统规定》要求，全功率变换风力发电机组应满足低电压穿越要求。直驱机组三相短路故障时低电压穿越如图 4-54 所示，从中可知三相短路故障下机端电压跌落至 0.2 标幺值，故障持续时间为 680ms 时，故障期间风电机组所提供的短路电流主要受逆变器暂态控制影响，因电力电子变流器具有快响应能力且过电流能力有限（通常最大不超过额定电流的 1.1～1.5 倍），所以风电机组所提供短路电流经历短期暂态过渡过程之后能够快速持续输出稳定值，该短路电流约是故障前正常运行电流的 1.1 倍左右。

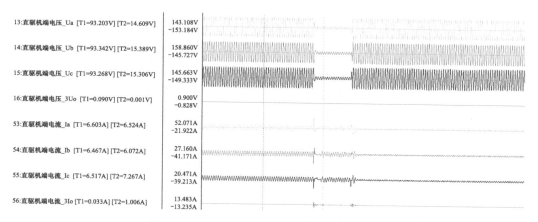

图 4-54　直驱机组三相短路故障时低电压穿越

（2）不同故障下的电气量特征。全功率变换风力发电系统一般指永磁直驱风电机组，含永磁直驱风电机组的电网拓扑结构如图 4-55 所示。永磁直驱风电机组通过逆变器与电网相连，其故障特征与逆变器相关故障穿越控制策略直接相关，与光伏电源类似。下述主要对电网故障下永磁直驱风电机组短路电流的变化特征进行仿真。

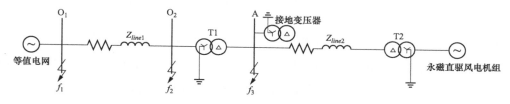

图 4-55　含永磁直驱风电机组的电网拓扑结构

1) 不同故障类型的影响。不同故障类型下永磁直驱风电机组故障电流变化曲线如图 4-56 所示，$t=1.5\mathrm{s}$ 时，含永磁直驱风电机组电网母线 A 处分别发生三相接地、两相相间和单相接地故障，故障持续时间均为 0.65s，故障期间有功和无功功率控制目标分别为 $P_\mathrm{o}=1$ 标幺值，$Q_\mathrm{o}=0.1$ 标幺值。图 4-56 中曲线的时间为 $1.3\sim1.8\mathrm{s}$。

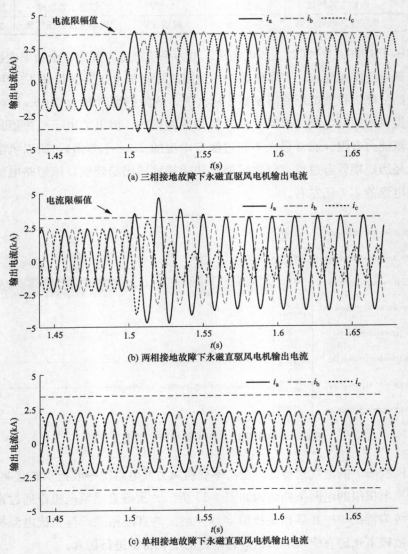

图 4-56　不同故障类型下永磁直驱风电机组故障电流变化曲线

对比图 4-56(a)～(c) 中曲线可发现，ABC 接地短路和 AB 接地短路下永磁直驱风电机组的馈出电流有较大变化，在 ABC 接地短路中，三相稳态短路电流对称且增大到限幅值 3.61kA；当 AB 接地短路时，仅故障相 A 相电流达到了最大值（3.61kA）。但是，A 相接地故障下永磁直驱风电机组的馈出电流变化很小，未达到限幅值。

2）不同故障位置的影响。如图 4-55 所示，假定母线 O_1、O_2 和 A 处分别发生了 AB 两相接地短路故障，其中母线 O_1、O_2 的接地电阻均为 35Ω，经主变压器变比（231kV/38.5kV）折算母线 A 处的接地电阻为 0.97Ω，故障发生时刻和持续时间如前所述。故障前永磁直驱风电机组处于额定工作运行状态。

不同故障位置下永磁直驱风电机组输出电流变化曲线如图 4-57 所示，从图中可以看出离永磁直驱风电机组较近的母线 A 处、母线 O_2 处发生 AB 两相接地故障时，永磁直驱风电机组馈出的最大相短路电流均达到逆变器最大允许电流限幅值 3.61kA；对比之下，如图 4-57 所示在离永磁直驱风电机组较远处的母线 O_1 处发生两相接地故障时，永

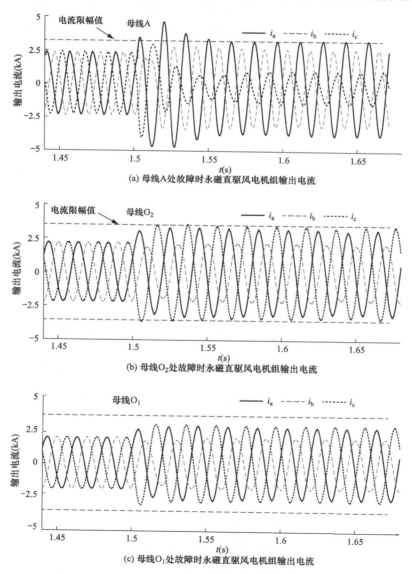

(a) 母线A处故障时永磁直驱风电机组输出电流

(b) 母线O_2处故障时永磁直驱风电机组输出电流

(c) 母线O_1处故障时永磁直驱风电机组输出电流

图 4-57　不同故障位置下永磁直驱风电机组输出电流变化曲线

磁直驱风电机组馈出故障电流相比故障前发生较小变化，最大相 C 相电流幅值增大至
3.05kA，未达到逆变器电流最大允许电流值。与母线 A 处故障不同，在母线 O_1 或母线
O_2 发生 AB 两相接地故障时，永磁直驱风电机组输出电流中非故障相 C 相电流比故障相
B 相电流大，这主要是由于变压器相位偏移所致。

3）不同电网短路容量的影响。假定图 4-55 中母线 O_2 处发生 AB 两相接地故障，故
障接地电阻为 35Ω，故障发生时刻及持续时间与前述情况相同，电网与永磁直驱风电机
组的短路比分别取为 $SCR=1.5$、$SCR=4$。故障前永磁直驱风电机组额定运行。

不同电网短路水平下永磁直驱风电机组故障电流如图 4-58 所示，对比可发现短路比
越小，同一位置发生故障后永磁直驱风电机组提供的短路电流越大。如图 4-58（a）所示，
当容量比为 1.5 时，永磁直驱风电机组输出短路电流幅值为 3.61kA，达到了逆变器最大
允许电流值。而如图 4-58（b）所示，当短路比为 4 时，永磁直驱风电机组馈出故障相电
流幅值约为 3.1kA，比逆变器最大允许电流小。

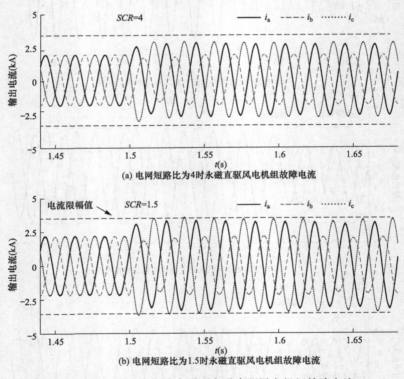

(a) 电网短路比为4时永磁直驱风电机组故障电流

(b) 电网短路比为1.5时永磁直驱风电机组故障电流

图 4-58　不同电网短路水平下永磁直驱风电机组故障电流

4.2.1.3　部分功率变换风力发电系统的暂态特性分析

（1）双馈风电机组接入系统的低电压穿越试验。双馈型风电机组接入系统的测试动
态模拟模型可参考图 4-53，动模试验系统包含发电机、变压器、线路等，各元件参数见
表 4-4。试验用电流互感器（TA）均采用全星形接线方式，其安装位置及变比见表 4-5。

根据 GB/T 19963.1—2021《风电场接入电力系统规定》，双馈型风力发电机组应满足低电压穿越要求。模拟持续时间为 680ms 短路故障，对双馈型风力发电机组的低电压穿越能力进行测试，录波如图 4-59 所示。

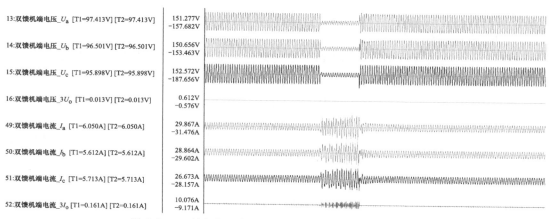

图 4-59　双馈机组三相 680ms 短路故障低电压穿越录波

试验结果表明，机端电压跌落至 0.2 标幺值时，且故障持续时间为 680ms 时，双馈风电机组能够不脱网运行，故障电流由定子绕组馈出的短路电流和网侧变流器提供的短路电流组合构成，其中定子绕组的短路电流受转子 Crowbar 投入状态、转子侧变流器暂态控制、发电机参数以及定子电压跌落程度等影响，在低电压穿越无功功率支撑要求下转子 Crowbar 保护投入时间通常很短，仅为几十毫秒，转子 Crowbar 保护电路投入期间定子绕组所提供短路电流将迅速衰减，Crowbar 退出后定子绕组所提供的短路电流将会有增加并很快达到稳定，其大小主要受转子侧变流器暂态控制、发电机参数以及定子电压跌落程度等影响；而网侧变流器提供的短路电流主要受其暂态控制影响，因电力电子变流器的过流能力有限，通常最大不超过额定电流的 1.1～1.5 倍，且网侧变流器的额定电流仅为发电机额定电流的 0.3 倍，所以其短路电流小于定子绕组所提供的短路电流。因此，故障期间双馈风电机组短路电流变化规律与定子绕组短路电流基本一致，故障后先迅速衰减，之后在变流器暂态控制作用下将增大，并很快达到稳定。

（2）不同故障下的电气量特征。

1）理论分析。双馈风电机组的定子绕组直接与电网相连，而转子绕组通过背靠背的 PWM 变流器与电网相接，电网故障下，双馈风电机组的短路电流同时受发电机本身电磁感应规律与转子绕组所接电力电子变流器的故障穿越控制策略影响。

双馈风电机组所接箱变高压侧一般采用中性点不接地的星形接法，电网发生故障时机组不提供零序电流分量，因此在利用空间矢量模型进行故障分析时，可将定转子电压、电流和磁链的空间矢量分解为正、反向旋转的同步旋转坐标系中对应的正、负序矢量。例如，不对称电压的空间矢量可表示为

$$U_s = U^P + U^N = U_+^P e^{j\omega_1 t} + U_-^N e^{-j\omega_1 t} \tag{4-14}$$

式中　"＋"——正向同步旋转坐标系；

　　　"－"——反向同步旋转坐标系；

　　　上标 P——正序分量；

　　　上标 N——负序分量。

　　式（4-14）也可应用于电流和磁链的空间矢量，电网故障下，双馈感应发电机的正、负序矢量模型见式（4-15）。

$$\begin{cases} U_{s,+}^P = R_s I_{s,+}^P + D\psi_{s,+}^P + j\omega_1 \psi_{s,+}^P \\ U_{r,+}^P = R_r I_{r,+}^P + D\psi_{r,+}^P + j\omega_s \psi_{r,+}^P \\ \psi_{s,+}^P = L_s I_{s,+}^P + L_m I_{r,+}^P \\ \psi_{r,+}^P = L_m I_{s,+}^P + L_r I_{r,+}^P \end{cases} \tag{4-15}$$

$$\begin{cases} U_{s,-}^N = R_s I_{s,-}^N + D\psi_{s,-}^N - j\omega_1 \psi_{s,-}^N \\ U_{r,-}^N = R_r I_{r,-}^N + D\psi_{r,-}^N - j(2-s)\omega_1 \psi_{r,-}^N \\ \psi_{s,-}^N = L_s I_{s,-}^N + L_m I_{r,-}^N \\ \psi_{r,-}^N = L_m I_{s,-}^N + L_r I_{r,-}^N \end{cases} \tag{4-16}$$

式中　$U_{s,+}^P$——定子侧正序电压的空间矢量；

　　　$U_{r,+}^P$——转子侧正序电压的空间矢量；

　　　$I_{s,+}^P$——定子侧正序电流的空间矢量；

　　　$I_{r,+}^P$——转子侧正序电流的空间矢量；

　　　$\psi_{s,+}^P$——定子侧正序磁链的空间矢量；

　　　$\psi_{r,+}^P$——转子侧正序磁链的空间矢量；

　　　$U_{s,-}^N$——定子侧负序电压的空间矢量；

　　　$U_{r,-}^N$——转子侧负序电压的空间矢量；

　　　$I_{s,-}^N$——定子侧负序电流的空间矢量；

　　　$I_{r,-}^N$——转子侧负序电流的空间矢量；

　　　$\psi_{s,-}^N$——定子侧负序磁链的空间矢量；

　　　$\psi_{r,-}^N$——转子侧负序磁链的空间矢量；

　　　R_s——定子侧绕组的等值电阻；

　　　R_r——转子侧绕组的等值电阻；

　　　L_s——定子侧的自感；

　　　L_r——转子侧的自感；

　　　L_m——定转子绕组之间的互感；

　　　ω_1——同步旋转角速度；

ω_r —— 转子角速度；

ω_s —— 转差角速度；

s —— 转差频率。

若故障引起机端电压跌落程度比较严重时，在转子绕组中会产生很大的短路冲击电流，为防止变流器的电力电子设备被损坏，通常在转子侧投入 Crowbar 保护电路短接转子绕组。

Crowbar 保护动作后，转子绕组被短接，转子侧电阻变为 R_t，$R_t = R_r + R_c$，其中 R_c 为 Crowbar 电阻的阻值。定子正序电流的表达式如下所示

$$I^P_{s,+}(t > t_0) = \frac{L_r}{M}\psi^P_{s,+} - \frac{L_m}{M}\psi^P_{r,+} \tag{4-17}$$

式中　　$M = L_s L_r - L_m^2$；

$\psi^P_{s,+}$、$\psi^P_{r,+}$ —— 定子、转子正序磁链，其中定子正序磁链的表达式如下

$$\psi^P_{s,+}(t > t_0) = \frac{U^P_{s,+}}{j\omega_1} + \left(\frac{U_s}{j\omega_1} - \frac{U^P_{s,+}}{j\omega_1}\right) e^{-j\omega_1(t-t_0)} e^{-(t-t_0)/T_s} \tag{4-18}$$

将式（4-18）代入式（4-15），可得转子正序磁链的表达式如下

$$\psi^P_{r,+}(t > t_0) = -\frac{AR_r U^P_{s,+}}{j\omega_1(j\omega_s + 1/T_{r1})} - \frac{AR_r(U_s - U^P_{s,+})}{j\omega_1(j\omega_s + 1/T_{r1})} e^{-j\omega_1 t} e^{-t/T_s}$$
$$+ C_3 e^{-j\omega_s(t-t_0)} e^{-(t-t_0)/T_{r1}} \tag{4-19}$$

式中　　$A = L_m/M$，$U^P_{s,+}$ —— 故障后正序定子电压；

U_s —— 故障前定子绕组的电压；

T_s —— 定子衰减时间常数，$T_s = M/(R_s L_r)$，R_s 为定子绕组的等效电阻；

R_r —— 转子绕组的等效电阻；

$T_r = M/(R_r L_s)$ —— 转子衰减时间常数；

$T_{r1} = M/(L_s R_t)$ —— Crowbar 保护动作后转子衰减时间常数；

C_3 —— 积分常数。

同理，定子负序电流如下所示

$$I^N_{s,-}(t > t_0) = \frac{L_r}{M}\psi^N_{s,-} - \frac{L_m}{M}\psi^N_{r,-} \tag{4-20}$$

定子、转子负序磁链的表达式与式（4-18）、式（4-19）类似。综上，Crowbar 投入后，定子短路电流如下所示

$$I_{s,\alpha\beta}(t > t_0) = I^P_{s,+} e^{j\omega_1 t} + I^N_{s,-} e^{-j\omega_1 t} \tag{4-21}$$

结合式（4-21）及推导过程可知，若机端电压跌落至 0，则故障后定子正负序电压均为 0，因此正向和反向工频分量不存在，只存在直流衰减分量和转速频率衰减分量。其中转速频率分量以 T_{r1} 快速衰减为 0，直流分量以 T_s 缓慢衰减直至为 0。若机端电压不

对称跌落，则故障后定子正负序电压均不为 0。因此存在 4 种频率分量，除了以 T_{r1} 衰减的转速频率分量和以 T_s 衰减的直流分量外，还存在稳定运行的正向和反向工频分量。

实际现场中，根据电网对风电场低电压穿越的要求，风电机组需要向电网提供无功功率支撑，但是 Crowbar 投入易导致风电机组向电网吸收无功，因此故障下风电机组 Crowbar 投入时长很短。待转子 Crowbar 退出后，特别是电网故障下，机端负序电压的存在将使发电机电磁转矩中将包含较大二倍基频分量，这将会加大转轴上不平衡应力，加速发电机轴系的疲劳，甚至损害机轴。为有效抑制电磁转矩的二倍频分量，确保实现双馈风力发电机组故障穿越控制目标，发电机转子负序电流应通过转子侧变流器控制加以有效调整。

在上述转子侧变流器暂态控制作用下，一段时间后双馈风力发电机故障电流将达到稳态，其大小主要与故障穿越控制目标有关，而与转子侧变流器控制回路结构及参数等均无关。因此，这里将根据双馈风力发电机组不对称故障穿越控制目标，推导其稳态故障电流计算表达式。

首先利用磁链和电流的空间矢量表征发电机电磁转矩表达式为

$$T_e = \frac{L_m}{L_s} \mathrm{Im}\left[(\psi_{s,+}^P + \psi_{s,-}^N e^{-j2\omega_1 t})(I_{r,+}^P + I_{r,-}^N e^{j2\omega_1 t}) \right]$$
$$= T_{e0} + T_{ecos}\cos(2\omega_1 t) + T_{esin}\sin(2\omega_1 t) \tag{4-22}$$

式中　T_{e0}——发电机电磁转矩的直流分量；

　　　T_{ecos}——发电机电磁转矩的二倍基频的余弦波动分量；

　　　T_{esin}——发电机电磁转矩的二倍基频的正弦波动分量。

根据双馈风力发电机组故障穿越控制目标要求（抑制电磁转矩二倍频脉动量），可得到发电机输出正序电流幅值的表达式

$$|I_{r,+}^P| = \frac{T_{e0}|\psi_{s,+}^P|}{(|\psi_{s,+}^P|^2 - |\psi_{s,-}^N|^2)|\sin\varphi_p|} \tag{4-23}$$

式中　φ_p——定子磁链矢量 $\psi_{s,+}^P$ 与发电机输出电流矢量 $\psi_{s,-}^N$ 之间的夹角。

发电机输出负序电流幅值表达式

$$|I_{r,-}^N| = \frac{T_{e0}|\psi_{s,-}^N|}{(|\psi_{s,+}^P|^2 - |\psi_{s,-}^N|^2)\sin\varphi_p} \tag{4-24}$$

故障后双馈风力发电机组进入稳定运行状态，定子磁链幅值与发电机机端电压幅值之间关系为

$$\begin{cases} |\psi_{s,+}^P| = |U_{s,+}^P / \omega_1| = \gamma_s U_{sm}/\omega_1 \\ |\psi_{s,-}^N| = |U_{s,-}^N / \omega_1| = \beta_s \gamma_s U_{sm}/\omega_1 \end{cases} \tag{4-25}$$

式中　γ_s——机端正序电压跌落系数，$\beta_s = |U_{s\_dq}^n| / |U_{s\_dq}^p|$ 为机端电压不平衡度。

双馈发电机输出平均无功功率的表达式为

$$Q_{s0}=-\mathrm{Im}[U_{s,+}^{P}\,I_{s,+}^{P}+U_{s,-}^{N}\,I_{s,-}^{N}]=-\omega_1\mathrm{Re}(\psi_{s,+}^{P}\,I_{s,+}^{P}-\psi_{s,-}^{N}\,I_{s,-}^{N}) \qquad (4\text{-}26)$$

根据式（4-23）和式（4-26）可以得到双馈发电机输出正序电流幅值与平均无功功率间的表达式为

$$|I_{s,+}^{P}|=-\frac{Q_{s0}\,|\psi_{s,+}^{P}|}{\omega_1(|\psi_{s,+}^{P}|^2-|\psi_{s,-}^{N}|^2)|\cos\varphi_{\mathrm{p}}|} \qquad (4\text{-}27)$$

结合式（4-24）和式（4-27），可以得出式（4-24）中 $|\sin\varphi_{\mathrm{p}}|$ 的计算公式为

$$|\sin\varphi_{\mathrm{p}}|=\frac{\omega_1 T_{\mathrm{e}0}}{\sqrt{(\omega_1 T_{\mathrm{e}0})^2+Q_{s0}^2}} \qquad (4\text{-}28)$$

从而可以得到故障稳态期间双馈风力发电机输出正负序故障电流幅值为

$$\begin{cases}|I_{s,+}^{P}|=\dfrac{2\sqrt{(\omega_1 T_{\mathrm{e}0})^2+Q_{s0}^2}}{3\gamma_s U_{\mathrm{sm}}(1-\beta_s^2)}\\[4mm]|I_{s,-}^{N}|=\dfrac{2\beta_s\sqrt{(\omega_1 T_{\mathrm{e}0})^2+Q_{s0}^2}}{3\gamma_s U_{\mathrm{sm}}(1-\beta_s^2)}\end{cases} \qquad (4\text{-}29)$$

通过式（4-29）可知，不对称故障期间双馈风力发电机输出的正负序电流的比值与机端电压正负序分量的比值相同。电网故障导致机端电压不对称度越大，发电机输出电流正负序分量的比值也越大。若双馈发电机等效短路阻抗相对于所接电网短路阻抗较小时，在不对称故障期间，发电机机端正负序电压幅值之和与故障前机端电压幅值相等，所以发电机输出故障电流负序分量幅值为电流正序分量的（$1/\gamma_s-1$）倍。

2）仿真分析。基于 PSCAD/EMTDC 搭建的含双馈风力发电机组的系统仿真模型如图 4-60 所示，其中双馈风力发电机组通过变压器 T2 接于电压等级为 10kV 的母线 D 处，变压器 T1、T2 的变比分别为 121/10kV、0.69/10kV；双馈发电机额定容量为 1.5MW，定子电阻和漏感分别为 0.00806 标幺值和 0.168 标幺值，转子电阻和漏感为 0.006 标幺值和 0.152 标幺值，励磁电感为 3.48 标幺值；直流母线电压为 1.26kV，网侧滤波器等效电感为 0.0004H；转子 Crowbar 卸荷电阻值为 0.5Ω。

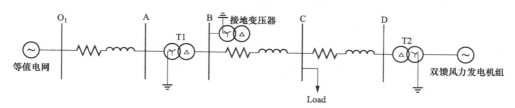

图 4-60　含双馈风力发电机组的系统仿真模型

当电网发生故障时，双馈风电机组端口电压跌落，定子绕组电流增加，使得转子绕组感应电动势大幅增加，导致转子绕组流过较大电流，而与转子绕组所接电力电子变流器过流能力有限，为避免变流器因过流而受损，通常利用 Crowbar 电路为转子绕组的大电流提供旁路，同时在 Crowbar 投入期间转子侧变流器闭锁，双馈风电机组 Crowbar 电

路及其控制模块的仿真模型如图 4-61 所示，一旦检测到实际转子电流 I_{r_mag} 大于转子侧变流器最大允许电流 I_{limit}，Crowbar 电路将投入，投入时长最短为 30ms。

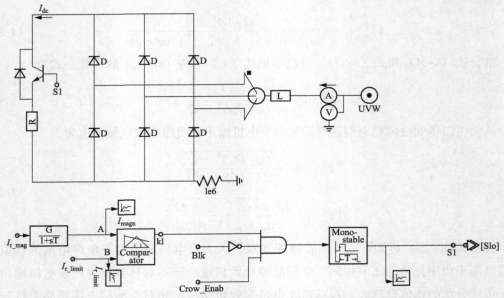

图 4-61　双馈风电机组 Crowbar 电路及其控制模块的仿真模型

　　然而，电网故障下 Crowbar 投入会导致双馈风电机组从电网吸收无功功率，该特性与电网的低电压穿越要求不符，为此故障期间需通过控制转子侧变流器实现风电机组无功功率支撑，双馈风电机组网侧变流器正负序分离模块仿真模型如图 4-62 所示。故障初始阶段，由于发电机定子磁链直流分量较大，转子电流中暂态分量也较大。为了保证转子侧变流器电流控制环输出尽量不超过变流器调制波的最大幅值限制，即转子侧变流器不失控，且实际转子电流小于变流器最大允许电流值，转子电流控制回路的有功和无功分量参考值将分别重新设置为 I_{rQZ_refN} 和 I_{rDZ_refN}。

　　其中，设定有功分量参考值 I_{rQZ_refN} 与故障前稳定运行参考值相同（由于机端电压跌落，相当于减小了发电机电磁转矩，发电机转速将增大）。虽然会导致发电机转速有所增加，但是若超过其额定转速，风力机变桨距角控制系统将产生作用，发电机并不会因超速保护动作而被迫从电网中切除。而 d 轴分量参考值 I_{rDZ_refN} 将从 0 逐渐增加为 I_{rDZ_refN}，以保证故障下双馈风电机组能够向电网提供无功功率支撑。

　　a. 不同故障类型的影响。为了分析不同故障类型对双馈风电机组短路特性的影响，设 $t=0.4s$ 时在线路 CD 末端处分别发生 AB 相接地、AB 相间和 A 相金属性接地短路故障，故障前后风速均为 12m/s。不同故障类型下发电机机端电压及定子电流变化曲线如图 4-63 所示。

　　对比分析图 4-63(a) 和（b）中两相接地和两相相间故障类型下发电机输出电流的曲线，可以发现故障期间发电机定子绕组上故障相电流均大于非故障相电流，即 A 相和 B

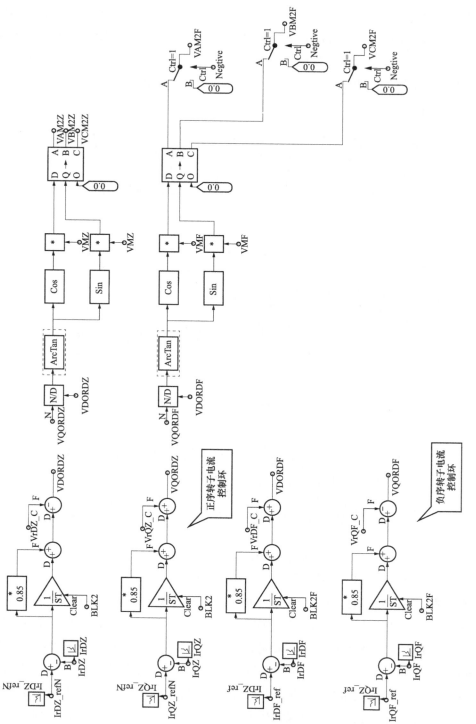

图 4-62 双馈风电机组网侧变换器正负序分离模块仿真模型

相电流大于 C 相电流。其中 AB 相接地短路故障下发电机定子绕组中 B 相电流最大，约为 3.0kA，为额定电流的 1.69 倍，而在 AB 相间短路故障下发电机定子绕组中 B 相电流为 3.3kA，约为额定电流的 1.86 倍。另外，如图 4-63(c) 所示，当发生 A 相金属性接地故障时，由于故障前后双馈风力发电机机端电压变化较小，三相定子电流变化很小，故障期间发电机定子输出 A 相和 B 相电流基本相等，C 相电流相对较小。

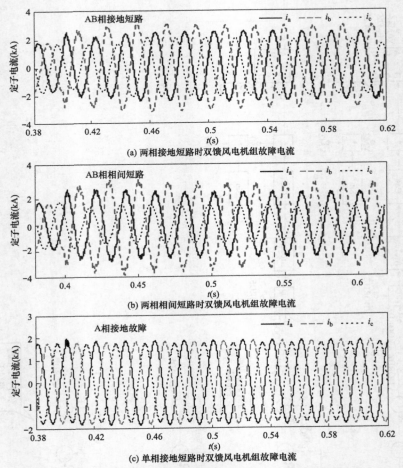

图 4-63　不同故障类型下发电机机端电压及定子电流变化曲线

b. 不同故障位置的影响。假定 $t=0.4$s 时分别在线路 OA 首端、线路 BC 末端、线路 CD 末端发生三相短路故障（线路 OA 首端故障阻抗为 35Ω，经主变压器变比（231kV/38.5kV）折算线路 BC 末端和线路 CD 末端故障电阻为 0.97Ω），故障持续时间为 0.625s。且故障前后风速均为 10m/s。不同故障位置下发电机机端电压跌落曲线如图 4-64 所示，可以看出在故障初始阶段，线路 CD 末端（双馈风力发电机组出口变压器高压侧）处故障导致发电机机端电压下降最快且跌落程度最为严重，最低跌落至 0.16 标幺值；而在离双馈风力发电机组较远的线路 OA 首端发生故障时，发电机端电压跌落速度相对较慢且跌落程度较轻，最低跌落至 0.2 标幺值。

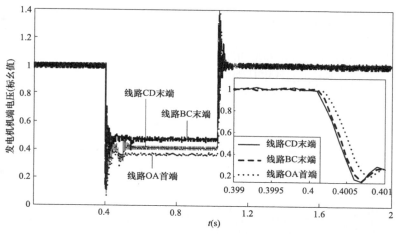

图 4-64　不同故障位置下发电机机端电压跌落曲线

　　实际上，故障初始时刻机端电压跌落程度将直接影响定子磁链中所包含的直流衰减分量的大小。定子磁链中衰减直流分量越大，转子绕组上产生的暂态电流分量也将越大，将更易引起转子 Crowbar 电路投入。前述三种故障场景下，仅在线路 CD 末端发生故障时，由于初始阶段机端电压跌落程度最为严重，转子 Crowbar 电路会投入；而在线路 BC 末端和 OA 首端故障情况下，转子 Crowbar 电路将不会投入。故障发生一段时间后，经双馈风力发电机组自身调节及无功补偿等作用，发电机机端电压会有所回升。如图 4-64 所示，在故障稳态运行阶段，线路 OA 首端处故障下机端电压跌落最为严重（由于离电网最近），约为 0.37 标幺值；线路 BC 末端故障导致机端电压跌落程度最小，约为 0.48 标幺值；而线路 BC 末端故障导致机端电压跌落至 0.41 标幺值。机端电压跌落程度越严重，发电机转子稳态电流将越大。

　　上述三个不同位置发生故障情况下双馈风力发电机的故障电流曲线如图 4-65 所示。可以看出，不同位置发生故障时，发电机输出三相电流的变化特征有所不同。在线路 CD 末端故障初始时刻，定子电流中包含的接近直流的低频衰减分量最大，约为 3.19kA（约为额定电流幅值的 1.8 倍，额定电流幅值为 1.775kA）。而在线路 OA 首端故障初始时刻，定子电流中接近直流的低频衰减分量最小，约为 1.39kA。在线路 CD 末端故障下，由于转子 Crowbar 电路的投入，加速了定子磁链低频衰减分量的衰减速度，所以发电机输出故障电流中所包含的低频衰减分量的衰减速度与线路 OA 首端故障下定子电流低频衰减分量的衰减速度相当，均约在 $t=0.6$s 以后衰减至接近于 0。

　　同时，在不同位置发生故障情况下，发电机输出基频电流幅值均将会快速增加。但是若故障期间转子 Crowbar 电路投入，该基频电流则会迅速减小［如图 4-65(b) 所示］。一旦转子 Crowbar 电路退出，发电机输出基频电流又将会快速增大，最终经转子变流器控制回路调节，故障期间发电机将输出稳定的基频电流，如图 4-65(b) 所示，该电流的幅值为 1.79kA（略大于额定电流幅值）。而在线路 BC 末端或线路 OA 首端发生三相短

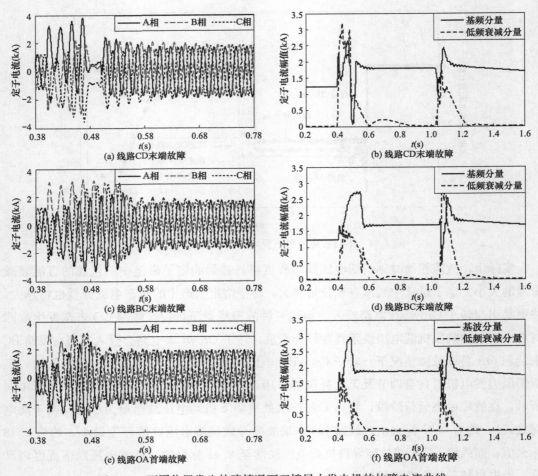

图 4-65　不同位置发生故障情况下双馈风力发电机的故障电流曲线

路故障时，故障发生一段时间后，定子电流均将会迅速减小，这主要是由于转子变流器控制回路中有功电流参考值切换造成的。

　　c. 不同电网短路容量的影响。为分析所接电网短路容量对双馈风电机组故障暂态特性的影响规律，通过改变电网的阻抗，使其短路比分别为 7、4 和 2。假定线路 OA 末端发生三相接地短路故障（故障阻抗为 35Ω），持续时间为 0.625s，且故障前后风速均为 10m/s。电网不同短路容量下机端电压跌落曲线如图 4-66 所示，故障下电网短路容量越小，机端电压跌落速度越快，且在故障稳态阶段，机端电压的跌落程度也将更严重。若短路比为 7 时，线路 OA 末端发生故障，双馈风力发电机机端电压（故障后稳态）约跌落至 0.38 标幺值；若短路比为 4 时，机端电压将跌落为 0.28 标幺值；短路比为 2 时，机端电压跌落程度最为严重，约为 0.20 标幺值。

　　由于在电网不同短路容量下，机端电压的跌落程度不同，所以双馈风电机组的运行模式将不同，导致其故障电流特性存在一定差异。所接电网不同短路容量水平下定子电流曲线如图 4-67 所示。当短路比为 7 时，机端电压跌落程度较小，整个故障期间转子 Crowbar

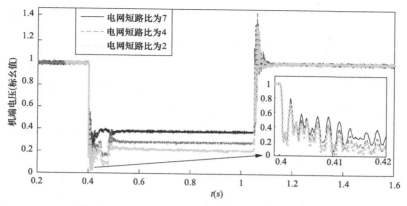

图 4-66   电网不同短路容量下机端电压跌落曲线

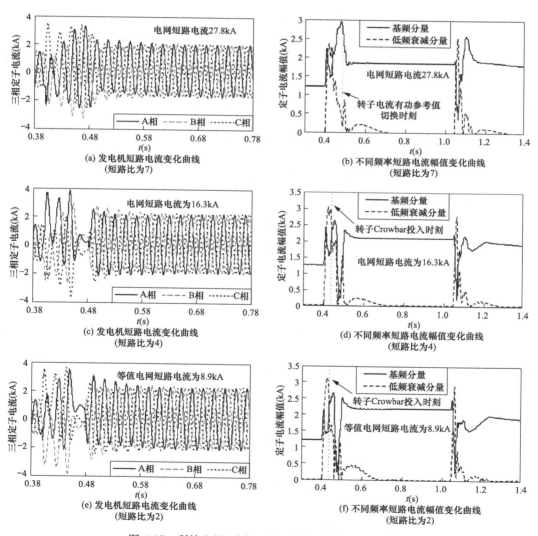

图 4-67   所接电网不同短路容量水平下定子电流曲线

电路并未投入，仅在 $t=0.484\text{s}$ 时因转子变流器控制回路中有功电流分量参考值切换，如图 4-67(b) 所示双馈发电机输出故障电流的基频分量快速从 2.96kA 减小至 1.86kA。

若电网短路容量较小时，双馈风电机组中转子 Crowbar 电路将较早投入。如图 4-67(d) 所示，当短路比为 4 时，转子 Crowbar 电路投入时刻为 $t=0.451\text{s}$；当短路比为 2 时，转子 Crowbar 电路投入时刻为 $t=0.448\text{s}$。对比图 4-67(b)、(d) 和 (f) 中发电机故障电流中低频衰减分量（接近直流）幅值曲线，可发现电网短路容量较小时，低频分量的幅值相对较大，但这些低频量的衰减时间基本相同。

电网短路容量较小时，故障初始阶段双馈风力发电输出电流中低频衰减分量相对越大，所以如图 4-67(c) 和 (e) 所示，故障初始阶段发电机输出三相电流将发生较大畸变。经前述分析，在不同电网短路容量下定子电流中低频衰减分量的衰减速度基本相同，所以在 $t=0.55\text{s}$ 后，双馈风力发电机均能输出稳定的基频电流。

在不同电网短路容量水平下，发电机的机端稳态电压的跌落程度不同，所以发电机提供的稳态短路电流幅值也将不同。从图 4-67 中看出，当短路比为 7 时，双馈发电机稳态短路电流幅值约为 1.85kA；若短路比为 4 时，发电机稳态短路电流为 2.01kA；而短路比为 2 时，发电机稳态短路电流幅值最大，约为 2.21kA。

4.2.2 旋转电机型分布式电源的暂态特性分析

4.2.2.1 同步电机型分布式电源的暂态特性分析

（1）理论分析。在 dq 坐标系下同步发电机的电压方程如下

$$
\begin{bmatrix} u_d \\ u_q \\ u_0 \\ u_f \\ 0 \\ 0 \end{bmatrix} = \begin{bmatrix} -ri_d \\ -ri_q \\ -ri_0 \\ r_f i_f \\ r_D i_D \\ r_Q i_Q \end{bmatrix} + \begin{bmatrix} d\varphi_d/dt \\ d\varphi_q/dt \\ d\varphi_0/dt \\ d\varphi_f/dt \\ d\varphi_D/dt \\ d\varphi_Q/dt \end{bmatrix} + \omega \begin{bmatrix} -\varphi_q \\ \varphi_d \\ 0 \\ 0 \\ 0 \\ 0 \end{bmatrix} \tag{4-30}
$$

式中 u_d、u_q、u_0——定子电压在 d 轴、q 轴、0 轴的分量；

u_f——励磁电压；

r——定子电阻；

i_d、i_q、i_0——定子电流在 d 轴、q 轴、0 轴的分量；

r_f、r_D、r_Q——转子励磁绕组、d 轴阻尼绕组 D、q 轴阻尼绕组 Q 的电阻；

i_f、i_D、i_Q——转子励磁绕组、d 轴阻尼绕组 D、q 轴阻尼绕组 Q 的电流；

ω——同步机转速；

φ_d、φ_q、φ_0——d、q、0 绕组的磁链；

φ_f、φ_D、φ_Q——励磁绕组、d 轴阻尼绕组 D、q 轴阻尼绕组 Q 的磁链。

同步发电机 dq 坐标系下的磁链方程为

$$
\begin{bmatrix} \varphi_d \\ \varphi_q \\ \varphi_0 \\ \varphi_f \\ \varphi_D \\ \varphi_Q \end{bmatrix} = \begin{bmatrix} x_d & 0 & 0 & x_{ad} & x_{ad} & 0 \\ 0 & x_q & 0 & 0 & 0 & x_{aq} \\ 0 & 0 & x_0 & 0 & 0 & 0 \\ x_{ad} & 0 & 0 & x_f & x_{ad} & 0 \\ x_{ad} & 0 & 0 & x_{ad} & x_D & 0 \\ 0 & x_{aq} & 0 & 0 & 0 & x_Q \end{bmatrix} \begin{bmatrix} -i_d \\ -i_q \\ -i_0 \\ i_f \\ i_D \\ i_Q \end{bmatrix}
$$
(4-31)

式中　x_d、x_q、x_0——d轴、q轴、0轴的同步电抗；

x_{ad}、x_{aq}——d轴、q轴电枢反应电抗；

x_f、x_D、x_Q——励磁绕组、d轴阻尼绕组D、q轴阻尼绕组Q的电抗。

在式（4-30）中，假设电阻远小于电抗，稳态时 ω 为1，磁链变化为0，可以得出

$$
\begin{cases} u_d = -\varphi_q \\ u_q = \varphi_d \end{cases}
$$
(4-32)

将式（4-32）代入式（4-31），并令 $E_q = i_f x_{ad}$ 可得出稳态时发电机 q 轴电势 E_q 和电压的关系

$$
\dot{E}_q = \dot{U} + j\dot{I}x_d + ji_d(x_d - x_q)
$$
(4-33)

式中　$\dot{I}$——定子电流，其值为 $i_d + ji_q$；

E_q——在暂态过程中随着励磁电流 i_f 突变也会发生变化。

令 $E'_q = \varphi_f(x_{ad}/x_f)$，可得

$$
E'_q = \dot{U} + j\dot{I}x'_d - i_q(x_q - x'_d)
$$
(4-34)

式中　x'_d——直轴暂态电抗，还可表示为

$$
x'_d = x_{d\sigma} + \frac{x_{f\sigma}x_{ad}}{x_{f\sigma} + x_{ad}}
$$
(4-35)

式中　$x_{d\sigma}$ 和 $x_{f\sigma}$——d轴漏抗和励磁绕组漏抗。

次暂态过程中 i_f、i_D、i_Q 均为变化量，因此可假设次暂态电势 E''_q 和 d 轴次暂态电抗 x''_d 为

$$
E''_q = \frac{\varphi_f/x_{f\sigma} + \varphi_D/x_{D\sigma}}{1/x_{ad} + 1/x_{f\sigma} + 1/x_{D\sigma}}
$$
(4-36)

$$
x''_d = x_{d\sigma} + \frac{1}{1/x_{ad} + 1/x_{f\sigma} + 1/x_{D\sigma}}
$$
(4-37)

式中　$x_{D\sigma}$——阻尼绕组 D 的漏抗。

假设 d 轴次暂态电势为

$$
E''_d = \frac{\varphi_Q/x_{Q\sigma}}{1/x_{aq} + 1/x_{D\sigma}}
$$
(4-38)

令 q 轴次暂态电抗为

$$x''_q = x_{q\sigma} + \frac{x_{Q\sigma} x_{aq}}{x_{Q\sigma} + x_{aq}} \tag{4-39}$$

式中　$x_{q\sigma}$——q 轴漏抗；

　　　　$x_{Q\sigma}$——阻尼绕组 Q 的漏抗；

　　　　x_{aq}——q 轴电枢反应电抗。

将式（4-39）代入式（4-31）可得

$$E''_d = u_d - i_q x''_q \tag{4-40}$$

通过对式（4-30）进行变换，结合式（4-33）、式（4-34）和式（4-40），得到短路电流的表达式如下

$$i_a = \left[\left(\frac{E''_q}{x''_d} - \frac{E'_q}{x'_d} \right) e^{-\frac{t}{T''_d}} + \left(\frac{E'_q}{x'_d} - \frac{E_q}{x_d} \right) e^{-\frac{t}{T'_d}} + \frac{E_q}{x_d} \right] \times \cos(t + \theta_0) + \frac{E''_d}{x''_q} e^{-\frac{t}{T''_q}} \sin(t + \theta_0) -$$

$$\frac{U}{2} \left(\frac{1}{x''_d} + \frac{1}{x''_q} \right) e^{-\frac{t}{T_a}} \times \cos(\delta_0 - \theta_0) - \frac{U}{2} \left(\frac{1}{x''_d} - \frac{1}{x''_q} \right) e^{-\frac{t}{T_a}} \times \cos(2t + \delta_0 + \theta_0) \tag{4-41}$$

式中　　　　　δ_0——故障前功角；

　　　　　　　θ_0——电压初相；

T'_d、T''_d、T''_q、T_a——衰减时间常数。

根据以上结果可知，同步发电机短路后，在定子侧存在直流分量、基频分量、倍频分量。其中基频分量按时间常数 T'_d 衰减至稳态值；直流分量和倍频分量按 T_a 衰减至 0。

（2）仿真分析。同步电动机故障暂态模型如图 4-68 所示，其中发电机通过变压器接于电压等级为 10kV 电网。同步电动机型分布式电源的额定容量为 3MW，额定线电压有效值为 0.69kV。

发生三相对称性短路，电压跌落 50％时并网点输出电压和电流波形如图 4-69 所示；发生三相对称性短路，电压跌落 100％时并网点输出电压和电流波形如图 4-70 所示。

由图 4-69 可得，当机端电压跌落 50％时，定子电流有一个突变过程。短路第一个周波的幅值是正常运行时电流幅值的 6 倍左右，其中存在衰减直流分量和衰减交流分量、稳态交流分量，经过一段时间后，衰减直流量和衰减交流量均衰减至 0，只剩下稳定交流分量。由图 4-70 可得，当机端电压跌落 100％时，定子电压的突变幅值更大，短路后第一个周波的幅值是正常运行时电流幅值的 10 倍左右，也存在衰减直流分量和衰减交流分量、稳定交流分量。当衰减分量衰减至 0，只剩下稳态交流分量，但此时稳态交流分量比电压跌落 50％时的稳态交流分量幅值大。

实际上，任意故障场景下同步机型分布式电源可以用暂态电势（或次暂态电势）与电抗进行等值，故障类型（单相接地、两相短路、两相短路接地等）、故障位置以及所接电网短路容量大小不同对同步机型分布式电源本身短路等值模型的影响较小。

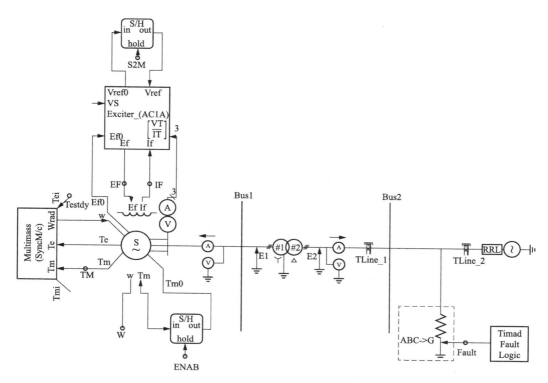

图 4-68　同步电动机故障暂态模型

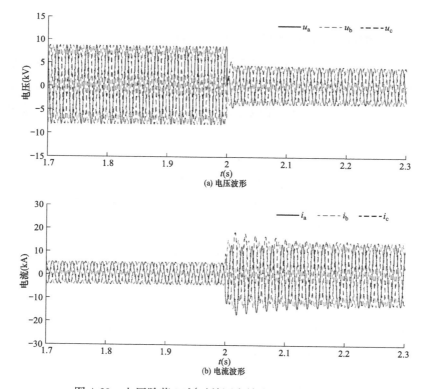

(a) 电压波形

(b) 电流波形

图 4-69　电压跌落 50％时并网点输出电压和电流波形

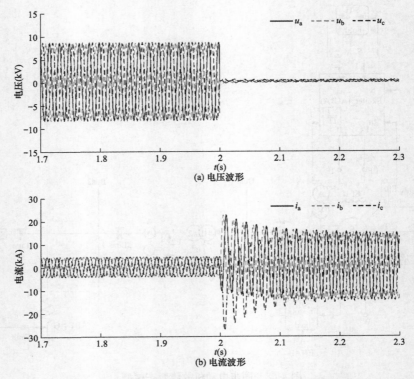

図 4-70 电压跌落 100％时并网点输出电压和电流波形

4.2.2.2 异步电机型分布式电源的暂态特性分析

设故障前电动机为空载，转子转速近似为同步转速，即 $\omega_r \approx \omega_1$；在故障过程中，转速始终保持为同步速度不变。定子的三相短路可以看作是在定子端突然增加了一组与原先端电压大小相等、相位相反的三相电压。根据叠加原理可知，定子绕组输出的短路电流的空间矢量 i_s 为

$$i_s = i_{s0} + i_{s1} \tag{4-42}$$

式中　i_{s0}——故障前定子稳态理想空载电流的空间矢量；

　　　　i_{s1}——定子突然加反向三相电压时所产生的定子电流空间矢量。

下面先求 i_{s0}，设电源电压为

$$\begin{cases} u_A = U_m \sin(\omega_1 t + \varphi) \\ u_B = U_m \sin(\omega_1 t - 120° + \varphi) \\ u_C = U_m \sin(\omega_1 t + 120° + \varphi) \end{cases} \tag{4-43}$$

则定子电压的空间矢量 $\boldsymbol{u}_s = -\mathrm{j}U_m \mathrm{e}^{\mathrm{j}(\omega_1 t + \varphi)}$。在转子坐标系中，$\boldsymbol{u}'_s = \boldsymbol{u}_s \mathrm{e}^{-\mathrm{j}\omega_1 t} = -\mathrm{j}U_m \mathrm{e}^{\mathrm{j}\varphi}$，于是故障前定子理想空载电流的空间矢量 $\boldsymbol{i}'_{s0}$ 应为

$$\boldsymbol{i}'_{s0} = \frac{\boldsymbol{u}'_s}{R_s + \mathrm{j}\omega_1 L_s} = \frac{-\mathrm{j}U_m \mathrm{e}^{\mathrm{j}\varphi}}{R_s + \mathrm{j}X_s} \tag{4-44}$$

式中 X_s——定子的总电抗（即同步电抗），$X_s = \omega_1 L_s = X_{s\sigma} + X_m$。其中 $X_{s\sigma}$ 为定子漏抗，X_m 为激磁电抗。通常 $X_s \gg R_s$，故式（4-44）可近似写成

$$i'_{s0} \approx -\frac{U_m e^{j\varphi}}{X_s} \tag{4-45}$$

再求 i_s。在转子坐标系中，当定、转子的磁链初值为 0 时，定子电压方程的拉普拉斯变换为

$$U'_{s1} = R_s I'_{s1} + (s + j\omega_1)\psi'_{s1} = [R_s + (s + j\omega_1)L_s(s)]I'_{s1} \tag{4-46}$$

式中 $L_s(s)$——在转子坐标系中定子的运算电抗，$L_s(s) = L_s(1 + sT'_r)/(1 + sT_r)$；

T_r 和 T'_r——转子的时间常数和瞬态时间常数，$T_r = L_r/R_r$，$T'_r = L'_r/R'_r$，由此可得 I'_{s1} 为

$$I'_{s1} = \frac{U'_{s1}}{R_s + (s + j\omega_1)L_s(s)} = \frac{jU_m e^{j\varphi}}{s(\alpha + s + j\omega_1)L_s(s)} \tag{4-47}$$

式中：U'_{s1} 为 $-u'_s$ 的拉普拉斯变换；α 为定子直流分量的衰减系数，$\alpha = R_s/L_s(s) \approx R_s/L'_s$，$L'_s$ 为定子的瞬态电感，式中近似号右端是不计转子电阻时衰减系数的近似表达式，把定子运算电感的倒数 $1/L_s(s)$ 展开成部分分式，可得

$$\frac{1}{L_s(s)} = \frac{1}{L_s} + \left(\frac{1}{L'_s} - \frac{1}{L_s}\right)\frac{sT'_r}{1 + sT'_r} \tag{4-48}$$

把式（4-48）代入式（4-47）可得

$$I'_{s1} = \frac{jU_m e^{j\varphi}}{s(\alpha + s + j\omega_1)}\left[\frac{1}{L_s} + \left(\frac{1}{L'_s} - \frac{1}{L_s}\right)\frac{sT'_r}{1 + sT'_r}\right] \tag{4-49}$$

取式（4-49）的拉普拉斯反变换，可得 i'_{s1} 为

$$i'_{s1} = \frac{jU_m e^{j\varphi}}{L_s(\alpha + j\omega_1)}[1 - e^{-(\alpha + j\omega_1)t}] + \left(\frac{1}{L'_s} - \frac{1}{L_s}\right) \cdot \frac{jU_m e^{j\varphi}}{-\frac{1}{T'_r} + (\alpha + j\omega_1)}\left[e^{-\frac{t}{T'_r}} - e^{-(\alpha + j\omega_1)t}\right]$$

$$\tag{4-50}$$

通常 $\alpha \ll \omega$，$-\frac{1}{T'_r} + \alpha \ll \omega_1$，因而式（4-50）第一项和第二项分母中的 α 和 $-\frac{1}{T'_r} + \alpha$ 可略去不计，这样

$$i'_{s1} \approx \frac{U_m e^{j\varphi}}{X_s}[1 - e^{-(\alpha + j\omega_1)t}] + U_m e^{j\varphi}\left(\frac{1}{X'_s} - \frac{1}{X_s}\right) \cdot \left[e^{-\frac{t}{T'_r}} - e^{-(\alpha + j\omega_1)t}\right] \tag{4-51}$$

把式（4-51）和式（4-45）相加，可得在转子坐标系中 i'_s 为

$$i'_s = i'_{s0} + i'_{s1} \approx \frac{U_m e^{j\varphi}}{X_s} + \frac{U_m e^{j\varphi}}{X_s}[1 - e^{-(\alpha + j\omega_1)t}] + U_m e^{j\varphi}\left(\frac{1}{X'_s} - \frac{1}{X_s}\right) \cdot \left[e^{-\frac{t}{T'_r}} - e^{-(\alpha + j\omega_1)t}\right]$$

$$= -\frac{U_m e^{j\varphi}}{X_s}e^{-(\alpha + j\omega_1)t} + U_m e^{j\varphi}\left(\frac{1}{X'_s} - \frac{1}{X_s}\right)e^{-\frac{t}{T'_r}} \tag{4-52}$$

可得，在定子坐标系中定子电流的空间矢量 i_s 为

$$i_s = i'_s e^{j\omega_1 t} = -\frac{U_m e^{j\varphi}}{X'_s} e^{-\alpha t} + U_m e^{j\varphi} \left(\frac{1}{X'_s} - \frac{1}{X_s} \right) e^{-\frac{t}{T'_r}} e^{j\omega_1 t} \quad (4-53)$$

因此，定子 A 相电流 i_A 等于

$$i_A = \mathrm{Re}\, i_s = -\frac{U_m e^{j\varphi}}{X'_s} e^{-\alpha t} \cos\varphi + U_m \left(\frac{1}{X'_s} - \frac{1}{X_s} \right) e^{-\frac{t}{T'_r}} \cos(\omega_1 t + \varphi) \quad (4-54)$$

从式（4-54）可见，定子短路电流由两个分量组成：一个是直流分量，其幅值取决于短路时的相位角 φ，此分量以定子时间常数 T_a 衰减，$T_a = 1/\alpha$；另一个分量是交流分量，其频率为转子旋转的角频率 ω_r〔由于假定 $\omega_r \approx \omega_1$，所以在式（4-54）中交流分量的频率为 ω_1〕，交流分量以瞬态时间常数 T'_r 衰减。

（1）仿真模型。基于 PSCAD/EMTDC 搭建的含异步电动机型分布式电源的故障暂态模型如图 4-71 所示，其中发电机通过变压器接于电压等级为 10kV 电网中。异步电动机型分布式电源的额定容量为 3MW，额定线电压有效值为 0.69kV。

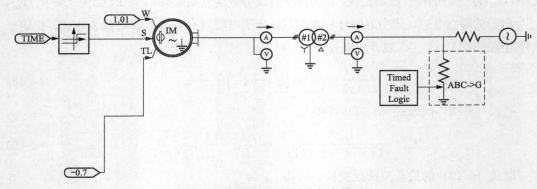

图 4-71　异步电动机故障暂态模型

（2）不同故障下的电气量特征。假设电网发生三相对称性短路，电压跌落 50％与 100％时电压和电流的输出波形分别如图 4-72 和图 4-73 所示。

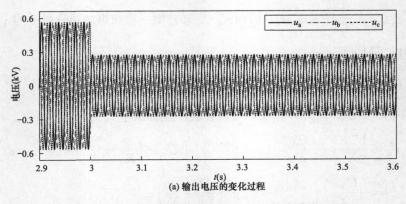

(a) 输出电压的变化过程

图 4-72　电压跌落 50％时电压和电流的输出波形（一）

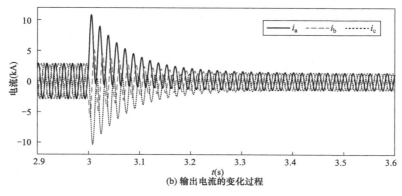

(b) 输出电流的变化过程

图 4-72 电压跌落 50% 时电压和电流的输出波形（二）

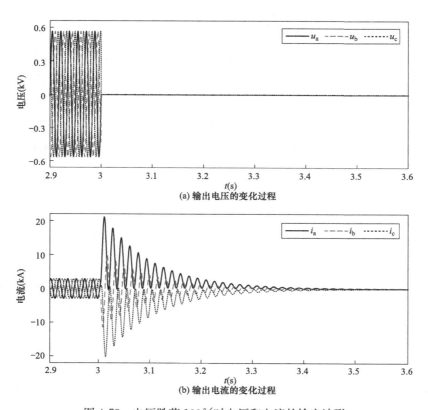

(a) 输出电压的变化过程

(b) 输出电流的变化过程

图 4-73 电压跌落 100% 时电压和电流的输出波形

由图 4-72 和图 4-73 分析可得，当异步电动机型分布式电源的机端电压跌落 50% 时，输出电流发生突变，短路电流第一个周波的幅值为额定运行时电流幅值的 4 倍左右，然后逐渐衰减。由于机端有 50% 的残余电压支撑，电流会达到另一个稳定值，但是较额定运行时电流幅值要小。当异步电动机型分布式电源的机端电压跌落 100% 时，短路电流第一个周波的幅值为额定运行时的 7 倍左右。由于无机端电压的支撑，输出电流会逐渐衰减至 0。

不同于同步电机型分布式电源，电网故障后异步电机型分布式电源因机端电压跌落，其所提供的短路电流将会逐渐减小，这是由于异步发电机的主磁场主要依靠机端电压建立，电网故障导致机端电压跌落，会造成发电机内部无法维持建立恒定不变的主磁场。因而，电网故障下异步机型分布式电源可以用暂态阻抗进行等值。故障类型（单相接地、两相短路、两相短路接地等）、故障位置以及所接电网短路容量大小不同对异步机型分布式电源本身短路等值模型的影响较小。

小　结

本章分别分析了变流器型和旋转电机型分布式电源的静态与暂态特性。

在静态特性分析方面，变流器型分布式电源输出有功功率与其感受到风速或光照强度之间呈正比例关系，风速或光照强度随机且不连续变化，输出功率也将具有随机性和不稳定性；机械转矩影响旋转电机型分布式电源的输出有功功率，而负荷大小不同对输出有功功率的影响较小。

在暂态特性分析方面，分布式电源的故障特性受故障类型、故障位置、电网短路容量的影响，分布式电源机端电压跌落程度越大，分布式电源的短路电流相对较大。

参 考 文 献

[1] 李伟，杨国生，王文焕，王晓阳，于辉. 分布式电源接入对配电网继电保护影响及适应性研究 [R]. 北京：中国电力科学研究院有限公司，2014.

[2] 吕芳，江燕兴，刘莉敏，曹志峰. 太阳能发电 [M]. 北京：化学工业出版社，2009.

[3] 曾德辉，王钢，郭敬梅，孙迅雷. 含逆变型分布式电源配电网自适应电流速断保护方案 [J]. 电力系统自动化，2017，41 (12)：86-92.

[4] 姜宽，王慧芳，林达，何奔腾. 面向逆变器型分布式电源的快速建模与仿真方法 [J]. 电力系统自动化，2017，41 (12)：13-19.

[5] 张林利，彭克，苏建军，咸日常，李立生，邵志敏. 含逆变型分布式电源的配电网故障分析通用计算方法 [J]. 电力系统及其自动化学报，2017，29 (7)：75-80.

[6] 杜浩良，郑燃，李跃辉，徐峰. 含逆变型分布式电源的配电网智能分布式保护 [J]. 电力系统及其自动化学报，2022，34 (12)：1-7.

[7] 杨国生，王增平，欧阳金鑫，王晓阳，郑迪，熊小伏. 考虑低电压穿越全过程的双馈风电机组短路电流计算方法 [J]. 电网技术，2018，42 (7)：2185-2193.

[8] 王晓阳，郑迪，杨国生，欧阳金鑫，熊小伏. 混合风电场中双馈风电机组三相短路电流分析 [J]. 重庆大学学报，2018，41 (9)：19-29.

[9] 郑涛，魏旭辉，李娟，李菁，王燕萍，杨国生，王增平，李霞. PI 控制参数对双馈风电机组短路

电流特性的影响分析［J］. 电力自动化设备，2016，36（7）：15-21.

［10］ 王燕萍，郑涛，王增平，曹雅榕，朱时雨，杨国生. 不同转差率对双馈风机撬棒投入后的短路电流影响分析［J］. 电力系统保护与控制，2015，43（17）：8-14.

［11］ 唐浩，郑涛，黄少锋，杨国生. 考虑 Chopper 动作的双馈风电机组三相短路电流分析［J］. 电力系统自动化，2015，39（3）：76-83.

［12］ 郑涛，李娟，杨国生. 计及不同电网电压跌落程度的双馈风电机组定子电流分析［J］. 电力系统保护与控制，2015，43（1）：81-87.

5 分布式电源接入后的保护原理与配置

分布式电源的接入，使配电网从单端电源网络变为双端电源或多电源网络，在故障发生后电网提供的短路电流方向和大小均发生改变，这将对配电网的电流保护、备自投、自动重合闸等产生重要影响。本章在考虑分布式电源接入配电网方式及配电网现有保护配置现状的基础上，分析了分布式电源并网运行时对配电网短路电流的影响，结合典型配电网结构，给出了不同容量分布式电源对电流保护、备自投、自动重合闸等产生的影响，并提出解决方案。

5.1 分布式电源接入配电网的方式及要求

5.1.1 分布式电源接入配电网的方式

分布式电源接入电压等级可根据各并网点装机容量进行初步选择，宜按照，容量为8kW 以上的分布式电源接入 220V 电压等级的电网，容量为 8～400kW 的分布式电源接入 380V 电压等级电网；容量为 400kW 以上分布式电源接入 10kV（6kV）及以上电压等级电网。

目前分布式电源接入电网的方式包括直接接入和以微电网形式接入，详细介绍如下：

（1）直接接入。直接并网是当前分布式电源接入电网最主要的一种方式。根据接入点不同，各分为以下三种方式。

1）分散接入模式。该模式是一种基于用户的接入模式，主要是将小容量分布式电源接入 380V/220V 配电箱、配电室、箱变或柱上变压器低压母线。

2）专线接入模式。该模式是将容量中等的分布式电源接入变电站、开关站、配电室、箱变和环网箱 10kV（或 35kV）母线。

3）T 接接入模式。此模式是将容量中等的分布式电源接入 10～35kV 配电线路。

（2）微电网接入。

1）微电网的结构。尽管目前美国、日本、欧盟等国家及组织对于微电网给出了不同的定义，但这些定义存在基本的共同点。微电网是一种由分布式发电、储能和负荷共同组成的低压系统，可以并入大电网中运行，也可以孤岛形式独立运行；通过对微电网内部的电源进行协调控制，实现对于外部电网表现为单一的自治受控单元，可同时满足用户对电能质量和供电安全方面的要求。

2）微电网的控制方式。微电网以孤网模式运行时，由于缺少大电网电压与频率的支撑，微电网中电力电子接口的分布式电源惯性通常较小或者无惯性，使得微电网电压和频率的控制变得极其困难，需采用相应的控制策略以确保微电网电压频率维持在正常的范围以内。

目前微电网的控制方式主要有主从式和对等式两种。采取主从式控制策略的微电网设计参考大电网的结构，取某个分布式电源作为平衡节点，作为平衡节点的电源称为微电网的主控制单元，而其他提供电能的电源称为从控制单元。由于主控制单元的功能是维持频率和电压的稳定，一般采用 V/f 控制，即在控制器输入数据上只需选择出口处的实时电压与频率。从控制单元的主要功能是提供电能，因此分布式电源多采用 PQ 控制方法，保证电源功率的输出，不参与电压和频率的调节。采用对等式控制的微电网，其内部各个分布式电源共同担负着调节电压和频率的任务，各电源之间处于同等的地位，常采用分布式电源的下垂控制、虚拟同步发电机控制等。这种控制方式为不同类型的分布式电源并入微电网提供了便利，不必因为电源接入位置、负荷的大小不同而改变。

微电网由并网模式切换到孤岛模式过程中，考虑到潮流方向变化的问题，其内部分布式电源的控制方式通常需要转变，如由以输出电能为主的分布式电源将被转换为控制电压与频率为主，另外考虑到微电网内部分布式电源调节电压与频率的能力有限，必要时可以采取加入储能电源的方式。微电网的控制方式与分布式电源的控制方式是统一的。微电网的控制方式决定了其内部电源的控制方式，而微电网内部多个分布式电源控制方式组合起来共同构成了微电网的控制方式。

5.1.2 分布式电源接入配电网的主要要求

5.1.2.1 功率控制和电压调节

（1）有功功率控制。通过 10（6）～35kV 电压等级并网的分布式电源应具有有功功率调节能力，即能根据电网频率值、电网调度机构指令等信号调节电源的有功功率输出，确保分布式电源最大输出功率及功率变化率不超过电网调度机构的给定值，以确保电网故障或特殊运行方式下电力系统的稳定运行。

（2）电压/无功调节。分布式电源参与电网电压调节的方式包括调节电源的无功功率、调节无功补偿设备投入量以及调整电源变压器的变比。

通过 380V 电压等级并网的分布式电源功率因数应在 0.98（超前）～0.98（滞后）。通过 10（6）～35kV 电压等级并网的分布式电源电压调节需符合以下要求：

1）同步电机类型分布式电源接入电网应保证机端功率因数在 0.95（超前）～0.95（滞后）连续可调，并参与并网点的电压调节。

2）异步电机类型分布式电源应具备保证并网点处功率因数在 0.98（超前）～0.98

（滞后）自动调节的能力，有特殊要求时，可做适当调整以稳定电压水平。

3）变流器型分布式电源功率因数应能在 0.98（超前）～0.98（滞后）连续可调，有特殊要求时，可做适当调整以稳定电压水平。在其无功输出范围内，应具备根据并网点电压水平调节无功输出，参与电网电压调节的能力，其调节方式和参考电压、电压调差率等参数应可由电网调度机构设定。

（3）启停。分布式电源启动时需要考虑当前电网频率、电压偏差状态和本地测量的信号，当电网频率、电压偏差超出规定的正常运行范围时，电源不应启动。同步电机类型分布式电源应配置自动同期装置，启动时分布式电源与电网的电压、频率和相位偏差应在一定范围，分布式电源启动时不应引起电网电能质量超出规定范围。

5.1.2.2 电压电流与频率响应特性

（1）电压响应特性。根据 GB/T 33593《分布式电源并网技术要求》中以 380V/220V 接入配电网的分布式电源和接入用户侧的 10kV 分布式电源在并网点电压发生异常时响应特性的要求，当并网点处电压超出表 5-1 规定的电压范围时，应在相应的时间内将分布式电源从电网中切除。此要求适用于多相系统中的任何一相。

表 5-1　　　　　　　　　　　　分布式电源的电压响应时间要求

并网点电压	要求
$U<50\%U_N$	最大分闸时间不超过 0.2s
$50\%U_N{\leqslant}U<85\%U_N$	最大分闸时间不超过 2.0s
$85\%U_N{\leqslant}U<110\%U_N$	连续运行
$110\%U_N{\leqslant}U<135\%U_N$	最大分闸时间不超过 2.0s
$135\%U_N{\leqslant}U$	最大分闸时间不超过 0.2s

注　1. U_N 为分布式电源并网点的电网额定电压。
　　2. 最大分闸时间是指异常状态发生到电源停止向电网送电时间。

（2）频率响应特性。根据 GB/T 33593《分布式电源并网技术要求》中对分布式电源频率响应特性的要求，对于通过 380V 电压等级并网的分布式电源，当并网点频率超过 49.5～50.2Hz 运行时，应在 0.2s 内停止向电网送电。通过 10（6）～35kV 电压等级并网的分布式电源应具备一定的耐受系统频率异常的能力，应能够在表 5-2 所示电网频率偏离下运行。

表 5-2　　　　　　　　　　　　分布式电源的频率响应时间要求

频率范围	要求
$f<48Hz$	变流器型分布式电源根据变流器允许运行的最低频率或电网调度机构要求而定；同步电机类型、异步电机类型分布式电源每次运行时间一般不少于 60s，有特殊要求时，可在满足电网安全稳定运行的前提下做适当调整
$48Hz{\leqslant}f<49.5Hz$	每次低于 49.5Hz 时要求至少能运行 10min
$49.5Hz{\leqslant}f{\leqslant}50.2Hz$	连续运行

频率范围	要求
$50.2\text{Hz}<f\leqslant50.5\text{Hz}$	频率高于 50.2Hz 时，分布式电源应具备降低有功输出的能力，实际运行可由电网调度机构决定；此时不允许处于停运状态的分布式电源并入电网
$f>50.5\text{Hz}$	立刻终止向电网线路送电，且不允许处于停运状态的分布式电源并网

（3）过流响应特性。变流器型分布式电源应具备一定的过电流能力，在 120% 额定电流以下，变流器型分布式电源可靠工作时间不小于 1min；在 120%～150% 额定电流内，变流器型分布式电源连续可靠工作时间应不小于 10s。

（4）最大允许短路电流。分布式电源提供的短路电流不能超过一定的限定范围，考虑分布式电源提供的短路电流后，短路电流总和不允许超过公共连接点允许的短路电流。

5.1.2.3　继电保护与安全自动装置

分布式电源的保护应符合可靠性、选择性、灵敏性和速动性的要求，其技术条件应满足 GB/T 14285《继电保护和安全自动装置技术规程》、GB/T 33982《分布式电源并网继电保护技术规范》和 DL/T 584《3kV～110kV 电网继电保护装置运行整定规程》的要求。

5.1.2.4　其他

除上述三方面外，相关标准对分布式电源接入配电网的电能质量、安全、通信与信息、电能计量、并网检测等方面均做了详细规定。

5.2　分布式电源接入后对过电流保护的影响及对策

5.2.1　配电网电流保护原理及现状

我国传统的配电网多为单电源供电，供电网络呈放射性结构，继电保护配置也是基于单电源进行设计和配置，故障时只需跳开系统侧的断路器。

分布式电源的接入使配电网由传统的单电源辐射状网络变为多电源网络，直接改变系统中短路电流的方向和大小，严重的情况下可能致使保护出现误动、拒动，导致电网的故障不能准确及时的隔离，威胁配电网的正常运行。

电流保护是配电网中常见的一种保护方式，主要是将电流作为变化量来控制继电器动作。对于中低压配电网，其主要为辐射状结构，常采用电流速断保护、限时电流速断保护和定时限过电流保护等三段式电流保护作为其主后备保护。

其中，电流速断保护按最大运行方式下躲过线路末端发生三相短路的短路电流（即最大短路电流）的方法整定，无法保护线路全长；限时电流速断保护按线路末端故障时保护具有一定灵敏度且能与相邻线路的瞬时速断保护相配合的方法整定，能够保护线路全长；过电流保护按躲过线路最大负荷电流，并能与相邻线路的过电流保护配合的方法整定，不仅可以保护本线路全长，作为其近后备保护，也可以保护相邻线路全长，并作为相邻线路的远后备保护。对于不与相邻线路配合的终端馈线，为了简化其保护配置，一般采用电流速断保护和过电流保护相结合的两段式保护，其中电流速断保护按线路末端发生故障有灵敏度的方法整定，可以保护线路全长。

由于配电网 80%～90% 的故障为瞬时故障，通常采用三相一次重合闸的方式，即无论线路发生何种故障，断路器在保护装置作用下三相一起跳开，然后重合闸起动，重合断路器。该方式保证配电网瞬时性故障时，重合成功；永久性故障时，保护装置再次将断路器跳开。重合闸能使配电线路在瞬时故障切除后，自动恢复正常运行，避免线路长时间停电。

5.2.1.1　电流速断保护整定

当电源电动势一定时，短路电流的大小决定于短路点至电源间的总电抗 $X_{\sum}$（忽略电阻 R）。当系统中某一点发生三相短路和两相短路时，短路电流分别为

$$I_{\mathrm{f}}^{(3)} = \frac{E_{\mathrm{p}}}{X_{\sum}} = \frac{E_{\mathrm{p}}}{X_{\mathrm{s}} + X_{\mathrm{f}}} \tag{5-1}$$

$$I_{\mathrm{f}}^{(2)} = \frac{\sqrt{3}}{2} \times \frac{E_{\mathrm{p}}}{X_{\mathrm{s}} + X_{\mathrm{f}}} \tag{5-2}$$

式中　E_{p}——等效电源的电动势大小；

X_{s}——电源到限时电流速断保护安装点的电抗；

X_{f}——限时电流速断保护安装点与短路点之间的电抗。

在一定的系统运行方式下，E_{f} 和 X_{s} 等于常数，I_{f} 随着 X_{f} 的增大而减小。

由于瞬时电流速断保护的动作不带时限，为保证选择性，在相邻线路出口处短路时，瞬时电流速断保护不应启动，则动作电流 $I_{\mathrm{op1}}^{\mathrm{I}}$（上标 I 表示瞬时电流速断保护）应大于配电网线路末端发生短路时的最大电流 $I_{\mathrm{fBmax}}^{(3)}$，故应该在动作电流 $I_{\mathrm{op1}}^{\mathrm{I}}$ 引入一个可靠系数 $K_{\mathrm{rel}}^{\mathrm{I}}$，修正后的动作电流 $I_{\mathrm{op1}}^{\mathrm{I}}$ 为

$$I_{\mathrm{op1}}^{\mathrm{I}} = K_{\mathrm{rel}}^{\mathrm{I}} I_{\mathrm{fBmax}}^{(3)} \tag{5-3}$$

式中　$K_{\mathrm{rel}}^{\mathrm{I}}$——可靠系数，受各种误差及非周期分量影响，一般取 1.2～1.3；

$I_{\mathrm{fBmax}}^{(3)}$——最大运行方式的情况下，被保护线路发生三相短路故障时流过该线路限时速断保护安装处的最大短路电流。

瞬时电流速断保护不能保护线路全长，且保护范围受系统运行方式和故障类型的影响。电流速断保护的灵敏度，可用其最小保护范围来衡量，一般 $l_{\min}$ 不应小于线路全长的 15%～20%，可按下式计算

$$l_{\min}(\%) = \frac{1}{X_{\mathrm{L}}} \left(\frac{\sqrt{3}}{2} \frac{E_{\mathrm{p}}}{I_{\mathrm{op}}^{\mathrm{I}}} - X_{\mathrm{S.max}} \right) \tag{5-4}$$

式中　X_{L}——线路阻抗；

$X_{S.max}$——系统等效电源到保护安装处的最大电抗。

5.2.1.2 限时电流速断保护整定

由于瞬时电流速断保护不能保护线路全长，因此，可考虑用增加一段带时限的电流速断保护，来切除该线路无时限速断保护范围以外的故障，即为限时电流速断保护。

限时电流速断保护的保护范围应为本线路的全长，必须使保护范围涵盖相邻线路的部分；同时为了兼顾保护的选择性，限时电流速断保护范围不能超出相邻线路速断保护的范围。因此，限时电流速断的动作电流 I_{op1}^{II}（上标 II 表示限时电流速断保护）应按躲过相邻线路的瞬时电流速断的动作电流来整定，即

$$I_{op1}^{II} = K_{rel}^{II} I_{op2}^{I} \tag{5-5}$$

式中　K_{rel}^{II}——限时电流速断保护的可靠系数，受短路故障电流中非周期分量的衰减影响，一般取 $1.1 \sim 1.2$；

　　　I_{op2}^{I}——相邻线路瞬时电流速断的动作电流。

限时电流速断的保护范围已延伸到相邻线路，兼顾了保护的选择性，限时电流速断的动作时限 t_1^{II} 大于相邻线路速断保护的固有工作时限 t_2^{I} 一个时限阶段 Δt，则有如下等式

$$t_1^{II} = t_2^{I} + \Delta t \tag{5-6}$$

为能保护本线路的全长，限时电流速断保护应在最小运行方式下线路末端发生两相短路时，有足够的反应能力，常用灵敏系数 K_s 来衡量，即

$$K_s = \frac{I_{fBmin}^{(2)}}{I_{op1}^{II}} \geqslant 1.3 \sim 1.5 \tag{5-7}$$

式中　$I_{fBmin}^{(2)}$——最小运行方式的情况下，被保护线路末端发生两相短路故障时流过该线路保护安装处的短路电流。

如果灵敏度不满足要求，可考虑与下一线路的限时电流速断保护相配合，同时其动作时限也应比相邻线路的限时电流速断大一个 Δt，以保证选择性。

瞬时电流速断和限时电流速断联合工作，可保证全线路范围内的故障都能在 Δt 内予以切除。

5.2.1.3 定时限过电流保护整定

定时限过电流保护的特点是其动作电流只需按躲过最大负荷电流来整定，所以动作电流较小，灵敏度也较高，保护的选择性则依据不同的动作时限来实现。一般情况下，它不仅能保护本线路的全长，而且还能保护相邻线路的全长，发挥远后备的作用。

保护装置的动作电流 I_{op1}^{III} 可整定为

$$I_{op1}^{III} = \frac{K_{rel} K_{st}}{K_{re}} I_{L.max} \tag{5-8}$$

式中　K_{rel}——可靠系数，取值范围为 $1.15 \sim 1.25$；

　　　K_{st}——自启动系数其大小由系统的接线形式和系统中负荷类型决定，数值一般大

于 1，通常取为 1.1；

K_{re}——返回系数，一般取 0.85。

过电流保护除可作为本线路全长的主保护或作近后备外，还要作为相邻线路的远后备保护，其灵敏系数的校验可采用下式

$$K_s = \frac{I_{fmin}^{(2)}}{I_{op1}^{III}} \tag{5-9}$$

当过电流作为本线路近后备和主保护时，$I_{fmin}^{(2)}$ 应采用最小运行方式下本线路末端两相短路时的短路电流进行计算，要求 $K_s \geqslant 1.3 \sim 1.5$；当作为相邻线路的远后备时，$I_{fmin}^{(2)}$ 应取最小运行方式下相邻线路末端两相短路时的短路电流进行计算，要求 $K_s \geqslant 1.2$。

5.2.2 分布式电源接入对电流保护的影响及对策

5.2.2.1 分布式电源接入 10kV 配电网的仿真模型

用 PSCAD 仿真软件搭建含分布式电源的配电网仿真模型，其接线图如图 5-1 所示，系统参数与第 4 章中参数一致，分布式电源 Microsource1 容量为 5MW。

5.2.2.2 变流器型分布式电源接入对电流保护的影响及对策

（1）变流器型分布式电源接入对 10kV 配电网保护的影响。变流器型分布式电源接入容量的约束条件主要包括：①线路末端故障时，由于分布式光伏电源以 T 接方式接入减小了其上级流过的故障电流，但上级线路或变压器所配置电流速断保护仍要保证其能可靠动作；同时，T 接接入的分布式电源也增大了其下级流过的故障电流，但不应因故障电流增大使本段电流保护的保护范围超越。②若相邻线路发生故障，分布式电源提供的反向电流不应使分布式电源所在线路的电流保护动作。

分布式电源接入配电网后，现有保护的选择性、灵敏性、可靠性都会受到影响。下述以分布式光伏电源为例，针对不同接入位置对保护适应性进行详细分析。

分布式光伏电源 T 接配电网馈线上的情况。馈线非末端某母线带变流器型分布式电源如图 5-2 所示，当系统中未接入分布式光伏电源时，K_1 处发生故障，保护 3 动作切除故障，故障点下级无电源，因此切除的实际馈线是 AD 段；当分布式光伏电源通过开关 T 接到馈线 B 处，K_1 处发生故障时，若只有保护 3 动作，由于分布式光伏电源的存在，将使得馈线 BD 段变为孤岛运行，而由于开关 B 与故障点之间无保护装置，因此分布式光伏电源始终给故障点提供短路电流，最终分布式光伏电源自身的保护装置将动作，退出电网，馈线 T 接入分布式电源故障电流示意如图 5-3 所示。

当 K_2 处发生故障时，分布式光伏电源会对保护 2 流过的故障电流起到一定的助增作用，会延长保护 2 的电流速断保护的保护范围，但如果延伸到 CD 段馈线上，将会与保护 1 失去配合，无法保证选择性。对于保护 2、3 的限时电流速断保护配合，也会出现上述问题。同时分布式光伏电源还会对保护 3 流过的电流起到一定的削弱作用，因此当 K_2

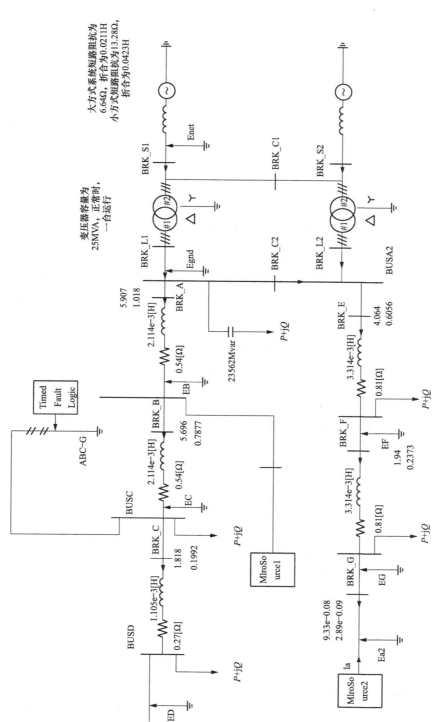

大方式系统短路阻抗为
6.64Ω, 折合为0.0211H
小方式短路阻抗为13.28Ω,
折合为0.0423H

变压器容量为
25MVA, 正常时,
一台运行

图 5-1 含分布式电源的配电网仿真网络接线图

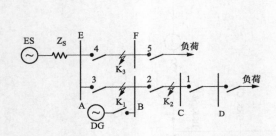

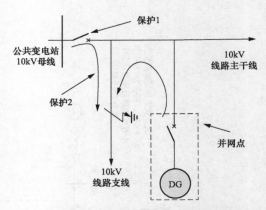

图 5-2　馈线非末端某母线带变流器型分布式电源　　图 5-3　馈线 T 接入分布式电源故障电流示意

处发生故障时，保护 3 流过的电流会减小，保护范围会缩短，严重情况下，保护 3 的限时电流速断保护将不能作为下级相邻馈线的后备保护。

采用图 5-1 的含分布式电源的配网仿真模型进行仿真，详细分析变流器型分布式电源接入后电网短路电流变化特性及其对电流保护的影响。K_2 点发生故障时，不同容量的分布式电源对故障电流和母线电压的影响见表 5-3。其中 U_A 为母线 A 上的电压，U_B 为 T 接入分布式电源的出口电压。I_{AB}、I_{BC} 分别为流过馈线 AB、BC 段上的电流。U_D 为故障点的电压，故障电阻为 0.5Ω。I_D 为分布式电源提供的故障电流。以上数值均为有效值。

表 5-3　　　　　　　　　不同容量的分布式电源对故障电流和母线电压的影响

S_{DG} (MW)	U_A (kV)	U_B (kV)	U_D (kV)	I_{AB} (kA)	I_{BC} (kA)	I_D (kA)
0	4.948	2.027	1.054	2.221	2.221	—
6	5.031	3.264	1.168	2.024	2.452	0.527
10	5.041	3.32	1.226	1.885	2.574	0.874
14	5.183	3.343	1.28	1.776	2.683	1.22
20	5.194	3.818	1.348	1.634	2.832	1.73

如图 5-2 所示，馈线 AC 全长 4km。未接分布式电源时，K_2 处发生两相短路故障时，馈线 AB 段故障电流为 2.21kA，如图 5-4 所示；接入分布式电源时，K_2 处发生两相短路故障时，馈线 AB 段故障电流为 1.924kA，如图 5-5。在此种情况下，电流较原来的值减小了 12.9%。

在金属性接地故障时，故障点在 K_2 处，馈线 B 处 T 接入不同容量的分布式电源，考虑接入后对下级电流保护的影响和上级电流保护的影响，如表 5-4 所示。

图 5-6 表明，分布式光伏电源容量与提供的短路电流呈正相关，但该电流小于系统提供的故障电流。

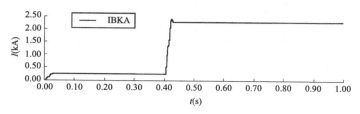

图 5-4　未接分布式电源时流过馈线 AC 的故障电流

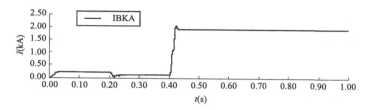

图 5-5　接入分布式电源时流过馈线 AC 的故障电流

表 5-4　　不同容量的分布式光伏电源对金属性接地时故障电流和母线电压的影响

S_{DG}/S_N	S_{DG}（MW）	I_{DG}（kA）	I_{AB}（kA）	I_{BC}（kA）	U_{BUSA}（kV）
0	0	0	2.647	2.647	4.961
10%	2.5	0.216	2.582	2.725	4.974
20%	5	0.433	2.522	2.802	4.985
24%	6	0.519	2.501	2.832	4.989
25%	6.25	0.541	2.496	2.840	4.990
30%	7.5	0.649	2.471	2.876	4.994
40%	10	0.866	2.426	2.876	4.999
50%	12.5	1.082	2.390	3.011	5.002
60%	15	1.300	2.339	3.067	4.912
70%	17.5	1.516	2.321	3.124	4.908
80%	20	1.735	2.314	3.178	4.900
90%	22.5	1.655	2.317	3.227	4.889
100%	25	1.674	2.327	3.280	4.880

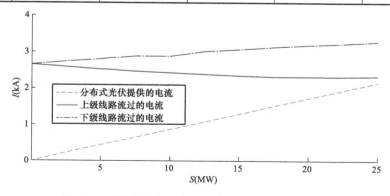

图 5-6　不同容量分布式电源接入对故障电流的影响

不同容量比分布式电源接入对故障电流变化率的影响如图 5-7 所示，可见分布式光伏电源占配电变压器容量 40％时，对下级馈线提供了 10％左右的助增电流，而减少上级馈线 10％以上的故障电流。

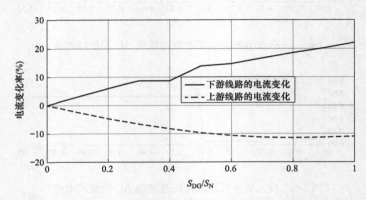

图 5-7　不同容量比分布式电源接入对故障电流变化率的影响

若图 5-2 相邻馈线 EF 上的 K_3 处发生故障，由于分布式电源接入，分布式电源将向故障点提供短路电流，馈线 AB 保护有反向故障电流流过，若反向电流足够大，而且保护 3 未装方向元件，保护可能误动，使分布式电源所在馈线无故障跳闸。

故障点在相邻馈线的末端，本馈线 T 接入不同容量的分布式电源，此电流为分布式光伏电源提供的邻近馈线末端的故障电流，如图 5-8 所示。对应着分布式光伏电源提供邻近馈线故障电流的最小值，如表 5-5 所示。

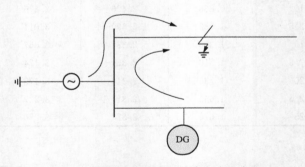

图 5-8　相邻馈线故障时故障电流示意图

表 5-5　　　邻线 EF 故障时不同容量分布式光伏对故障电流和母线电压的影响

S_{DG}/S_N	S_{DG}（MW）	I_{AB}（kA）	I_{BC}（kA）	I_{DG}（kA）	I_{EF}（kA）	U_{BUSA}（kV）
0	0	0.408	0.408	0	−16	4.385
10％	2.5	0.229	0.423	0.198	3.026	4.414
20％	5	0.075	0.436	0.376	3.046	4.444
30％	7.5	0.112	0.448	0.549	3.061	4.466
40％	10	0.252	0.460	0.708	3.076	4.488

S_{DG}/S_N	S_{DG} (MW)	I_{AB} (kA)	I_{BC} (kA)	I_{DG} (kA)	I_{EF} (kA)	U_{BUSA} (kV)
50%	12.5	0.396	0.470	0.863	3.086	4.502
60%	15	0.539	0.479	1.016	3.091	4.510
70%	17.5	0.676	0.487	1.160	3.094	4.514
80%	20	0.816	0.492	1.305	3.095	4.517
90%	22.5	0.953	0.488	1.439	3.096	4.517
100%	25	1.091	0.484	1.573	3.090	4.507

相邻馈线 EF 母线 K_3 处发生故障，且接地电阻很小，则故障电流为分布式光伏电流的最大输出电流。其输出故障电流 I_{DG} 约为负荷电流 I_N 的 1.5 倍，此电流对应分布式光伏电源提供的最大故障电流，如表 5-6 所示。

表 5-6   不同容量的分布式电源接入对故障电流的影响

S_{DG}/S_N	S_{DG} (MW)	I_N (kA)	I_{DG} (kA)
0	0	0.0	0.0
10%	2.5	0.144	0.217
20%	5	0.289	0.433
30%	7.5	0.433	0.650
40%	10	0.577	0.866
50%	12.5	0.722	1.083
60%	15	0.866	1.299
70%	17.5	1.010	1.516
80%	20	1.155	1.732
90%	22.5	1.299	1.949
100%	25	1.443	2.165

考虑接入后本级馈线反方向电流是否会导致保护误动，对比最大分布式光伏对应的最大故障电流、最小故障电流和保护整定值的关系，如图 5-9 所示。

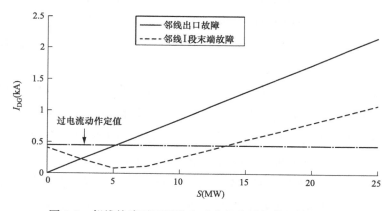

图 5-9   邻线故障时不同分布式光伏容量提供的故障电流

图 5-9 中虚线表示电网电源提供的电流。随着分布式光伏电源的功率增加，电源提供的电流由大到小。随着分布式光伏电源的功率继续增加，电流方向发生变化，电流由小变大，分布式光伏电源提供故障电流。

根据仿真模型，测得馈线末端三相短路电流为 4.339kA。根据电流速断保护的整定规则，本级速断的定值为馈线末端三相短路电流再乘以可靠系数，为

$$I^{\text{I}}_{\text{SET}} = 1.2 \times 4.339 \approx 5.207 \text{(kA)} \tag{5-10}$$

根据前述仿真结果（表 5-5、表 5-6），分布式光伏接入容量占 100% 的配电变压器容量时，提供的最大故障电流为 2.165A，约为动作定值的一半，I 段速断不会误动。

根据限时电流速断保护的整定规则，本限时电流速断的动作电流（上标 II 表示限时电流速断保护）应按躲过相邻线路的瞬时电流速断的动作电流来整定，为

$$I^{\text{II}}_{\text{SET}} = 1.1 \times 1.2 \times 2.647 \approx 3.494 \text{(kA)} \tag{5-11}$$

根据前述仿真结果，此时 II 段不会动作。

而 III 段的定值以负荷电流为基准，此时本馈线负荷为 6MW，额定电流为 $I_{\text{N}} = P_{\text{L}}/(\sqrt{3} \times 10) = 0.346\text{kA}$。若灵敏系数取 1.3，则 III 段过电流定值为 0.45kA。

$$I^{\text{III}}_{\text{SET}} = 1.3 \times 0.346 \approx 0.45 \text{(kA)} \tag{5-12}$$

如图 5-9 所示，在分布式光伏容量大于 5MW 时，在邻线出口故障时，分布式光伏提供的故障电流可能大于 III 段定值，但是 III 动作时限长，若分布式光伏电源在故障后的一定时间内闭锁，可以从时间上避免误动作。

若本回线的馈线长度较长，本级电流速断及限时电流速断的定值较小，而分布式光伏电源提供的故障电流接近定值时，可能引起保护误动。

（2）变流器型分布式电源接入后 10kV 配电网保护的策略。通过分析不同故障情况下变流器型分布式光伏电源对系统各保护安装处流过电流的影响，并与配电网现有的整定原则比较，可以得出如下结论：

1）分布式光伏电源下级馈线故障时，分布式光伏电源供出的助增电流可能会使其下级保护的保护灵敏性增加，保护范围扩大；同时会导致分布式光伏电源上级保护的保护灵敏性降低，保护范围缩短，但影响较小。分布式光伏容量占配电变压器容量 40% 时，对故障电流大小的影响为 10% 左右。

分布式光伏电源上级馈线故障时，希望故障馈线的两侧均断开以切除故障。但分布式光伏电源供出的电流并不能使其上级的电流速断保护快速动作隔离故障点。因此，在分布式光伏电源上级发生故障时，需要考虑在公共连接点处安装具备电压、电流保护功能的开关，能脱离电网，且可采用分段切除分布式光伏电源的策略。

2）其他馈线发生瞬时性故障时，分布式光伏电源不会对该馈线的自动重合闸和保护装置产生不利的影响。其他馈线发生永久性故障时，对于分布式光伏电源所在馈线的上级保护而言，在分布式光伏电源容量小于配电变压器容量条件下，分布式光伏电源向上

级供出的故障电流不会引起上级限时电流速断和定时限过电流保护的误动作；在分布式光伏电源容量大于配电变压器容量条件下，分布式光伏电源向上级供出的故障电流可能会引起上级限时电流速断和定时限过电流保护的误动作，此时需要考虑加设方向元件以防止误动作。

3）另外，随着分布式光伏电源大量接入配电网，导致现有的三段式电流保护配合自动重合闸的保护方案难以满足要求时，个别可考虑采用距离保护或纵差保护等其他保护原理。

5.2.2.3 旋转电机型分布式电源接入对电流保护的影响及对策

（1）旋转电机型分布式电源接入对 10kV 配电网保护的影响。

分布式电源接在配电网馈线非末端某母线上的情况。馈线非末端母线带旋转电机型分布式电源的分析图如图 5-10 所示，当 K_1 处发生故障时，分布式电源始终给故障点 K_1 提供短路电流，情况与变流器型分布式电源类似。

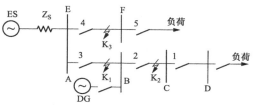

图 5-10　馈线非末端母线带旋转
电机型分布式电源的分析图

当 K_2 处发生故障时，分布式电源会对保护 2 流过的故障电流起到一定的助增作用。同时分布式电源还会对保护 3 流过的电流起到一定的削弱作用，分析过程与变流器型分布式电源接入后的故障分析过程类似。

采用图 5-1 的模型进行仿真，详细分析旋转电机型分布式电源接入后电网短路电流变化特性及其对电流保护的影响。在发生金属性接地故障时，故障点在 K_2 处，分布式电源通过开关 T 接馈线 B 处，考虑接入后对下级电流保护的影响和上级电流保护的影响，如表 5-7 所示。图 5-11 表明，旋转电机型分布式电源容量与提供的短路电流呈正相关。

表 5-7　　不同容量分布式电源接入对故障电流和母线电压的影响

S_{DG}/S_N	S_{DG} (MW)	I_{DG} (kA)	I_{AB} (kA)	I_{BC} (kA)	U_{BUSA} (kV)
0	0	0	2.680	2.680	4.963
10%	2.5	1.028	2.16	3.143	5.259
20%	5	1.872	1.755	3.624	5.384
24%	6	2.162	1.643	3.796	5.446
30%	7.5	2.583	1.566	4.149	5.49
40%	10	2.937	1.278	4.211	5.547
50%	12.5	3.299	1.12	4.375	5.565
60%	15	3.743	1.085	4.711	5.573
70%	17.5	4.014	1.03	4.818	5.577
80%	20	4.254	1.021	4.901	5.571
90%	22.5	4.472	1.051	4.966	5.558
100%	25	4.674	1.112	5.020	5.540

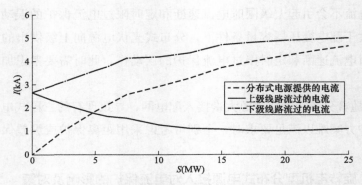

图 5-11　不同容量分布式电源接入对故障电流的影响

不同容量比分布式电源接入对故障电流变化率的影响如图 5-12 所示，可见分布式电源占配电变压器容量 20% 时，对下级馈线提供了 40% 左右的助增电流，而将减小上级馈线 40% 以上的故障电流。

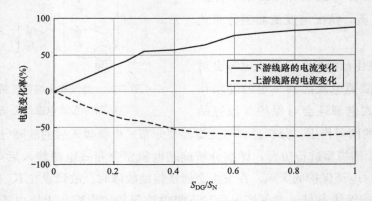

图 5-12　不同容量比分布式电源接入对故障电流变化率的影响

若相邻馈线 EF 的 K_3 处发生故障，由于分布式电源接入，分布式电源将向故障点提供短路电流，馈线 AB 保护 3 有反向故障电流流过，若反向电流足够大，而且保护 3 未装方向元件，保护可能误动，使分布式电源所在馈线无故障跳闸。

故障点 K_3 在相邻馈线 EF 的末端时，馈线 B 处 T 接入的分布式电源提供的故障电流，如表 5-8 所示，对应着分布式电源提供邻近馈线故障电流的最小值。

表 5-8　　　　　邻线故障时分布式电源接入对故障电流和母线电压的影响

S_{DG}/S_N	S_{DG}（MW）	I_{AB}（kA）	I_{BC}（kA）	I_{DG}（kA）	I_{EF}（kA）	U_{BUSA}（kV）
0	0	0.437	0.437	0	3.217	4.688
10%	2.5	0.202	0.426	0.452	3.292	4.822
20%	5	0.376	0.424	0.777	3.32	4.822
25%	6	0.46	0.427	0.848	3.344	4.893
30%	7.5	0.559	0.426	0.952	3.347	4.900

S_{DG}/S_N	S_{DG} (MW)	I_{AB} (kA)	I_{BC} (kA)	I_{DG} (kA)	I_{EF} (kA)	U_{BUSA} (kV)
40%	10	0.711	0.426	1.128	3.343	4.893
50%	12.5	0.847	0.426	1.269	3.336	4.885
60%	15	0.982	0.426	1.408	3.323	4.866
70%	17.5	1.111	0.427	1.537	3.309	4.845
80%	20	1.248	0.427	1.675	3.29	4.818
90%	22.5	1.38	0.427	1.806	3.272	4.791
100%	25	1.51	0.428	1.936	3.253	4.763

故障点 K_3 在相邻馈线 EF 的始端时，且接地电阻很小，则故障电流为分布式电源的最大输出电流。其故障输出电流 I_{DG} 约为额定电流 I_N 的 3 倍以上，此电流对应分布式电源提供的最大故障电流，如表 5-9 所示。

表 5-9　　　　　　　不同容量的分布式电源接入对故障电流的影响

S_{DG}/S_N	S_{DG} (MW)	I_N (kA)	I_{DG} (kA)
0	0	0.0	0
10%	2.5	0.144	1.028
20%	5	0.289	1.872
25%	6	0.347	2.162
30%	7.5	0.433	2.583
40%	10	0.577	2.937
50%	12.5	0.722	3.299
60%	15	0.866	3.743
70%	17.5	1.010	4.014
80%	20	1.155	4.254
90%	22.5	1.299	4.472
100%	25	1.443	4.674

考虑分布式电源接入后本级馈线反方向电流是否会导致保护误动，对比最大分布式电源对应的最大故障电流、最小故障电流和保护整定值的关系，如图 5-13 所示。

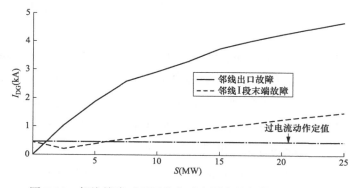

图 5-13　邻线故障时不同分布式电源容量提供的故障电流

图 5-13 中虚线表示邻线Ⅰ段末端故障流过本回线的电流。随着分布式电源的容量增加，系统电源提供的电流由大到小，分布式电源提供故障电流由小到大。

根据仿真模型，测得馈线末端三相短路电流的值为 4.339kA。根据电流速断保护的整定规则，本级速断的定值为馈线末端三相短路电流的值再乘以可靠系数，计算式为

$$I^{\mathrm{I}}_{\mathrm{SET}} = 1.2 \times 4.339 \approx 5.207 (\mathrm{kA}) \tag{5-13}$$

根据前述仿真结果（如表 5-7～表 5-9 所示），分布式电源接入容量占 100％的配电变压器容量时，提供的最大故障电流为 4.674kA，小于动作定值，Ⅰ段速断不会误动。

根据限时电流速断保护的整定规则，本限时电流速断的动作电流（上标Ⅱ表示限时电流速断保护）应按躲过相邻线路的瞬时电流速断的动作电流来整定，计算式为

$$I^{\mathrm{II}}_{\mathrm{SET}} = 1.1 \times 1.2 \times 2.647 \approx 3.494 (\mathrm{kA}) \tag{5-14}$$

根据前述仿真结果，在分布式电源接入容量占 55％左右的配电变压器容量时，提供的最大故障电流可能达到Ⅱ段动作定值，Ⅱ段可能动作。

而Ⅲ段的定值以负荷电流为基准，此时本馈线负荷为 6MW，额定电流为 $I_{\mathrm{N}} = P_{\mathrm{L}}/(\sqrt{3} \times 10) = 0.346\mathrm{kA}$。若灵敏系数取 1.3，则Ⅲ段过电流定值为 0.45kA。

$$I^{\mathrm{III}}_{\mathrm{SET}} = 1.3 \times 0.346 \approx 0.45 (\mathrm{kA}) \tag{5-15}$$

如图 5-13 所示，在分布式电源容量大于 5％的配电变压器容量时，在邻线出口故障时，分布式电源提供的故障电流可能大于Ⅲ段定值，但是Ⅲ段动作时限长，若分布式电源在故障后的一定时间内闭锁，可以从时间上避免误动作。

若本回线的馈线长度较长，本级电流速断及限时电流速断的定值较小，而分布式电源提供的故障电流接近定值时，可能引起保护误动。

（2）旋转电机型分布式电源接入后 10kV 配电网保护的对策。

1）分布式电源下级馈线故障时，旋转电机型分布式电源供出的助增电流可能会使其下级保护的保护灵敏性增加，保护范围扩大；同时会导致分布式电源上级保护的保护灵敏性降低，保护范围缩短，总体影响较大。如旋转电机型分布式电源容量占配电变压器容量 20％时，对故障电流大小的影响为 40％左右。可在分布式电源并网点加装限流器，在区外故障时限制其对馈线电流保护的不利影响；在分布式电源公共连接点加装联跳的开关。

分布式电源上级馈线故障时，希望故障馈线的两侧均断开以切除故障。但旋转电机型分布式电源供出的电流并不能使其上级的电流速断保护快速动作隔离故障点。旋转电机型分布式电源容量达到配电变压器额定容量的 55％左右时，能使其上级的电流限时速断动作。因此，在旋转电机型分布式电源上级发生故障时，需要考虑在公共连接点处安装具备电压、电流保护功能的开关，助其脱离电网。

2）其他馈线发生故障时，对于分布式电源所在馈线的上级保护而言，在旋转电机型分布式电源容量小于配电变压器容量的条件下，分布式电源向上级供出的故障电流不会

引起上级限时电流速断的误动作；旋转电机型分布式电源容量小于配电变压器容量 55％ 的条件下，分布式电源向上级供出的故障电流不会引起上级定时限过流保护的误动作；在旋转电机型分布式电源容量大于配电变压器容量条件下，分布式电源向上级供出的故障电流有可能会引起上级限时电流速断的误动作，此时需要考虑加设方向元件以防止误动作。

3）另外，随着旋转电机型分布式电源大量接入配电网，导致现有的三段式电流保护配合自动重合闸的保护方案难以满足要求时，个别可考虑采用距离保护或是纵差保护等其他保护原理。

5.3 分布式电源接入后对备自投的影响及对策

5.3.1 备自投原理及现状

电力系统中，因为故障或其他原因导致工作电源断开以后，将备用电源、备用设备或其他电源自动地迅速地投入工作，令用户能尽快恢复供电的自动控制装置，称为备用电源自动投入装置（简称备自投装置）。随着电网规模不断地扩大，电网结构日趋复杂，供电可靠性的要求也越来越高，备自投装置在发电厂及 110、35kV 和 10kV 变电站得到广泛应用。

随着电网的不断发展，以生物质能发电、风力发电、太阳能发电等分布式电源正在不断地接入电网中，在失去主供电源后，不允许孤岛运行时，应快速切除分布式电源，以保证备自投装置正确动作，使电网恢复到原始状态，从而保证电网设备的正常运行，但也引出了分布式电源的切除与备自投动作的时限配合等问题。

（1）备自投原理。备自投的工作原理可简述为：当工作线路失压时（非 TV 断线造成），若备用电源正常，则先跳开与原工作电源相连接的断路器，再合上工作线路与备用电源相连的断路器。

（2）备自投装置投入应满足的要求。

1）应保证在工作电源或故障设备断开后，才投入备用电源或设备；

2）工作电源或设备上的电压，不论因任何原因消失时，自动投入装置均应动作；

3）自动投入装置应保证只动作一次。

（3）备自投的主要投入方式。备自投装置一次接线方式较多，有多种运行方式，如分段自投方式、桥自投方式、闭接点自投方式、进线互投方式、进线分段备投方式、变压器互投方式及其他复杂方式。通过归结基本方式，可分为分段备自投、进线备自投、变压器备自投三类。

分段备自投是指两段母线正常时均投入，分段断路器断开，两段母线互为备用，当一段母线因电源进线故障造成母线失去电压时，备自投动作将分段断路器自动投入。

进线备自投是指在两路电源都正常时，一路电源断路器和母联断路器接通，而另一路电源断路器断开，此时负荷由一路电源供电；在一路电源不正常时，断开一路电源断路器，备自投动作将合上另一路电源断路器和母联断路器。

变压器备自投是指接入母线的两台变压器，正常时一台工作、一台备用，当工作变压器因故障跳闸造成母线失去电压时，备自投动作将备用变压器自动投入。

变电站一次接线方式较多，复杂备自投方式均可由两种备自投方式组合：①变压器备自投方式及低压分段开关自投方式；②进线备自投方式及高压分段开关备自投。

分段备自投、进线备自投、变压器备自投接线如图 5-14 所示。

（4）备自投的逻辑分析。

备自投的行为逻辑分为 4 个进程：

1）备自投充电。当工作电源运行在正常供电状态、备用电源工作在热备用状态（明备用），或两者均在正常供电状态（暗备用）时，备自投装置根据所采集的电压、电流及开关位置信号来判断一次设备是否处于这一状态，经过 10～15s 延时后，完成充电过程。

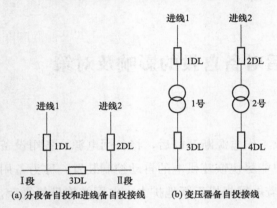

图 5-14 备自投接线

2）备自投放电。当备自投退出运行，工作断路器由人为操作跳开，备用断路器不在备用状态，断路器拒跳、拒合，备用对象故障等不允许备自投动作的情况下，将备自投放电，使其行为终止。

3）备自投充电后，满足其启动条件，经或不经延时执行其跳闸逻辑（可能断路器已跳开），跳闸对象可能有多个。

4）备自投执行完跳闸逻辑后，满足其合闸条件，经或不经延时执行其合闸逻辑，合闸对象也可能有多个。

5.3.2 分布式电源接入对变电站备自投的影响及对策

5.3.2.1 变流器型分布式电源接入对变电站备自投的影响及对策

（1）变流器型分布式电源接入后对变电站备自投的影响。DG 通过 10kV 侧 Ⅰ 母接入变电站，110/10kV 终端变典型接线如图 5-15，现分两种情况来分析 DG 接入对备自投时延的影响。在分析 DG 接入对备自投时延的影响时，对不同的备自投接线方式（分段自投、进线备自投、变压器备自投）下分析过程类似。因此，本节只针对进线备自投进行分析。运行方式为：进线 L_1 运行，进线 L_2 备用，即 QF_1，QF_3 在合位，QF_2 在分位。

1）QF$_1$ 对侧开关无重合闸功能。一旦电源进线故障，对侧保护动作，造成Ⅰ母失去工作电源，备用电源装置应迅速启动，跳 QF$_1$ 后合 QF$_2$，恢复对用户的供电。但由于 DG 的接入，在系统电源突然消失后，DG 与Ⅰ母及Ⅱ母形成局部短时孤岛，由于 DG 的存在，导致Ⅰ母及Ⅱ母上仍有电压，备自投因检无压启动条件不满足而无法投入，需等到 DG 失稳后由变电站的稳控装置将其切除方可投入。故 DG 的接入延长了备自投的启动时间。

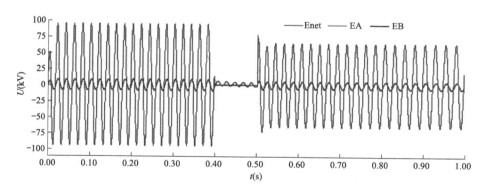

2）QF$_1$ 对侧开关有重合闸功能。当 DG 未接入时，若系统电源进线发生瞬时性故障，QF$_1$ 对侧开关跳开后经延时检无压重合，备自投无需投入即可恢复供电。若系统电源进线发生永久性故障，开关重合后再次跳开，此时备自投才可投入。故备自投装置需经延时躲过对侧开关重合闸时间，此时限较长。

下面分析变流器型分布式电源的故障特性对备自投的影响，在此基础上，提出解决变流器型分布式电源接入后变电站备自投装置快速投入的方法。采用图 5-1 的仿真模型进行分析，仿真条件为：终端变压器容量为 11MVA，分布式光伏电源 6MW 经专线接入 10kV 母线。高压侧 110kV 三相接地，故障 100ms 后跳开。Enet 为高压侧电压，EA 为母线电压，EB 为分布式光伏电源并网点电压。此时故障切除后的恢复电压为额定值的 70%，如图 5-16 所示。专线接入 2MW 时，此时故障切除后的恢复电压为额定值的 30% 左右，如图 5-17 所示。

图 5-16　6MW 专线接入时故障切除后的高压侧恢复电压

在不同分布式电源接入容量条件，故障切除后，专线接入和 T 接接入两种情况下变压器母线恢复电压 U_{BUSA} 分别如表 5-10、表 5-11 所示。低压侧总负荷 S_L 为 11MW。表 5-11 中，T 接接入的变流器型分布式电源位置距离母线 C 为 1km。

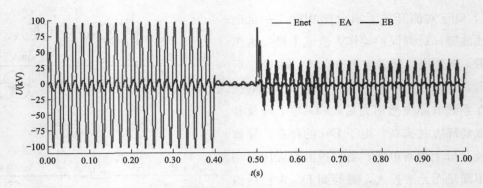

图 5-17   2MW 专线接入时故障切除后的高压侧恢复电压

表 5-10   分布式光伏电源专线接入情况下对变压器母线恢复电压的影响

DG 位置	S_{DG} (MW)	S_{DG}/S_L	U_{BUSA}	额定值比率
专线	0	0	0	0
专线	2.5	22.73%	1.63	28.23%
专线	5	45.45%	3.223	55.82%
专线	6	54.55%	3.825	66.25%
专线	6.25	56.82%	3.901	67.57%
专线	7.5	68.18%	4.275	74.04%
专线	10	90.91%	4.933	85.44%
专线	11	100	5.177	89.67%

表 5-11   分布式光伏电源 T 接入情况下对变压器母线恢复电压的影响

DG 位置	S_{DG} (MW)	S_{DG}/S_L	U_{BUSA}	额定值比率
T 接	0	0	0	0
T 接	2.5	22.73%	1.433	24.82%
T 接	5	45.45%	2.856	49.47%
T 接	6	54.55%	3.412	59.10%
T 接	6.25	56.82%	3.554	61.56%
T 接	7.5	68.18%	3.909	67.70%
T 接	10	90.91%	4.713	81.63%
T 接	11	100%	5.67	98.20%

　　分布式光伏电源接入时高压侧恢复电压的百分比如图 5-18 所示，分布式光伏电源的容量与配电变压器容量的比率为横坐标，对应纵坐标为支撑电压占额定电压的百分比。在分布式光伏容量小于配电变压器容量的 90% 时，相同容量的分布式光伏电源专线接入的影响稍大于 T 接的影响。随着分布式光伏电源容量增大到一定值时，如 20% 配电变压器容量时，提供的恢复电压达到额定电压的 20% 左右，此为检无压的门槛，将影响备自投检无压的判据动作。而当分布式光伏电源容量增大至 70% 配电变压器容量时，提供的恢复电压达到额定电压的 70% 左右，已达到有压的判别条件，此时分布式电源需检同期并入电网。

（2）变流器型分布式电源接入后变电站备自投的对策。由于变流器型分布式电源的接入，对备自投有较大影响，可能延长备自投的启动时间，此时需根据变流器型分布式电源接入容量制定相应的控制策略。

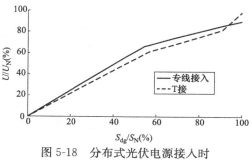

图 5-18　分布式光伏电源接入时
高压侧恢复电压的百分比

1）在变流器型分布式电源容量小于配电变压器容量 20％时，配电网不需调整原有策略。

2）在变流器型分布式电源容量大于配电变压器容量 20％而小于配电变压器容量 70％时，需协调变流器型分布式电源自动闭锁时间，如在公共连接点装设解列装置。

为缩短备自投的动作时间，可将原进线线路保护改造为全线速动的光纤纵差保护，保护出口同时联跳变流器型分布式电源接入开关；也可在系统电源进线接入开关处加装具备方向电流（距离）保护和识别对侧开关误跳等功能的监控装置，该装置动作出口同时联跳变流器型分布式电源接入开关。

若变流器型分布式电源端已安装故障解列装置，由该装置切除分布式电源。备自投动作时间应与故障解列装置动作时间配合，确保备自投可靠动作。若变流器型分布式电源的电源端未安装故障解列装置，由备自投切除分布式电源。

3）在变流器型分布式电源容量大于配电变压器容量 70％时，根据调度部门对电网运行方式安排，可允许分布式电源短时孤岛运行，同时需协调变流器分布式电源检同期并入电网。

5.3.2.2　旋转电机型分布式电源接入对变电站备自投的影响及对策

（1）旋转电机型分布式电源接入后对变电站备自投的影响。采用图 5-1 的仿真模型进行分析，仿真条件为：终端变压器容量为 11MVA，6MW 旋转电机型分布式电源经专线接入 10kV 母线。高压侧 110kV 三相接地，故障 100ms 后跳开。

在不同分布式电源接入容量条件，故障切除后，专线接入和 T 接接入两种情况下变压器母线恢复电压 U_{BUSA} 分别如表 5-12、表 5-13 所示。低压侧总负荷为 11MW。表 5-13 中，旋转电机型分布式电源位置距离馈线 C 处 1km 位置。

表 5-12　　　旋转电机型分布式电源专线接入对变压器母线恢复电压的影响

DG 位置	S_{DG}（MW）	S_{DG}/S_L	U_{BUSA}	额定值比率
4，专线接	0	0	0	0
4，专线接	2.5	22.73％	2.383	41.27％
4，专线接	5	45.45％	3.438	59.55％
4，专线接	6	54.55％	3.629	62.85％
4，专线接	7.5	68.18％	4.043	70.02％

DG 位置	S_{DG}（MW）	S_{DG}/S_L	U_{BUSA}	额定值比率
4，专线接	10	90.91%	5.154	89.26%
4，专线接	11	100%	5.774	100%

表 5-13　　　　旋转电机型分布式电源 T 接入对变压器母线恢复电压的影响

DG 位置	S_{DG}（MW）	S_{DG}/S_L	U_{BUSA}	额定值比率
T 接	0	0	0	0
T 接	2.5	22.73%	2.248	38.94%
T 接	5	45.45%	3.273	56.69%
T 接	6	54.55%	3.461	59.94%
T 接	7.5	68.18%	3.872	67.06%
T 接	10	90.91%	4.965	86%
T 接	11	100%	5.600	97%

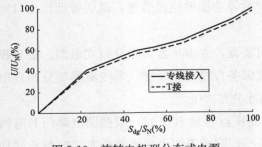

图 5-19　旋转电机型分布式电源
接入时高压侧恢复电压的百分比

旋转电机型分布式电源接入时高压侧恢复电压的百分比如图 5-19 所示，旋转电机型分布式电源的容量与配电变压器容量的比率为横坐标，对应纵坐标为支撑电压占额定电压的百分比。相同容量的旋转电机型分布式电源专线接入的影响稍大于 T 接的影响，但规律基本相同。随着分布式电源容量增大到一定值时，如 15% 配电变压器容量时，提供的恢复电压达到额定电压的 20% 左右，此为检无压的门槛，将影响备自投检无压的判据动作。而当分布式电源容量增大至 70% 配电变压器容量时，提供的恢复电压达到额定电压的 70% 左右，已达到有压的判别条件，此时分布式电源需检同期并入电网。

（2）旋转电机型分布式电源接入后变电站备自投的对策。由于旋转电机型分布式电源的接入，可能延长备自投的启动时间。此时需根据旋转电机型分布式电源接入容量制定相应的控制策略，但由于旋转电机型分布式电源的暂态特性异于变流器型分布式电源，其控制策略也有所差别。

1）在旋转电机型分布式电源容量小于配电变压器容量 15% 时，配电网侧备自投不需调整原有策略。在用户侧，区外故障，允许孤岛运行时，需在公共连接点安装低压、低周等保护，自动断开公共连接点的开关；不允许孤岛运行时，断开分布式电源并网点开关。

2）在旋转电机型分布式电源容量大于配电变压器容量 15% 而小于配电变压器容量 70% 时，需协调旋转电机型分布式电源自动闭锁时间。对于专线接入的分布式电源，需要联跳分布式电源；对于在用户侧 T 接入的分布式电源，允许孤岛运行时，联跳公共连接点开关；不允许孤岛运行时，联跳分布式电源；备自投需在分布式电源切除后再动作，其动作时间与分布式电源切除时间配合。

为缩短备自投的动作时间，联跳的方式也与联跳变流器型分布式电源的方式类似。可将原进线线路保护改造为全线速动的光纤纵差保护，保护出口的同时联跳 DG 接入开关；也可在系统电源进线接入开关处加装具备方向电流（距离）保护和识别对侧开关误跳等功能的监控装置，该装置动作出口的同时联跳 DG 接入开关。

若分布式电源端已安装故障解列装置，应由该装置切除分布式电源。备自投动作时间应与故障解列装置动作时间配合，确保备自投可靠动作。若分布式电源端未安装故障解列装置，由备自投切除分布式电源。

3）在旋转电机型分布式电源容量大于配电变压器容量 70% 时，可允许分布式电源短时孤岛运行，同时需协调旋转电机型分布式电源检同期并入电网。

5.4 分布式电源接入后对自动重合闸的影响及对策

5.4.1 自动重合闸原理及现状

在电力系统故障类型中，架空输电线路上各种形式的短路故障对系统影响最为严重。若故障处理不及时，可能引起电网事故。为提高电力系统供电可靠性，在输电线路上广泛采用自动重合闸。自动重合闸装置是指断路器因某种故障原因分闸后，利用机械装置或自动装置使其自动重新合闸的设施。若电力系统发生瞬时性故障，断路器跳闸切断电源后，经预定时间再使其自动重合，如故障已自动消除，线路即重新恢复供电；如发生永久性故障，则断路器再次跳闸，不再重合。

据 2022 年国家电网有限公司继电保护及安全自动装置的运行统计结果，线路自动重合闸的动作成功率一般在 60%～100%。自动重合闸在提高瞬时性故障时供电的连续性、双侧电源线路系统并列运行的稳定性，以及纠正断路器或继电保护误动作引起的误跳闸等方面发挥了重要的作用。

当分布式电源接入配电网后，如果线路发生故障跳闸，分布式电源在重合闸动作时未跳开，将产生潜在威胁，如非同期重合闸和故障点电弧重燃。为减少类似潜在的危害，需要分析分布式电源对配电网自动重合闸的影响，在此基础上，提出相应的改善策略，从而提高整个供电系统的可靠性，保证重要负荷供电的稳定性。

5.4.1.1 自动重合闸的类型

自动重合闸装置作用于断路器的方式可分为：三相重合闸、单相重合闸和综合重合闸。按照动作次数可分为一次式和多次式。按使用条件可分为单侧电源重合闸和双侧电源重合闸。双侧电源重合闸又可分为检定无压重合闸、检定同期和不检定三种。

5.4.1.2　自动重合闸原理

（1）三相重合闸。三相重合闸是指发生单相短路或相间短路时，继电保护装置动作后均断开三相断路器，自动重合闸起动，经 0.5～1s 的延时，发出重合脉冲，将三相断路器合上。三相重合闸又分为单侧电源输电线路的三相一次自动重合和双侧电源输电线路的三相一次自动重合。

1）单侧电源输电线路的三相一次自动重合。当输电线路上发生单相接地短路或相间短路时，继电保护装置均将线路三相断路器断开，然后自动重合闸装置启动，经预定延时（一般为 0.5～1.5s）发出重合脉冲，将三相断路器同时合上。对单侧电源线路三相自动重合闸的基本要求，一般安装在线路电源侧，适用于 35kV 及以下线路，且只有一个电源供电，不存在非同期合闸的问题，不需要考虑电源同步检查，不需要区分故障类别和选择故障相。

三相一次重合闸过程：①重合闸启动，由继电保护动作跳闸或其他非手动原因导致的断路器跳闸，重合闸均应启动；②重合闸时间，启动元件发出启动指令后，时间元件开始计时，达到预定的延时后，发出一个短暂的合闸命令；③一次合闸脉冲，当延时时间到后，它立即发出一个可以合闸的脉冲命令，并且开始计时，准备重合闸的整组复归，复归时间一般为 15～25s。在这个时间内，即使再有重合闸时间元件发出命令，也不再发出可以合闸的第二次命令；④手动跳闸后闭锁，当手动跳开断路器时，也会启动重合闸回路，为消除这种情况造成的不必要合闸，常设置闭锁环节，使其不能形成合闸命令；⑤手动合闸于故障时保护加速跳闸，即重合闸后加速保护跳闸回路，对于永久性故障，在保证选择性的前提下，尽可能地加速故障切除，需要保护与重合闸配合。单侧电源输电线路的三相一次自动重合原理，如图 5-20 所示。

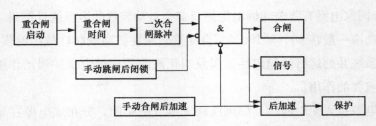

图 5-20　单侧电源输电线路的三相一次自动重合的原理

2）双侧电源线路的三相一次自动重合闸。当线路上发生故障时，两侧的保护装置可能以不同的时限动作于跳闸，例如一侧为Ⅰ段动作，而另一侧为Ⅱ段动作，此时为了保证故障点电弧的熄灭和绝缘强度的恢复，以使重合闸动作成功，线路两侧的重合闸必须保证在两侧的断路器均跳闸后，再进行重合。

较于单侧电源，双侧电源应考虑两个因素：①时间的配合。考虑两侧保护可能以不同的延时跳闸，此时须保证两侧均跳闸后，故障点有足够的去游离时间；②同期问题。故障跳闸后，存在两侧电源是否同步，及是否允许非同步合闸。

双侧电源线路上的主要合闸方式有以下六种。

a. 快速自动重合方式：当线路上发生故障时，继电保护快速动作而后进行自动重合。其特点是快速，须具备下列条件：线路两侧均装有全线瞬时保护；有快速动作的断路器，如快速空气断路器；冲击电流小于允许值。

b. 非同期重合闸方式：即不考虑系统是否同步而进行自动重合闸的方式（期望系统自动拉入同步，须校验冲击电流，防止保护误动）。

c. 检查双回线另一回线电流的重合闸方式：在没有其他旁路联系的双回线路上，当不能采用非同步合闸时，可采用检定另一回线路上有无电流的重合闸。

d. 自动解列重合闸方式：双侧电源单回线上 d 点短路，保护 1 动作，1DL 跳闸；小电源侧保护动作，跳 3DL；1DL 处自动重合闸检无压后重合，若成功，恢复对非重要负荷供电，在解列点实行同步并列，恢复正常供电，示意图如图 5-21 所示。

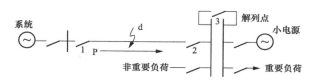

图 5-21　双侧电源单回线路上采用自动解列重合闸示意图

e. 线路两侧电源联系紧密时的自动重合闸方式：并列运行的发电厂或电力系统，在电气上有紧密联系时，由于同时断开所有联系的可能性几乎不存在，因此，当任一条线路断开之后又进行重合闸时，都不会出现非同期合闸的问题，在这种情况下可以采用不检查同期的自动重合闸。

f. 具有同期检定和无电压检定的重合闸方式：当上述各种方式的重合闸难以实现，而同期检定重合闸确实有一定效果时，例如当两个电源或两侧所带的负荷各自接近平衡，因而在单回联络线上交换功率小，或是当线路断开后，每个电源侧都带有一定的备用容量可供调节，则可采用同期检定和无电压检定的重合闸。

三相重合闸逻辑简单，对断路器操作机构要求低，不存在潜供电流及非全相运行问题。但对于系统间联系薄弱的联络线，采用三相重合闸可能危及系统稳定性和供电可靠性。三相重合闸可能出现较大的重合闸过电压。随着我国电力系统的发展，输电网架结构不断加强，系统之间联系越来越紧密，在电网稳定计算校核允许条件下，应尽量选用三相重合闸方式。

（2）单相自动重合闸。在 220～1000kV 的系统中，架空线路的线间距大，相间故障概率较低，主要是单相接地故障。在单相接地故障时，把故障相断开，再进行单相重合，其余两相继续运行,将提高供电的可靠性和系统并列的稳定性。如果发生瞬时性故障,则单相重合成功,即恢复三相的正常运行。如果发生永久性故障,单相重合不成功,且系统又不允许非全相长期运行,则重合后继电保护将跳开断路器,不再重合。

单相自动重合闸的特点:

1)需装设故障判别元件和故障选相元件。

2)应考虑未断开两相的电压、电流产生的潜供电流对单相重合闸的影响;当故障相线路自两侧切除后,由于非故障相与断开相之间存在静电(通过电容)和电磁(通过互感)的联系,在故障点的弧光短路通道中仍有一定数值的电流,此电流即为潜供电流。

3)考虑非全相运行状态的影响:在发电机转子中产生倍频交流分量,产生附加发热;零序电流对邻近的通信线路产生直接干扰;会使保护性能变坏,甚至不能正确动作,需对受影响的保护采取闭锁措施等。

当采用单相重合闸装置时,应考虑下列问题,并采取相应措施:

1)重合闸过程中出现的非全相运行状态,如可能引起本线路或其他线路的保护装置误动作时,应采取措施予以预防。

2)如电力系统不允许长期非全相运行,为防止断路器一相断开后,由于单相重合闸装置拒绝合闸而造成非全相运行,应采取措施断开三相,并应保证选择性。

3)当装有同步调相机和大型同步电动机时,线路重合闸方式及动作时限的选择,宜按对双侧电源线路的规定执行。

4)5.6MVA以上低压侧不带电源的单组降压变压器,如其电源侧装有断路器和过电流保护,且变压器断开后将使重要用电设备断电,可装设变压器重合闸装置。当变压器内部故障时,应用瓦斯和差动(或电流速断)保护将重合闸闭锁。

5)当变电站的母线上设有专用的母线保护,且必要时,可采用母线重合闸方式。当重合于永久性故障时,母线保护应能可靠动作,切除故障。

(3)综合重合闸。综合重合闸是指单相重合闸和三相重合闸综合在一起,发生单相接地故障时,采用单相重合闸方式工作;当发生相间短路时,采用三相重合闸方式工作。综合考虑这两种重合闸方式的装置称为综合重合闸装置。

综合重合闸的基本原则:①选相元件拒绝动作时,能跳开三相并进行三相重合;②对非全相运行中可能误动的保护进行可靠的闭锁;③一相跳开后重合闸拒绝动作,应自动断开其他两相;④任意两相分相跳闸继电器动作后,联跳第三相;⑤无论单相或三相,都能实现重合闸后加速;⑥非全相运行过程中,又发生其他相故障,保护应能有选择性的予以切除;⑦当断路器的气压或液压低至不允许实现重合闸时,应将重合闸回路自动闭锁。

5.4.1.3 自动重合闸方式的选择

对一个具体的线路,究竟使用何种重合闸方式,要结合系统的稳定性分析选取,一般遵循下列原则:①没有特殊要求的单电源线路,采用一般的三相重合闸;②凡是选用简单的三相重合闸能满足要求的线路，都应选用三相重合闸；③当发生单相接地短路时，如果使用三相重合闸不能满足稳定性要求而出现大面积停电或重要用户停电者，应当选用单相重合闸和综合重合闸。

5.4.1.4　自动重合闸的研究现状

根据永久性故障和瞬时性故障的定义可知：线路处于永久性故障状态时，重合闸失败；而线路处于瞬时性故障状态时，重合闸可能成功，也可能失败。故障点电弧是否熄灭或电流是否为 0，是影响重合成功的关键因素。因此，自动重合闸的核心影响因素为故障性质，此外，重合闸时序及重合闸过电压等因素也可能导致重合失败。因此，自适应重合闸的研究包括故障性质的判别、自适应重合闸时序及重合闸过电压等内容。

（1）故障性质的判别。单相重合闸永久性故障判别方法已得到了充分研究。单相故障、故障相断路器被跳开后，由于断开相与健全相的耦合作用，断开相存在恢复电压，特征与故障性质有关。因此早期的研究基于断开相的工频恢复电压展开。已有文献对基于恢复电压的永久性故障判别方法进行了综述及评价：①利用并联电抗器中的电流量及非故障相的单端电气量，提出了基于最小二乘法的波形相关性的永久性故障判别方法，以瞬时性故障恢复电压阶段的等效模型为参考模型，通过时域波形相关性的方法得到故障相端电压计算值与实际值的相似度，利用相似度构造目标比例系数与整定值连续比较判断故障性质；②提出基于电压相位波动特征的单相永久性故障识别方法，考虑了傅氏算法处理含非基频量信号时的误差对跳开相电压相位计算的影响。

（2）自适应重合闸时序。重合闸时序也是影响自适应重合闸的重要因素之一。需要从以下 3 个方面开展重合闸时序的优化研究：①根据故障性质判别结果，确定重合时延以避免重合于永久性故障状态；②当故障性质为瞬时性故障状态时，采用能够限制重合闸过电压的时序方案；③从系统稳定影响角度对重合闸时间优化。

部分文献介绍了输电线路永久性故障判别的研究现状，现有的永久性故障判别原理有两种，即基于恢复电压和基于瞬时故障电弧特性。前者判别的准确性受 TV 二次回路可靠性的影响，且因带并联电抗器线路的恢复电压低而无法采用；后者则因电弧电压不足额定电压的 5% 而在测量、分析和判断中存在可信度的问题，且电弧存在与瞬时性故障能否等价也值得讨论。提出了带并联电抗器线路永久性故障判别的新思路，即根据并联电抗器中恢复电压阶段的电流量判别瞬时性与永久性故障。

还有文献以单机无穷大系统为例，分析了线路单相故障、重合失败的暂态过程。以等面积法则为依据，分析了线路两端重合闸投入顺序对系统暂态稳定性的影响，得出由非故障侧先重合可提高系统暂态稳定性，并结合某电网 500kV 线路故障进行了仿真验证。当重合闸时间内故障性质判别结果始终为永久性故障时，文中结论能提高系统稳定性，同时也避免了丧失重合机会。

（3）重合闸过电压。对于三相重合闸，过电压问题是需要考虑的重要问题，特别是特/超高压输电线路。合闸过电压与系统容量、补偿度、线路长度等因素存在关系，无论是无补偿还是经并补补偿后的线路，由大电源侧首先重合可降低单相重合过电压峰值。

自动重合闸的实现，关键在于故障性质的判别，其次为合闸顺序的配合，尽管自动重合闸技术作为保证系统安全供电和稳定运行的重要措施之一，当前已在架空输电线上获得普遍应用，但随着电网的不断发展，尤其是对电网的安全性与稳定性要求越来越高，新能源的大力发展，分布式电源接入会对自动重合闸产生新的影响。

5.4.2 分布式电源接入对自动重合闸的影响及对策

5.4.2.1 变流器型分布式电源接入对自动重合闸的影响及对策

（1）变流器型分布式电源接入对自动重合闸的影响。在分析分布式光伏电源接入对自动重合闸的影响时，需要先分析故障电弧的维持特性，再考虑分布式光伏电源的接入是否会导致暂时性故障变为永久性故障。

电弧是一团近似为圆柱形的热等离子气团，它有直径，有长度，有温度，且温度可达 6000K 以上。一般故障电弧一旦建立，电流在 100A～20kA，维持 10mm 电弧只需 12～15V 的电压。图 5-22 中电弧的伏安特性曲线 H1 是弧长较小时的曲线，H2 是弧长较长的曲线。电弧伏安特性曲线具有单调减少的特性，呈现负阻特性。

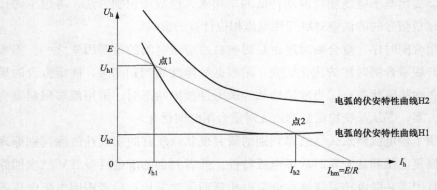

图 5-22　电弧的伏安特性曲线

由于电缆各相之间的距离及对地距离较小，且维持短距离电弧的电压较低，导致电缆故障几乎全为永久性故障。因此，不需考虑分布式光伏电源接入是否对故障电弧性质的改变。含电缆线路较多的配电网线路，一般停用其重合闸装置。

若线路为架空线时，在故障电流值较大的情况下（大于 100A），电弧的电位梯度为常数 1.5kV/m，且该电压与电流无关。对高电压等级的架空线而言，故障电弧电压小于 5%线路额定电压。在一般的档距内，导线间距确定，线路电压为 10kV 时，导线间距应不小于 0.6m；线路电压为 400V 时，线路间距应不小于 0.3m，但临近电杆两侧的导线间距应不小于 0.5m。

若系统的分布式光伏电源功率为6MW，故障时的输出功率为2MW，则故障时提供的故障电流受限于控制策略，一般应大于额定电压下的输出电流115A。则10kV线路的故障电弧最小维持电压为导线间距0.6m与电弧的电位梯度1.5kV/m的乘积，为0.9kV，此为相间故障的电弧维持电压。电弧电压超过此数值时，故障电弧将持续存在。

因此，在含有较多分布式光伏电源的10kV配电小区中，因分布式光伏电源提供故障电流，维持暂态故障电弧，将对自动重合闸产生影响。

据统计，10kV等级的配电网架空线线路故障中，瞬时性故障占较大比率。分析分布式光伏电源接入后对10kV等级的配电网架空线路瞬时故障的影响，并采取应对措施提高供电可靠性，具有较大的意义。

如图5-23所示，两条馈线都采用自动重合闸装置，分别装设在保护3、4上，变流器型分布式电源T接在开关B处。首先分析无分布式光伏电源的情况，当K_1发生瞬时性故障时，保护3将瞬时动作并重合，清除瞬时性故障。

保护3动作立刻跳开断路器，切断电源，消除维持故障电弧的电流，使得故障点熄弧，故障点去游离后恢复绝缘，故障消失，重合成功。当分布式电源接在馈线B

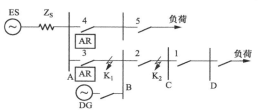

图5-23 变流器型分布式电源所在馈线
发生故障时对重合闸影响的分析图
AR—自动重合闸装置

处，且K_1发生瞬时性故障时，保护3动作跳开断路器后虽系统侧不再提供故障电流，但分布式电源继续向故障点提供故障电流，使得电弧不能立即熄灭，故障点去游离不成功，以致保护3安装处的自动重合闸重合不成功，可能导致永久性故障，扩大停电范围。

同理，当分布式电源下级的K_2发生瞬时性故障时，保护装置动作立即跳开断路器，但由于分布式电源给故障点继续提供故障电流，使得电弧不能立即熄灭，故障点去游离不成功，导致重合闸不成功。

采用图5-1的含分布式电源的配网仿真模型进行仿真分析，图5-24中E_A为母线侧电压，E_B为线路侧电压；图5-25中I_{BKB}为故障线路流过的故障电流，I_{BKD}为分布式电源提供的故障电流。图5-25表明，故障后分布式电源对故障点提供故障电流。不同容量分布式光伏电源接入下接地故障时的故障电流如表5-14所示。

当分布式电源所在馈线发生瞬时性故障时，在重合闸装置断开后，由于分布式电源依然提供故障电流，系统存在电压支撑，导致重合闸失败，瞬时性故障发展为永久性故障。

若在馈路AB靠近开关B处装设保护装置，故障K_1发生时，线路AB两侧的保护均动作，即能可靠切除故障。此时分布式电源将会与下级负荷形成孤岛。此方法保证了下级负荷的持续供电，但带来孤岛运行问题，故障切除后，B侧重合闸可能导致系统并列时非同期合闸的问题。

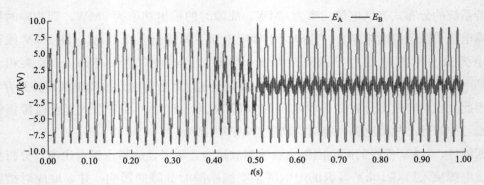

图 5-24　故障持续母线侧断路器跳开时断路器两侧电压值

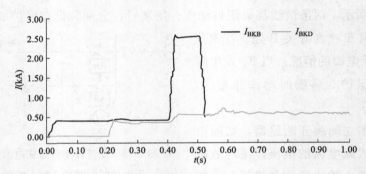

图 5-25　故障电流随时间的变化图

表 5-14　　　　　　不同容量分布式光伏电源接入下接地故障时的故障电流

S_{DG}/S_N	S_{DG} （MW）	I_{DG} （kA）	I_{AB} （kA）	I_{BC} （kA）
0	0	0	2.647	2.647
10%	2.5	0.216	2.582	2.725
20%	5	0.433	2.522	2.802
24%	6	0.519	2.501	2.832
25%	6.25	0.541	2.496	2.840
30%	7.5	0.649	2.471	2.876
40%	10	0.866	2.426	2.876
50%	12.5	1.082	2.390	3.011
60%	15	1.301	2.339	3.067
70%	17.5	1.517	2.321	3.124
80%	20	1.735	2.314	3.178
90%	22.5	1.951	2.317	3.227
100%	25	2.166	2.327	3.280

　　因此，在分布式光伏电源接入前，配电网为辐射式结构，自动重合闸在恢复瞬时性故障线路的供电时，不会对配电系统产生冲击和破坏。分布式光伏电源接入后，一旦线路因故障而跳闸，故障部分不再与电网相连而失去系统电源。而分布式光伏电源可能在故障后未跳开线路，则在电网中形成由分布式光伏电源单独供电的孤岛，造成如下影响。

1）故障点持续燃弧。在失去系统电源以后，分布式光伏电源可能继续维持对故障点的供电，重合闸发生时，分布式光伏电源所提供的故障电流妨碍了故障点电弧的熄灭，引起故障点持续燃弧。此时，原本的瞬时故障变成了永久性故障。长期电弧的存在会给所有设备的寿命及维护带来较大困难。

2）非同期重合闸。在系统电源跳开至自动重合闸动作时间内，分布式光伏电源可能失步，以至于自动重合闸动作时，电力孤岛与电网出现较大的相角差。非同期重合闸会引起较大的冲击电流或电压。在此冲击电流的作用下，线路保护可能再次动作，发生误动，而使重合闸失去了其迅速恢复瞬时故障的功能。同时，冲击环流也可能对电网及分布式光伏电源中的设备带来致命的冲击。

（2）变流器型分布式电源接入后自动重合闸的对策。根据上述情况分析，分布式电源所在馈线发生瞬时性故障时，分布式电源的存在会导致重合闸装置重合失败，会形成永久性故障、扩大停电范围。分布式电源侧可能与下级负荷形成孤岛，瞬时故障切除后，系统侧重合闸可能导致系统侧和分布式电源侧并列时非同期合闸的问题。因此，分布式光伏电源的接入使得自动重合闸对瞬时性故障的恢复产生了较大的不利影响。

实际中配电网重合闸的动作时限一般为 0.5s，最短可以达 0.2s。重合闸的动作时限较短，是为了改善向用户供电的电能质量。但重合闸时限缩短，分布式电源及时与电网解列的可能性相应降低。若增大重合闸动作时限，提高了分布式电源与电网解列的可能性，但电能质量将降低。两者之间存在矛盾。

根据前述分析，不推荐在分布式电源接入的配电网使用快速重合闸。对于专线或 T 接变流器型分布式电源的配电网，系统侧重合闸需检线路无压，一般趋向于将重合闸动作时限整定为 1s 或更长，增加分布式电源与电力系统解列的机会，增加重合闸成功率；用户侧是否重合可根据用户需求确定，若采用重合闸，其延时宜与上下级配合，而以线变组形式接入的分布式电源可通过检同期实现重合闸。

5.4.2.2　旋转电机型分布式电源接入对自动重合闸的影响及对策

（1）旋转电机型分布式电源接入对自动重合闸的影响。如图 5-26 所示，两条馈线均采用自动重合闸装置，分别装设在保护 3、4 上，旋转电机型分布式电源接在开关 B 上。旋转电机型分布式电源接入对自动重合闸影响，与 5.4.2.1 节中变流器型分布式电源接入对自动重合闸的影响分析相似，在此不再详述。采用图 5-1 的含分布式电源的配网仿真模型进行仿真分析，旋转电机型分布式电源接入后接地故障时的故障电流如表 5-15 所示。

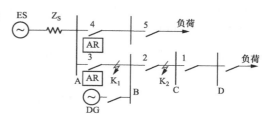

图 5-26　旋转电机型分布式电源
所在馈线故障时对重合闸影响的分析图
AR—自动重合闸装置

表 5-15　　　　　　　旋转电机型分布式电源接入后接地故障时的故障电流

S_{DG}/S_N	S_{DG} (MW)	I_{DG} (kA)	I_{AB} (kA)	I_{BC} (kA)
0	0	0	2.68	2.68
10%	2.5	0.498	2.476	2.971
20%	5	0.988	2.293	3.22
24%	6	1.185	2.203	3.354
30%	7.5	1.441	2.107	3.491
40%	10	1.824	1.96	3.703
50%	12.5	2.17	1.86	3.863
60%	15	2.494	1.773	4.017
70%	17.5	2.811	1.703	4.164
80%	20	3.066	1.672	4.27
90%	22.5	3.315	1.66	4.368
100%	25	3.561	1.664	4.462

当旋转电机型分布式电源所在馈线发生瞬时性故障时，由于分布式电源在重合闸装置断开后依然供出故障电流，系统存在电压支撑，导致重合闸失败，瞬时性故障发展为永久性故障。

若在馈线 AB 靠近开关 B 处装设了保护装置，故障 K_1 发生时，线路 AB 两侧的保护均动作，可靠切除故障。此时旋转电机型分布式电源将与下级负荷形成孤岛。此方法保证了下级负荷的持续供电，但孤岛运行的问题随之而来，故障切除后，B 侧重合闸可能导致系统并列时非同期合闸的问题。

（2）旋转电机型分布式电源接入后自动重合闸的对策。根据上述情况分析，旋转电机型分布式电源所在馈线发生瞬时性故障时，旋转电机型分布式电源的存在会导致重合闸装置重合失败，会形成永久性故障、扩大停电范围。旋转电机型分布式电源侧可能与下级负荷形成孤岛，瞬时故障切除后，系统侧重合闸可能导致系统侧和旋转电机型分布式电源侧并列时非同期合闸的问题。

根据前述分析，不推荐在旋转电机型分布式电源接入的配电网使用快速重合闸。对于专线或 T 接旋转电机型分布式电源的配电网，系统侧重合闸需检线路无压，一般趋向于将重合闸动作时限整定为 1s 或更长，增加分布式电源与电力系统解列的机会，增加重合闸成功率；用户侧是否重合可根据用户需求确定，若采用重合闸，其延时宜与上下级配合，而以线变组形式接入的分布式电源可通过检同期实现重合闸。

5.5　分布式电源接入配电网后的保护配置

5.5.1　分布式电源接入配电网后的配电网侧保护配置

在传统配电网中，线路故障时短路电流为单一流向电流，其方向从电源端指向故障点，因此主馈线上所配置的保护为无方向三段式过电流保护、反时限保护，另配置有重合闸装置。分布式电源接入后，短路电流的方向及水平因受到分布式电源的类型、接入位置及容量的影响而发生变化，可能导致原有保护发生不正确动作，需要在分布式电源接入配电网后，重新考虑各方面的因素，优化保护配置。

5.5.1.1 元件保护

分布式电源所接入配电网中的发电机、分布式电源的变压器、分布式电源并入点母线应配置可靠的保护装置。其中发电机保护应符合 GB/T 14285《继电保护和安全自动装置技术规程》、DL/T 671《发电机变压器组保护装置通用技术条件》中关于发电机保护功能的要求，为分布式电源配合备自投的动作提供基础；分布式电源变压器保护应符合 GB/T 14285《继电保护和安全自动装置技术规程》、DL/T 770《变压器保护装置通用技术》条件中关于变压器保护功能的要求，为分布式电源配合主变压器过电流时相应保护动作提供基础；分布式电源并入点母线的保护应符合 GB/T 14285《继电保护和安全自动装置技术规程》中关于母线保护功能的要求，为分布式电源配合线路的阶段式电流保护和重合闸动作提供基础。

5.5.1.2 线路保护

（1）分布式电源经专线接入 10（6）～35kV 配电网。

1）分布式电源经专线接入 10（6）～35kV 配电网典型接线如图 5-27 所示。联络线配电网侧应配置阶段式电流（方向）保护，电网安全运行需要时可配置距离保护；低电阻

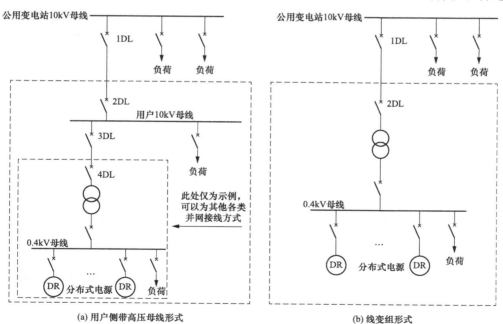

（a）用户侧带高压母线形式　　　　　　　（b）线变组形式

图 5-27　分布式电源经专线接入 10（6）～35kV 配电网典型接线

接地系统应配置零序电流保护，中性点不接地/经消弧线圈接地系统应配置单相接地故障检测功能。若根据系统要求需要采用全线速动保护时，宜配置纵联电流差动保护作为主保护。

2）系统变电站可在更高电压等级母线或者联络线配电网侧按符合区域电源接入系统的安全自动装置要求配置故障解列装置，含低/过电压保护、零序电压保护、低/过频率保护功能等。

3）联络线配电网侧宜配置重合闸。

（2）分布式电源 T 接接入 10（6）～35kV 配电网。

1）分布式电源 T 接接入 10（6）～35kV 配电网典型接线如图 5-28 所示。当 T 接线上用户前端配置用户分界断路器时，分界断路器应配置阶段式电流（方向）保护，电网安全运行需要时可配置距离保护；低电阻接地系统应配置零序电流保护，中性点不接地/经消弧线圈接地系统应配置单相接地故障检测功能。若根据系统要求需要采用全线速动保护时，宜配置纵联保护。

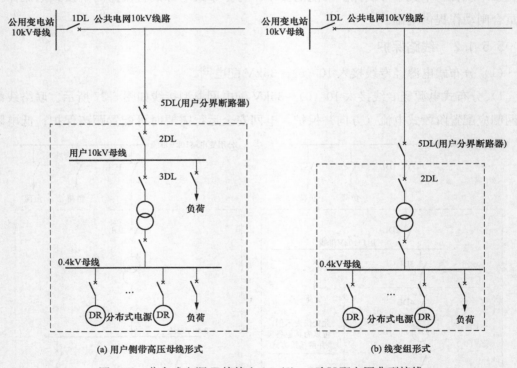

图 5-28　分布式电源 T 接接入 10（6）～35kV 配电网典型接线

2）用户分界断路器可按符合区域电源接入系统的安全自动装置要求配置故障解列，含低/过电压保护、零序电压保护、低/过频率保护功能。

3）用户分界断路器可配置重合闸，宜采用检电网侧有压、用户侧无压重合闸。

4）在公用变电站馈线断路器处应配置阶段式电流（方向）保护，电网安全运行需要时可配置距离保护；低电阻接地系统应配置零序电流保护，中性点不接地/经消弧线圈接地系统应配置单相接地故障检测功能；若根据系统要求需要采用全线速动保护时，宜配置纵联保护。

5）公用变电站馈线断路器可按符合区域电源接入系统的安全自动装置要求配置故障解列，含低/过电压保护、零序电压保护、低/过频率保护功能等。

6）公用变电站馈线断路器处应配置重合闸。宜采用检线路无压重合。

（3）分布式电源接入10（6）～35kV配电网开关站（配电室、箱变）。

1）分布式电源经开关站（配电室、箱变）接入10（6）～35kV配电网典型接线如图5-29所示。公用变电站馈线断路器应配置阶段式电流（方向）保护，电网安全运行需要时可配置距离保护；低电阻接地系统应配置零序电流保护，中性点不接地/经消弧线圈接地系统应配置单相接地故障检测功能。若根据系统要求需要采用全线速动保护时，宜配置纵联电流差动保护作为主保护。

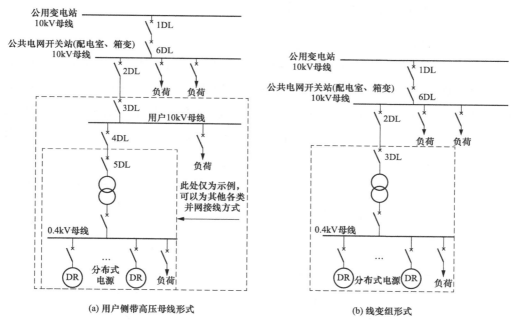

图5-29　分布式电源经开关站（配电室、箱变）接入10（6）～35kV配电网典型接线

2）2DL设备为熔丝类设备时，宜改造为断路器。

3）为保证开关站与公共配电网之间联络线路故障时分布式电源可靠离网，可采用以下配置方案之一：①开关站母线处装设故障解列，联跳开关站分布式电源馈线断路器；②公用变电站馈线断路器和开关站进线断路器之间装设纵联差动保护，差动保护跳开本侧并联跳分布式电源侧断路器；③开关站进线断路器处装设方向过电流保护，方向正向指向配电网系统侧，联跳开关站分布式电源馈线断路器。

4）开关站的馈线已配置断路器时，在开关站含分布式电源的馈线断路器处宜配置阶段式电流（方向）保护，电网安全运行需要时可配置距离保护；低电阻接地系统应配置零序电流保护，中性点不接地/经消弧线圈接地系统应配置单相接地故障检测功能。若根据系统要求需要采用全线速动保护时，在开关站的分布式电源馈线断路器和用户高压母线电源侧进线断路器可配置纵联保护。

5）开关站的分布式电源馈线断路器处宜按符合区域电源接入系统的安全自动装置要求配置故障解列。

6）公用变电站馈线断路器处宜配置重合闸。宜采用检线路无压重合。

7）开关站的分布式电源馈线断路器处宜配置重合闸。宜采用检电网侧有压、分布式电源馈线侧无压重合。

8）当系统变电站内中性点采用低电阻接地时，公用变电站馈线断路器、开关站进线断路器应配置零序电流保护。

5.5.2 分布式电源侧涉网保护配置

5.5.2.1 分布式电源的保护配置

（1）分布式电源经专线接入 10（6）～35kV 配电网。分布式电源经专线接入 10（6）～35kV 系统典型接线如图 5-30 所示。用户高压总进线断路器［图 5-30(a)、(b) 中 2DL］处应配置阶段式（方向）过电流保护、故障解列。若根据系统要求需要采用全线速动保护时，宜配置纵联电流差动保护作为主保护。当用户为线变组接线，且以主变压器高压断路器作为与系统交界面唯一的并网开关时，可另行配置（复压方向）过电流保护。

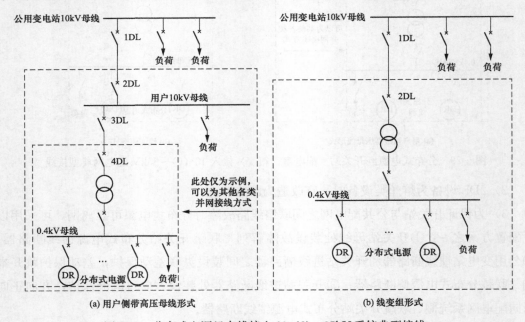

图 5-30 分布式电源经专线接入 10（6）～35kV 系统典型接线

用户高压母线含分布式电源的馈线断路器［图 5-30（a）中 3DL］可配置阶段式（方向）过电流保护、重合闸。

用户高压总进线断路器处配置的保护在电网侧故障时，保护动作于各个有源支路断路器跳闸。对于线变组接线或者某一变压器支路的低压侧同时具有负荷和电源的接线，故障解列动作后可跳电源支路断路器［图 5-30（a）3DL 或图 5-30（b）2DL］。满足相关技术条件的情况下，可跳低压电源支路断路器。

用户高压总进线断路器［图 5-30（a）中 2DL］处配置的保护应符合以下技术要求：

1）当用户用电负荷大于分布式电源装机容量时电流保护应经方向闭锁，保护动作正方向指向线路。定值能够躲负荷电流时，可退出方向元件。变流器型分布式电源电流定值可按 110%～120% 分布式电源额定电流整定。

2）故障解列相关技术要求，各地区根据自身实际情况，参照以下整定原则，可适当调整：①故障解列优先接入并网点三相母线电压，当用户为线变组接线时，可取三相线路电压；故障解列装置电压应与现场互感器条件、二次回路相适配，同时经 TV 断线闭锁；②低频解列功能按运行方式部门要求进行投退、整定；③低压解列定值按线路末端故障对侧开关跳开有灵敏度整定，可取 60～70V；如需考虑低电压穿越，动作延时按躲过运行方式部门要求整定；④零序过压解列定值应躲过系统正常运行时的零序不平衡电压，可取 50～60V（额定值为 100V）或 120V（额定值为 173V）；⑤零序过压解列动作时间与相邻线路及本站出线接地故障切除时间配合，应不小于各零序保护时间的最大值；对于不接地（小电流接地）系统，如允许带接地点运行一段时间，应退出零序过压解列功能；⑥母线过压解列定值应可靠躲过系统正常运行时的母线最高电压，可取 120～130V；⑦动作时间应与相邻线路及本站各侧出线保护灵敏段时间配合，并小于对侧线路（1DL）重合闸时间以及公用变电站侧自投时间。

用户高压母线的分布式电源馈线断路器［图 5-30（a）中 3DL］处配置的保护应满足以下技术要求：

1）电流保护应符合分布式电源联络线配网侧断路器［图 5-30（a）中 1DL］处保护的配合要求，必要时可经方向闭锁，按方向指向分布式电源整定；

2）用户高压母线的分布式电源馈线断路器［图 5-30（a）中 3DL］跳闸后是否重合可根据用户需求确定。若采用重合闸，其延时宜与上下级配合，不宜低于 2s 且具备后加速功能。

以线变组形式接入时分布式电源馈线断路器［图 5-30（b）中 2DL］处配置的保护应满足以下技术要求：①1DL 处有线路电压互感器时，重合闸检无压重合；无线路电压互感器时，停用重合闸；②2DL 处重合闸检同期重合，但是主变压器保护或故障解列动作应闭锁重合闸。

（2）分布式电源 T 接接入 10（6）～35kV 配电网。分布式电源 T 接接入 10（6）～

35kV 系统典型接线如图 5-31 所示。用户高压总进线开关（图 5-31 中 2DL）处可配置阶段式（方向）过电流保护、故障解列；当过电流保护无法整定或配合困难时，可配置纵联差动保护。

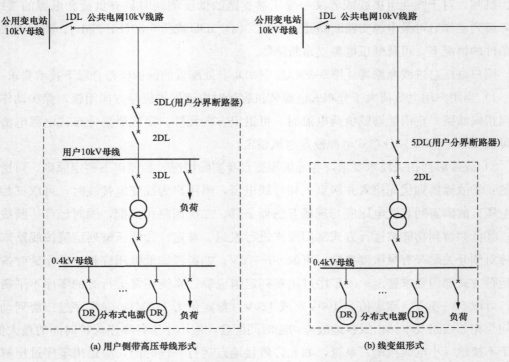

图 5-31　分布式电源 T 接接入 10（6）～35kV 系统典型接线

用户高压母线的分布式电源馈线断路器［图 5-31(a) 中 3DL］处可配置阶段式（方向）过电流保护、零序过电流保护、重合闸。

用户高压总进线断路器（图 5-31 中 2DL）处配置的保护动作于跳本断路器。故障解列动作于跳用户高压母线的分布式电源馈线断路器［图 5-31(a) 中 3DL］；有多条分布式电源线路时，同时跳各个分布式电源馈线断路器。

用户高压母线的分布式电源馈线断路器［图 5-31(a) 中 3DL］处配置的保护动作于跳本断路器。

用户高压总进线断路器［图 5-31(a) 中 2DL］处配置的继电保护和安全自动装置应符合以下技术要求：

1）当分布式电源额定电流大于用户高压总进线断路器［图 5-31(a) 中 2DL］处装设的保护装置末段电流保护整定值时，用户高压总进线断路器［图 5-31(a) 中 2DL］处配置的电流保护按方向指向用户母线整定；反之，不经方向闭锁。纵联差动保护定值按 DL/T 584 要求整定。

2）故障解列应满足的技术要求：①动作时间宜小于公用变电站或分界断路器故障解

列动作时间,且有一定级差;②低电压、过电压和零序电压时间定值应躲过系统及用户母线上其他间隔故障全线灵敏度段切除时间,同时考虑符合系统重合闸的配合要求;③低/过电压定值按 DL/T 584 要求整定;④零序过压定值参考专线接入时的整定要求执行;⑤频率定值按运行方式部门要求整定;⑥应停用重合闸功能。

用户高压母线的分布式电源馈线断路器 [图 5-31(a) 中 3DL] 处配置的保护应满足以下技术要求:

1) 应按与用户高压总进线断路器 [图 5-31(a) 中 2DL] 处配置保护的配合整定,当按配合整定的分布式电源馈线断路器 [图 5-31(a) 中 3DL] 处配置的保护电流保护整定值小于分布式电源额定电流时,3DL 处装设的电流保护应按方向指向分布式电源整定;反之,不经方向闭锁。分布式电源馈线断路器 [图 5-31(a) 中 3DL] 处配置的保护还应设置一段过流,逆变器类型分布式电源电流定值可按 110%~120%分布式电源额定电流整定。纵联差动保护定值按 DL/T 584 要求整定。

2) 3DL 断路器跳闸后是否重合可根据用户需求确定。若采用重合闸,其延时应与公共变电站馈线断路器 [图 5-31(a) 中 2DL] 处重合闸配合且具备后加速功能,并与变流器防孤岛时间配合。

以线变组形式接入时分布式电源高压总进线断路器 [图 5-31(b) 中 2DL] 处可配置重合闸并检同期重合,但是主变压器保护或故障解列动作应闭锁重合闸。

(3) 分布式电源经开关站(配电室、箱变等,以下简称为开关站)接入 10(6)~35kV 配电网。分布式电源经开关站(配电室、箱变)接入 10(6)~35kV 配电网典型接线如图 5-32 所示。用户高压总进线开关 [图 5-32 中 3DL] 处应配置阶段式(方向)电流保护、故障解列,可配置重合闸。

用户高压母线的分布式电源馈线开关 [图 5-32(a) 中 4DL] 可配置阶段式方向过电流保护和重合闸。

用户高压总进线断路器 [图 5-32(a) 中 3DL] 处配置的过电流保护正方向指向线路时,动作于跳用户高压母线的分布式电源馈线断路器 [图 5-32(a) 中 4DL];反之,则动作于跳 3DL 断路器。

用户高压总进线断路器 [图 5-32(a) 中 3DL] 配置的故障解列动作时,可选择仅动作于跳分布式电源馈线开关 [图 5-32(a) 中 4DL]。

用户高压总进线断路器 [图 5-32(a) 中 3DL] 处配置的保护应符合以下技术要求:

1) 阶段式(方向)电流保护作为分布式电源侧保护。电流定值躲过负荷电流与分布式电源额定电流之和的最大值,动作时限与上下级保护通过时间级差配合。

2) 电压闭锁方向电流保护作为并网线路保护,电流定值可整定为分布式电源额定电流之和的 105%~110%,电压定值可整为额定电压的 0.9 倍,时间定值应躲过系统及用户母线上其他间隔故障切除时间,同时考虑与系统重合闸配合。

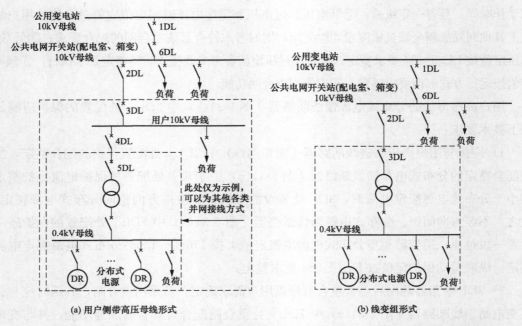

图 5-32　分布式电源经开关站（配电室、箱变）接入 10（6）～35kV 配电网典型接线

3）零序过压定值参考专线接入时的整定要求执行。

4）若配置重合闸，应具备后加速功能。

用户高压母线的分布式电源馈线断路器［图 5-32（a）中 4DL］处配置的保护应满足以下技术要求：

1）阶段式（方向）电流保护。电流定值按 110％～120％倍的分布式电源额定电流之和整定。动作时限与上下级保护通过时间级差配合。

2）零序电流保护按躲过系统最大电容电流整定，动作时限与上下级保护通过时间级差配合。

以线变组形式接入时分布式电源高压总进线断路器［图 5-32（b）中 3DL］处可配置重合闸并检同期重合，但是主变压器保护或故障解列动作应闭锁重合闸。

（4）分布式电源接入 380V/220V 配电网时的保护配置及技术要求。分布式电源经专线或 T 接接入 380V/220V 系统典型接线分别如图 5-33、图 5-34 所示。用户侧低压进线开关（图 5-33 和图 5-34 中 2DL）及分布式电源出口处开关（图 5-33 和图 5-34 中 3DL）应具备短路瞬时、长延时保护功能和分励脱扣、欠压脱扣功能。失压跳闸定值宜整定为 $20\%U_n$，时间 10s；检有压定值宜整定为 $85\%U_n$。

需要时，可校验用户侧低压进线开关（图 5-33 和图 5-34 中 2DL）处相关保护符合分布式电源接入要求。

用户侧低压进线开关（图 5-33 和图 5-34 中 2DL）及分布式电源出口处开关（图 5-33 和图 5-34 中 3DL）处配置的保护应符合以下技术要求：

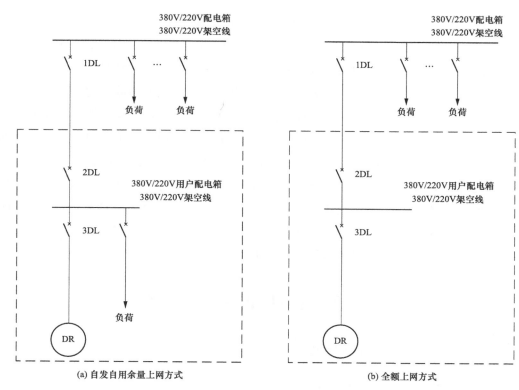

图 5-33 分布式电源经专线接入 380V/220V 系统典型接线

1）保护定值中涉及的电流、电压、时间等定值应符合 GB 50054、GB/T 13955 的要求。

2）必要时，2DL 或 3DL 处配置的相关保护应与用户内部系统配合，符合配网侧的配电低压总开关（图 5-33 和图 5-34 中的 1DL）处配置保护的配合要求。

5.5.2.2　对分布式电源的要求

变流器类型的分布式电源必须具备快速监测孤岛且监测到孤岛后立即断开与电网连接的能力，其防孤岛保护动作时间应与电网侧线路保护、备自投、重合闸动作时间相配合。保护装置应具备的功能有频率过高、频率过低、过电压、低电压、频率突变、逆功率等情况下跳闸，断开变流器类型的分布式电源，同时还应具备外部联跳、频率突变闭锁低频、系统失电、有压自动合闸等功能。

（1）分布式电源需具备一定的过电流能力，

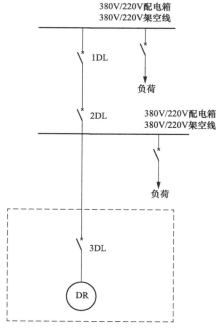

图 5-34　分布式电源 T 接接入
380V/220V 系统典型接线

在 120％额定电流以下，分布式电源连续可靠工作时间应不小于 1min；在 120％～150％额定电流内，分布式电源连续可靠工作时间应不小于 10s。接入点的分布式电源短路电流总和不允许超过接入点允许的短路电流。分布式电源应配置具有反时限特性的保护。

（2）当检测到配电网侧发生短路时，分布式电源系统向配电网输出的短路电流应不大于额定电流的 150％，同时分布式电源应与配电网断开。接入配电网的分布式电源应具备一定的电压和频率响应特性，当接入点的电压和频率超出规定范围时，应与配电网断开，其电压和频率的超出范围值和断开时间均应按照相关标准规定执行。

（3）分布式电源应具备快速监测孤岛且立即断开与配电网连接的能力，其防孤岛保护应与配电网侧线路保护相配合。防孤岛保护应同时具备主动式和被动式两种保护。主动防孤岛保护方式主要有频率偏离、有功功率变动、无功功率变动、电流脉冲注入引起阻抗变动等。被动防孤岛保护方式主要有电压相位跳动、3 次电压谐波变动、频率变化等。

5.6 配电网保护新技术

5.6.1 基于无线通信的配电网保护

5.6.1.1 配电网保护通信现状

随着新型电力系统建设的不断推进，对配电网的可靠性提出了更高的要求。在大规模分布式电源接入配电网场景中，仅依靠简单的过电流原理难以实现故障区段的快速、准确识别，采用具备绝对选择性的多点信息比较方法，如纵联保护及区域保护，充分利用通信通道扩大信息采集范围，具有灵敏可靠、动作速度快等优点，且能适应各种复杂的故障运行状态，有效提升电网保护水平。但是，受限于城市电网的通信设施现状，并考虑技术经济性等因素，除了在核心区域有高可靠性要求的城市电网采用全光纤通信外，在其他区域存在光纤、载波、无线、EPON 等多种方式混用的局面，无法为配电网保护提供高可靠、高带宽和低延时的通信手段，纵联保护、区域保护等双端量或多端量保护一直未能得到大规模推广应用。

5.6.1.2 基于 5G 通信的纵联保护方案

传统纵联保护需要在保护的两个端点之间敷设光纤作为信息传输的快速通道，但配电网中光纤敷设和线路维护成本过高，且易受到施工破坏，导致其难以广泛推广应用。此外，纵联保护对光纤通信信道利用效率极低，同时也影响了电力资产利用效率。

近年来，以 5G 为代表的新一代的无线通信技术快速发展。特别是 5G 网络提供的超可靠低时延业务（ultra-reliable and low-latency communication，URLLC），将其应用于配电网纵联保护，为配电网的故障精确定位、隔离与恢复供电提供了新的发展思路。5G 通信具有高带宽、低时延、高可靠、广连接等优点，其端到端时延小于 10ms，可靠性大于 99.999％，空口授时精度可达 300ns 以内，基站间授时精度可达微秒级，理论上可以满足配电网保护的通信需求。

基于 5G 通信的配电网差动保护方案如图 5-35 所示，线路两侧断路器处部署 5G 配电网保护终端，终端分别采集相应电流互感器的电流数据，经本侧终端—基站—核心网或边缘计算中心—基站—对侧终端，将本侧终端采集信息传输至对侧 5G 配电网保护终端，两侧终端分别计算差动电流和制动电流，当满足差动保护动作判据时，保护动作出口以实现配电网故障快速隔离。

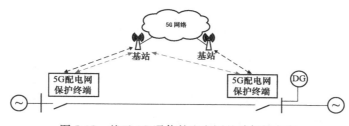

图 5-35　基于 5G 通信的配电网差动保护方案

5.6.1.3　5G 通信在配电网保护应用关键问题

5G 通信应用在配电网保护领域还要解决以下问题：

（1）时延抖动问题。纵联差动保护等电网控制类业务对通信时延要求较高，而 5G 通信系统的通信性能易受环境的影响，目前时延抖动问题依然存在。试验数据表明，差动保护单向平均时延达到 8～9ms，但最大时延偶发达到 90ms 以上，无线空口是引入时延和抖动最主要的因素，通过优化基站配置可以显著降低时延抖动，但最大时延仍达到 60ms。因此，未来在基站、承载网、保护终端等层面仍需针对无线进行性能改进和优化。

（2）同步问题。纵联差动保护原理判据需要比较同一时刻线路两侧的电流量，传统光纤差动保护通过乒乓对时原理计算通道延时，通过采样时刻调整来实现两侧数据同步，但该方法的前提是光纤通道的收发路由完全一致。由于 5G 网络传输路径不固定，收发路由不对称，且传输延时和速率等易受周围环境、网络流量等影响，延时抖动较大，传统数据同步方法不再适用。5G 网络空口授时精度可达 300ns 以内，可考虑利用 5G 基站对终端进行无线授时，实现各侧保护终端间的时间同步。

（3）安全问题。继电保护作为电力系统第一道防线，对于数据实时性、安全性要求较高。现有配电自动化从主站到终端采用带签名的 SM2 加密算法进行加密认证，而配电网差动保护终端之间数据传输的加密认证方式还需进一步研究验证，目前主流方案有软件方式、加密芯片和硬件加密等。

（4）持续连接问题。配电网保护需要持续在线运行，且在保护终端之间、保护终端与在线监视系统间实时高频发送电压、电流等模拟量信息，单终端通信速率可达 6Mbit/s 以上，如何持续保证保护业务的带宽资源，满足配电网保护对通信时延、延时抖动、安全的要求，同时保障 5G 通信模块持续稳定运行，是配电网保护应用于实际工程中必须解决的问题。

5.6.2 多端差动保护

5.6.2.1 多端差动保护研究现状

分布式电源的大量接入使配电网从传统单向潮流的辐射状网络逐步转变为双向潮流的多端电源供电的配电网，T 型和多端配电线路也逐渐出现在配电网中。为适应大量 DG 的接入，国内外专家学者针对基于单端或双端保护已展开大量研究工作；而多端电流保护的研究主要针对输电网，目前针对配电网的研究较少。但随着 5G 通信等技术的发展，多端差动保护在配电网领域将有良好的发展前景。

为了实现多端差动保护，需要尽量减少重负荷支路对保护的干扰，因此，基于故障分量的差动保护方案成为重点研究方向。另外，多端数据同步会引起相位误差，需重点考虑其对保护动作的影响，可借鉴双 K 制动系数等方法整定相关系数。对于有源配电网，一种可行的思路是，基于配电网的广域量测获取线路和 DG 的量测信息，进而构造多端差动保护方案，以适应日渐复杂的配电网。

5.6.2.2 多端差动保护数据同步方法

多端故障信息的传输同步对于差动保护动作起着关键作用，目前同步方式主要有以下几种：

（1）参考输电线路，在配电网架设光纤传输通道，基于乒乓原理实现多端信息的同步采用。

（2）在基于 EPON 的配电网自动化系统中，设计基于 IEEE 1588 的时钟同步协议，可使网络内各设备的时钟与主设备同步，精度能满足配电网线路多端差动保护的要求。

（3）基于保护启动时刻、波形特征等故障数据自同步方法。

小　　结

本章简述了分布式电源接入配电网的方式及要求，结合典型电网结构及参数模型，定量分析了分布式电源的接入对电流保护、备自投、自动重合闸的影响。

在分布式电源的接入对电流保护的影响方面，提出分布式电源供出的助增电流可能会使其下级保护的保护灵敏性增加，保护范围扩大；同时会导致分布式电源上级保护的保护灵敏性降低，保护范围缩短。相较于变流器型分布式电源，旋转电机型分布式电源接入对电流保护的影响较大。

在分布式电源的接入对备自投的影响方面，提出在变流器型分布式电源容量小于配电变压器容量的 20％或旋转电机型分布式电源小于配电变压容量的 15％时，配电网侧备自投不需调整原有策略。变流器型和旋转电机型分布式电源容量在分别大于配电变压器容量的 20％、15％并且都小于配电变压器容量的 70％时，需要协调分布式电源自动闭锁的时间。但在两种类型分布式电源的容量都大于配电变压器容量的 70％时，可允许分布式电源短时按计划孤岛运行，同时需协调分布式电源检同期并入电网。

在分布式电源的接入对重合闸的影响方面，对于接入分布式电源的配电网，系统侧重合闸需检线路无压，一般趋向于将重合闸动作时限整定为 1s 或更长，增加分布式电源与电力系统解列的机会，增加重合闸成功率；用户侧是否重合可根据用户需求确定，若采用重合闸，其延时宜与上下级配合，而以线变组形式接入的分布式电源可通过检同期实现重合闸。

提出了分布式电源接入下配电网侧保护和涉网保护配合原则、配置方案，并结合配电网新技术发展方向，对基于无线通信的保护以及多端差动在配电网保护中应用进行了探讨。

参 考 文 献

［1］ 李伟，杨国生，王文焕，王晓阳，于辉. 分布式电源接入对配电网继电保护影响及适应性研究 ［R］. 北京：中国电力科学研究院有限公司，2014.

［2］ 杨国生，吕鹏飞. 2022 年国家电网有限公司继电保护及安全自动装置分析评估报告 ［R］. 北京：中国电力科学研究院有限公司，2023.2：52-53.

［3］ 林达，王慧芳，何奔腾，杨涛，张雪松. 基于波形相关性的带并联电抗器线路永久性故障判别方法 ［J］. 电力系统自动化，2013，37（16）：80-84＋102.

［4］ 李斌，郭子煊，姚斌，李博通，李宝伟. 基于电压相位波动特征的单相永久性故障识别方法 ［J］. 电力自动化设备，2019，39（03）：9-16.

［5］ 宋国兵，索南加乐，孙丹丹. 输电线路永久性故障判别方法综述 ［J］. 电网技术，2006（18）：75-80.

［6］ 束洪春，孙士云，董俊，等. 单相重合时序对系统暂态稳定的影响 ［J］. 电力自动化设备，2007，155（03）：1-4.

［7］ Djuric M B, Terzija V V. A New Approach to the Arcing Faults Detection for Fast Auto-reclosure in Transmission Systems ［J］. IEEE Transactions on Power Delivery. 1995，10（4）：1793-1798.

［8］ 蒋帅，沈冰，李仲青，等. 5G 通信技术在配电网保护中的应用探讨 ［J］. 电力信息与通信技术，2021，19（05）：39-44.

6 分布式电源接入后配电自动化故障判别及切除技术

分布式电源接入配电网之前,配电自动化故障定位及切除技术都是基于配电网是辐射状无源网络进行设计和实施的;分布式电源接入配电网后,改变了配电网的潮流分布和故障特性,使得配电网由无源电网变为有源系统,配电网潮流方向由单向确定变为双向不确定;从而导致现有配电自动化故障定位及切除技术在一定情况下的失效。本章在分析当前配电自动化故障定位及隔离技术现状的基础上,分析了分布式电源并网对配电自动化故障定位及切除的影响,进而提出了分布式电源并网后配电自动化故障判别及切除的推荐性方法。

6.1 当前配电自动化故障定位及隔离技术

6.1.1 基于重合器的就地馈线自动化

重合器是一种具有控制功能的开关设备,它能按预定的开断和重合顺序自动进行开断和重合操作,并在其后自动复位闭锁。事故发生后,如重合器经历了超过设定值的故障电流,则重合器跳闸,并按预先整定的动作顺序作若干次合、分的循环操作,若重合成功则自动终止后续动作,并经一段延时后恢复到预先的整定状态,为下一次故障做好准备;若重合失败则闭锁分闸状态,只能通过手动复位才能解除闭锁。

分段器是一种与电源侧前级开关配合,在失压或无电流的情况下自动分闸的开关设备。当发生永久性故障时,分段器在预定次数的分合操作后闭锁于分闸状态,从而隔离故障线路。

6.1.1.1 重合器与分段器配合实现故障区隔离

配电网典型环网设计开环运行结构如图 6-1 所示。分段器 C 与 D 间发生永久性故障,重合器 A 跳闸造成联络断路器 E 左侧失电,分段器 B、C、D 均因失电分闸。

(1) Ⅰ 段状况分析。重合器 A 第一次重合后,分段器 B、C 依次合闸,当 C 合于故障段造成重合器 A 再次跳闸,分段器 B、C 又一次分闸,同时分段器 C 因合闸于故障而被闭锁;重合器 A 第 2 次重合时,仅分段器 B 合闸,C 因闭锁保持分闸状态,非故障区段恢复供电。

（2）Ⅱ段状况分析。重合器 A 第一次重合后，经过一定延时，联络断路器 E 合闸，则分断器 D 合闸，合于故障段造成联络断路器 E 右侧线路的重合器 A′ 跳闸，所有分段器均分闸；此后分段 D 闭锁，联络断路器 E 以及右侧分段器和重合器又依次合闸，分段器 C、D 因闭锁保持分闸状态，从而隔离故障，恢复健全区段供电。

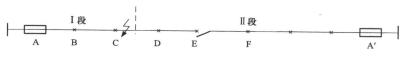

图 6-1　典型配电网环网设计开环运行结构

A、A′—重合器（动断）；B、C、D、F—分段器（动合）；E—联络断路器（动合）

6.1.1.2　重合器与熔断器配合实现故障区隔离

重合器与熔断器配合的馈线自动化保护方案，利用了重合器能够重合，而且其开断特性具有双时性的特点。熔断器能够在线路中出现不被允许的大电流时，由电流流过熔体或熔丝产生的热量将熔体或熔丝熔断，实现线路故障区段的隔离。通常熔断器装于配电变压器的高压侧或线路末端及线路分支处。

重合器与熔断器的典型配合见图 6-2 所示。R 为重合器，重合器整定为"一快两慢"，FU1 与 FU2 为熔断器。重合器与熔断器的 t-I 特性曲线 TCC 如图 6-3 所示。当 k1 点发生故障时，假设故障电流为 I_d，R 首先按照快速动作特性动作分闸，由于动作时间小于 FU1 与 FU2 的熔断时间，2 台熔断器都不会熔断，R 随后第 1 次重合，如果是瞬时性故障，重合成功；如果是永久性故障，R、FU1 和 FU2 再次感受到故障电流，R 按照慢速动作特性 1 动作分闸，由于动作时间大于 FU1 的熔断时间而小于 FU2 的熔断时间，故在 R 分闸前，仅由 QF1 熔断将故障点 k1 隔离。线路其余点故障的动作原理类似。

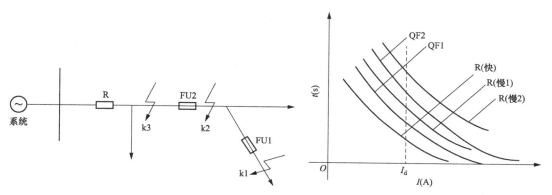

图 6-2　重合器与熔断器之间的配合　　　图 6-3　重合器与熔断器的 t-I 特性曲线

6.1.2 基于馈线监控终端的馈线自动化

6.1.2.1 基于智能监控终端间通讯的分布模式

这种处理模式也可称智能分布式，是将故障处理功能下放到馈线监控终端（feeder terminal unit，FTU），利用智能 FTU 相互之间通信，交换故障检测信息，实现分布式故障自动处理。

智能 FTU 间通信的分布模式要求 FTU 都有综合处理信息能力，将同一条线路（包括环网备供侧）上的所有 FTU（包括变电站出线保护监控装置）设置成对等通信网。在线路出现永久故障时，变电站出线断路器重合失败跳开后，线路上 FTU 立即与有电路联系的相邻 FTU 交换故障电流检测结果。FTU 根据本身的以及相邻 FTU 送来的故障电流检测结果做出判断：如果故障电流在某一区段是注入性的，无穿越性故障电流流过，则故障点在该区段；当故障电流在某区段是穿越性的或者说根本就没有故障电流流入，则该区段上不存在故障。

以图 6-4 所示线路为例，断路器 CB1 与断路器 S11 之间区段上，故障电流是穿越性的，而断路器 S11 与 S12 之间的区段上，故障电流是注入性的，因此，判断出故障点在 S11 与 S12 之间的线路区段上。确定出故障区段后，将与故障区段相联的所有断路器断开，隔离故障。在故障被隔离后，首先合上变电站出线断路器，恢复故障点上游线路区段的供电。联络断路器 ST 在检测出一侧带电而另一侧失电后，等待一个时限闭合，恢复对其他非故障线路区段的供电。

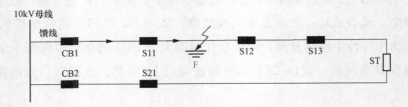

图 6-4　线路层故障区段判断原理

采用这种分布模式能够缩短故障隔离及非故障线路区段恢复供电时间，并在一定程度上减少了上级主站的负担，缺点是 FTU 之间需要互相交换信息，通信配置较复杂，费用较高。

6.1.2.2 集中模式

集中模式（又称远方控制模式）是指配电网故障发生后，现场的配电远方终端将现场的开关状态及有关故障信息通过通信系统送入配电主站（或子站）系统，由系统根据配电网的实时拓扑结构按照一定的逻辑算法，进行故障定位，确定故障区段，并且确定可行的或者优选的故障恢复步骤，自动或人工干预发出有关开关设备的操作命令，实现隔离故障区段，恢复其他非故障区段的供电。

集中模式的主站系统故障恢复软件的基本设计思想是，根据开关跳闸信息和故障指示信息，应用智能软件对配电网馈线上发生的故障进行及时准确的分析和判断，并提出正确有效的停电恢复对策，以帮助调度员准确确定故障位置，隔离故障区域，尽量恢复非故障区域的供电，将故障损失降到最低。其主要特点是能够在综合考虑开关操作次数、馈线裕度、负荷恢复量、网络约束等因素下提出优选的恢复方案。

对如图 6-5 所示情况，下游区有多个恢复方案组合。例如，当馈线 B 的负荷裕度充分大时，合上联络断路器 ST1 以将馈线 A 的下游区负荷转移到馈线 B（方案 1）；当馈线 C 的负荷裕度充分大时，合上断路器 ST2 以将馈线 A 的下游区负荷转移到馈线 C（方案 2）；当馈线 B 和馈线 C 的负荷裕度都不满足恢复下游区中的全部负荷时（区段 Z3、Z4 和 Z5），但馈线 B 的负荷裕度满足恢复区段 Z3 和 Z4 的负荷，馈线 C 的负荷裕度满足恢复区段 Z5 的负荷，则可以首先拉开断路器 S14，然后合上断路器 ST1 和 ST2，以恢复下游区全部负荷的供电（方案 3）；当馈线 B 和/或馈线 C 的负荷裕度较小时，又有其他多种可行的恢复方案或甚至根本不存在可行的恢复方案，等等。显然，当配电网规模较大或接线复杂时，这种恢复方案组合将成几何级增长。集中模式故障恢复的基本功能就是应用人工智能技术，从众多恢复方案组合中选择可行的或优选的恢复方案。这里，可行的恢复方案应当既满足网络拓扑约束，又满足潮流和电压约束，而优选的恢复方案是在遵循一定目标准则，例如恢复负荷量最多、操作次数最少等条件下选择的可行方案，很显然，这是分布模式单纯依赖硬件技术所难以达到的。

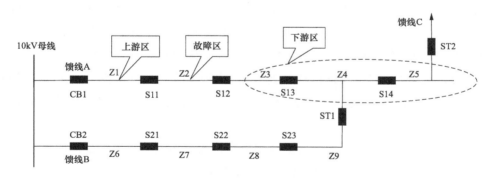

图 6-5　集中模式的故障恢复示例图

方案 1：合上 ST1　方案 2：合上 ST2　方案 3：拉开 S14，合上 ST1ST2
方案 4：拉开 S13S14，合上 ST1ST2　方案 5：拉开 S13，合上 ST1　方案 6：拉开 S13，合上 ST2

集中模式完全避免了分布模式的缺点，具备快速定位、隔离、恢复的特点，不会造成电网冲击的"冷负荷"，而且可以用于复杂的一次网络结构（如多条馈线拉手等）。但是依赖于通信信道，造价相对比较高。但随着光纤通信成本的降低，通信方案一般选择光纤通信方式；而且随着具备通信与控制功能的新型 FTU 的大量出现及成本降低，集中模式的解决方案逐步成为馈线自动化故障处理的主要解决方案。

集中控制模式能够将馈线保护集成一体化于配电网集中监控系统，实现配电 SCA-DA、配电高级应用（PAS），从而使故障切除、故障隔离、恢复供电等方面都能有效地提高供电可靠性。它在实现对全局馈线信息的采集和控制的同时也实现了馈线保护。同时，在整个配电自动化中，可以加装电能质量监测和补偿装置，从而在全局上实现改善电能质量的控制。

在集中模式下，如果由于某种原因，实时信息中出现信息畸变或信息不全，也可通过具有高容错性能的算法进行故障区段定位，进行最优的模糊控制。

6.2 分布式电源并网对配电自动化故障定位及切除技术的影响

本部分基于目前分布式电源典型并网方式，分析了分布式电源并网对现有基于重合器、分段器和熔断器配合以及基于馈线监控终端 FTU 的馈线自动化故障定位及切除的影响，作为后续研究分布式电源并网后配电自动化故障定位及切除技术的基础。

6.2.1 分布式电源并网典型接入方式

在介绍分布式电源并网方式前，首先介绍分布式电源并网方式说明中需要用到的术语，具体为：

并网点，对于有升压站的分布式电源，并网点为分布式电源升压站高压侧母线或节点；对于无升压站的分布式电源，并网点为分布式电源的输出汇总点。如图 6-6 所示，A1、B1 点分别为分布式电源 A、B 的并网点，C1 点为常规电源 C 的并网点。

接入点，是指电源接入电网的连接处，该电网既可能是公共电网，也可能是用户电网。如图 6-6 所示，A2、B2 点分别为分布式电源 A、B 的接入点，C2 为常规电源 C 的接入点。

公共连接点，是指用户系统（发电或用电）接入公用电网的连接处。如图 6-6 所示，C2、D 点均为公共连接点，A2、B2 点不是公共连接点。

按照分布式电源接入点处是否设置分布式电源专用的开关设备（间隔），将分布式电源并网方式分为专线接入和 T 接接入（馈线接入）。专线接入是指分布式电源接入点处设置分布式电源专用的开关设备（间隔），如分布式电源直接接入变电站、开闭站、配电室母线，或环网柜等方式。T 接接入是指分布式电源接入点处未设置专用的开关设备（间隔），如分布式电源直接接入架空或电缆线路方式。

同时，按照分布式电源是否直接接入公共电网，将分布式电源并网方式分为直接接入和接入用户内部电网后再接入两种方式。

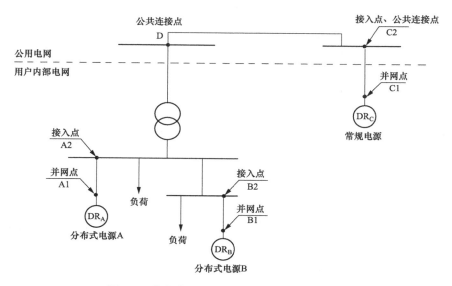

图 6-6　分布式电源并网相关节点定义示意图

综合以上并网方式划分依据，目前分布式电源接入公共电网主要有 7 种典型并网方式，详见图 6-7～图 6-13 所示。

（1）分布式电源专线接入 10kV 配电网，如图 6-7 所示。

（2）分布式电源 T 接接入 10kV 配电网，如图 6-8 所示。

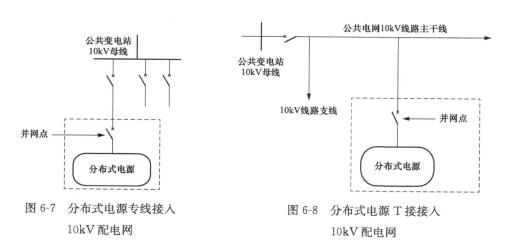

图 6-7　分布式电源专线接入
10kV 配电网

图 6-8　分布式电源 T 接接入
10kV 配电网

（3）分布式电源接入用户内部电网后专线接入 10kV 配电网，如图 6-9 所示。

（4）分布式电源接入用户内部电网后 T 接接入 10kV 配电网，如图 6-10 所示。

（5）分布式电源专线接入 380V 配电网，如图 6-11 所示。

（6）分布式电源 T 接接入 380V 配电网，如图 6-12 所示。

（7）分布式电源接入 220/380V 配电网，如图 6-13 所示。

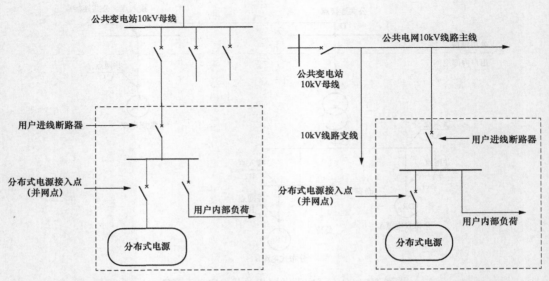

图 6-9　分布式电源接入用户内部电网后　　　　图 6-10　分布式电源接入用户内部电网后
专线接入 10kV 配电网　　　　　　　　　　　T 接接入 10kV 配电网

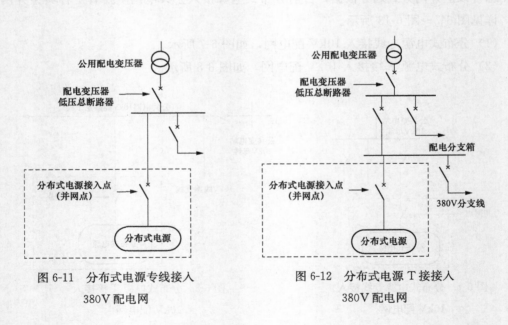

图 6-11　分布式电源专线接入　　　　　　　图 6-12　分布式电源 T 接接入
380V 配电网　　　　　　　　　　　　　　380V 配电网

6.2.2　分布式电源并网对配电网短路电流的影响

配电网发生短路时，并网分布式电源不可避免的提供短路电流，进而对配电网短路电流的大小及分布产生影响。分布式电源并网对配电网短路电流的影响，与分布式电源的类型、容量、并网位置、并网方式以及短路点与分布式电源的相对位置等因素有关。

6.2.2.1 仿真分析

本节分析所采用的仿真系统接线图如图 6-14 所示。10kV 线路总长 5km，导线型号 JK-LYJ0.6/1-185mm²，线路节点数为 10，线路最大负荷 6MW，短路电流约束为 20kA。

影响配网短路电流的主要因素有 DR 容量、DR 类型、系统短路位置以及 DR 的接入方式。本节实验设计了以下实验内容。

（1）实验一：DR 接入位置（节点 5）、短路位置固定（节点 5），逆变器型 DR 不同容量变化时，对配电网短路水平的影响如表 6-1 所示。不同 DR 容量配电网短路电流情况如图 6-15 所示。

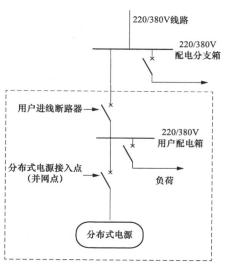

图 6-13　分布式电源接入 220/380V 配电网

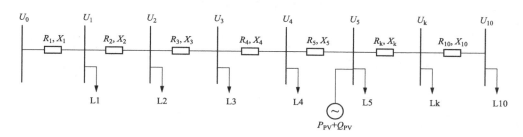

图 6-14　辐射式配电网示意图

表 6-1　　　　　　　　　　不同 DR 容量对配网短路电流的影响

实验内容	DR 容量（MW）	DR 额定电流（kA）	故障点短路电流（kA）	DR 侧短路电流（kA）	与额定电流比值
实验一	0	0	4.913	—	—
实验二	1	0.058	4.995	0.086	1.490
实验三	2	0.115	5.077	0.171	1.481
实验四	3	0.173	5.16	0.255	1.472
实验五	4	0.231	5.242	0.339	1.468
实验六	5	0.289	5.325	0.416	1.441
实验七	6	0.346	5.408	0.496	1.432

由以上实验可得到结论为：

1）DR 接入配电网后，由于 DR 对故障点短路电流的贡献作用，使得故障点短路电流增大；

2）随着 DR 容量的增大，DR 注入的短路电流也不断增大；

3）逆变器型 DR 注入的短路电流基本可控制在其额定电流的 1～1.5 倍。

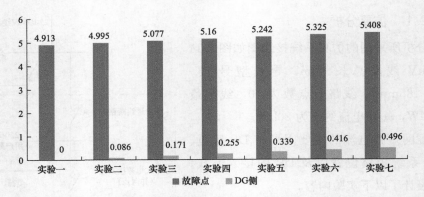

图 6-15　不同 DR 容量配电网短路电流情况（单位：kA）

（2）实验二：DR 接入位置（节点 5）、接入容量（5MW）固定，短路位置不同，对配电网短路水平的影响。不同短路位置时系统各馈线短路电流情况如表 6-2 所示。

表 6-2　　　　　　　　不同短路位置时系统各馈线短路电流情况　　　　　　　　kA

短路位置	是否接入 DR	B1	B2	B3	B4	B5	B6	B7	B8	B9	B10	DR
节点 1 末端	接入 DR 前	11.957	—	—	—	—	—	—	—	—	—	
	接入 DR 后	12.341	0.181	0.2	0.223	0.248	0.172	0.138	0.104	0.069	0.035	0.385
节点 2 末端	接入 DR 前	9.127	8.852	—	—	—	—	—	—	—	—	
	接入 DR 后	9.104	9.081	0.202	0.224	0.249	0.172	0.138	0.104	0.069	0.035	0.389
节点 3 末端	接入 DR 前	7.278	7.25	6.992	—	—	—	—	—	—	—	
	接入 DR 后	7.258	7.233	7.41	0.226	0.251	0.172	0.138	0.104	0.069	0.035	0.39
节点 4 末端	接入 DR 前	6.055	6.027	5.998	5.762	—	—	—	—	—	—	
	接入 DR 后	6.036	6.011	5.986	5.962	0.252	0.172	0.138	0.104	0.069	0.035	0.41
节点 5 末端	接入 DR 前	5.191	5.162	5.133	5.103	4.893	—	—	—	—	—	
	接入 DR 后	5.172	5.147	5.121	5.096	5.071	—	—	—	—	—	0.416
节点 6 末端	接入 DR 前	4.549	4.52	4.49	4.461	4.43	4.248	—	—	—	—	
	接入 DR 后	4.481	4.455	4.43	4.404	4.379	4.591	—	—	—	—	0.409
节点 7 末端	接入 DR 前	4.056	4.027	3.997	3.967	3.936	3.906	3.752	—	—	—	
	接入 DR 后	3.956	3.93	3.904	3.878	3.853	4.166	4.034	—	—	—	0.395
节点 8 末端	接入 DR 前	3.667	3.637	3.607	3.576	3.546	3.515	3.484	3.361	—	—	
	接入 DR 后	3.544	3.518	3.492	3.466	3.441	3.73	3.703	3.597	—	—	0.389
节点 9 末端	接入 DR 前	3.352	3.322	3.291	3.261	3.23	3.199	3.168	3.137	3.044	—	
	接入 DR 后	3.214	3.188	3.162	3.136	3.11	3.38	3.353	3.327	3.246	—	0.376
节点 10 末端	接入 DR 前	3.093	3.063	3.032	3.002	2.971	2.939	2.908	2.877	2.846	2.784	
	接入 DR 后	2.943	2.917	2.891	2.865	2.839	3.094	3.067	3.04	3.013	2.959	0.37

节点 3、10 处短路时，各节点的短路电流情况如图 6-16 所示。

由以上实验可得到结论为：

1）故障点距离电源点越远，馈线上的短路电流值越小，故障发生在馈线末端时，短路电流最小；

2）当故障发生在 DR 上游时，DR 对上游馈线的故障电流有贡献作用，与没有接入 DR 前比较，短路电流值相应增大；对下游馈线没有影响；

3）当故障发生在 DR 下游时，DR 接入会减小并网点前馈线的故障电流，而对并网点和故障点间馈线的短路电流有助增作用，对故障点后的馈线没有影响。

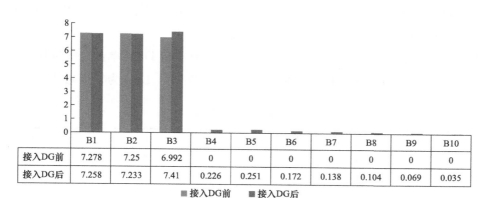

	B1	B2	B3	B4	B5	B6	B7	B8	B9	B10
接入DG前	7.278	7.25	6.992	0	0	0	0	0	0	0
接入DG后	7.258	7.233	7.41	0.226	0.251	0.172	0.138	0.104	0.069	0.035

■接入DG前　■接入DG后
(a) 节点3短路

	B1	B2	B3	B4	B5	B6	B7	B8	B9	B10
接入DG前	3.093	3.063	3.032	3.002	2.971	2.939	2.908	2.877	2.846	2.784
接入DG后	2.943	2.917	2.891	2.865	2.839	3.094	3.067	3.04	3.013	2.959

■接入DG前　■接入DG后
(b) 节点10短路

图 6-16　节点短路时各节点的短路电流情况（单位：kA）

（3）实验三：DR 短路位置（节点 5）、容量（5MW）、接入位置（节点 5）固定，DR 类型不同，对配电网短路水平的影响。不同类型 DR 接入对配网短路水平的影响如表 6-3 所示。

表 6-3　　　　　　　　　　不同类型 DR 接入对配电网短路水平的影响

实验	DR 类型	故障点短路电流（kA）	DR 侧短路电流（kA）	与额定电流比值
实验一	不接 DR	4.893	0	—
实验二	逆变器	5.305	0.416	1.441
实验三	同步电机	6.732	1.89	5.456
实验四	异步电机	6.583	1.717	4.956

实验结果表明：

1）逆变器接口类型的分布式电源提供短路电流不超过其额定电流的 1～1.5 倍；

2）同步电机类型分布式电源提供短路电流可达其额定电流 5～10 倍；

3）异步电机类型分布式电源提供短路电流可达其额定电流 3～6 倍。

（4）实验四：DR 短路位置（节点 1）、容量（4MW）固定，接入方式不同，对配电网短路水平的影响。

DR 接入的实验方案如表 6-4 所示。接入系统共有 4 台 DR，单台总容量均为 1MW，其中 DR1 和 DR2 均为逆变型 DR，DR3 为同步电机型 DR，DR4 为异步电机型 DR。

表 6-4   **DR 接入的实验方案**

实验方案	DR1	DR2	DR3	DR4
沿线分布	3	5	7	9
首端集中	1	1	1	1
中间集中	5	5	6	7
末端集中	9	9	10	10

注 表格中的数字为节点号。

实验结果如表 6-5 所示。

表 6-5   **不同 DR 接入方式对配网短路电流的影响**   kA

实验方案	故障点	DR1	DR2	DR3	DR4
沿线分布	14.283	0.082	0.078	1.177	1.103
首端集中	15.557	0.087	0.087	1.8	1.72
中间集中	14.434	0.077	0.077	1.24	1.193
末端集中	13.949	0.071	0.071	0.977	1.005

实验结果表明：在 DR 容量相同的前提下，首端集中方式对故障点形成的短路电流最大，其次是中间集中和沿线分布方式，影响最小的是末端集中方式。

6.2.2.2 分布式电源并网对配电网短路电流影响分析

通过上述仿真分析可知，机端短路时，逆变器接口类型的分布式电源提供短路电流不超过其额定电流的 1～1.5 倍，同步电机类型分布式电源提供短路电流可达其额定电流 5～10 倍，异步电机类型分布式电源提供短路电流可达其额定电流 3～6 倍。因此，容量较大的燃气轮机、柴油机等旋转电机类型的分布式电源接入配电网，将会显著增加配电网的短路电流水平。

同时，对采用低压分散方式并网的分布式电源，由于机组容量较小且多数为光伏发电，机组短路电流较小，对低压配电网短路电流水平的影响较小。对采用中压馈线型的分布式电源会对配电网短路电流水平造成较大影响。近年来，随着城市配电网的接入或专线接入的分布式电源，机组容量较大，燃气轮机、柴油机等旋转电机类等快速发展，配电网短路电流水平呈逐年上升趋势，特别是一些负荷密集东部城市，部分城市配电网现有 10kV 断路器遮断容量为 20kA，预计未来两三年部分地区 10kV 节点短路电流水平将会接近规划上线，一旦大容量旋转电机类型分布式电源并网，将使短路电流水平超过系统断路器遮断容量，需要投入大量资金对现有断路器进行更换（据统计，断路器遮断容量升高一个档次，设备价格提高 15%～20%）。

此外，短路点与分布式电源接入点的相对位置，是决定分布式电源并网对配电网短路电流影响的重要因素之一。如图 6-17 所示，当 2 号馈线断路器 B 与 C 之间发生短路时，分布式电源并网后配电网中短路电流的分布及大小变化情况如下：

（1）主电源（主电源指的是配电网内没有发电设备时为配电网提供电力的电源，即配电网的上级电网）和各个分布式电源均向短路点注入短路电流，短路点短路电流增大。

（2）短路点上游断路器 S2 和断路器 B 流过来自主电源、本馈线上游接入的分布式电源（DG2）和其他馈线上分布式电源（DG1 和 DG4）的短路电流；其中来自分布式电源的短路电流使得故障段馈线电压上升，从而导致主电源供出的短路电流与没有分布式电源时相比有所降低。

（3）短路点下游断路器 C 也流过其后分布式电源（如 DG3）提供的短路电流，当此电流较大时，可能引起基于电流的传统故障定位策略判断失误。

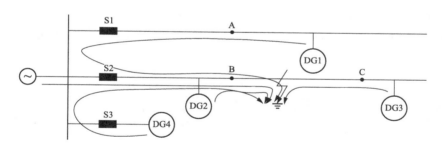

图 6-17　分布式电源对配电网短路电流的影响

由此可见，分布式电源并网改变了配电网的短路电流分布特点，使原有的单点提供短路电流改变为多点提供短路电流，在一些情况下，会导致原有的配电网故障定位及隔离技术失效。

6.2.3　分布式电源并网对基于重合器的馈线自动化故障定位及隔离的影响

6.2.3.1　分布式电源并网对重合器与分段器配合的影响

在馈线中如果引入分布式电源（DG），如图 6-18 所示，DG 对重合器与分断器配合方案可能会产生不利影响。

（1）导致重合器误动。例如图 6-18 中 F_1 或 F_2 点故障，DG 会通过本馈线对故障点提供短路电流，如果此电流足够大，将导致重合器 R 误动，严重情况下，如果系统侧或故障线路保护或开关拒动,将导致重合器 R 反复重合。

(2) 导致分断器计数不正确。

例如图 6-18 中 F₃ 处故障,重合器跳闸后,DG 仍然对其下游线路供电,无论重合器分合几次,S2 始终感受到电流流过,其内部计数器不进行计数,无法隔离故障点,重合器与分断器无法配合。

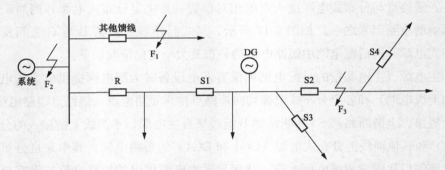

图 6-18 分布式电源并网后对重合器与分段器配合的影响

6.2.3.2 分布式电源并网对重合器与熔断器配合的影响

如图 6-19(a) 所示,当系统中不接入任何 DG 时,主干线上的重合器 R 和负荷馈线上的熔断器 FU 协调,重合器 R 整定为一快一慢,协调性曲线如图 6-20 所示,即熔断器 FU 负荷侧故障时其熔断器特性位于相邻的电源侧重合器 R 快速曲线与慢速曲线之间。

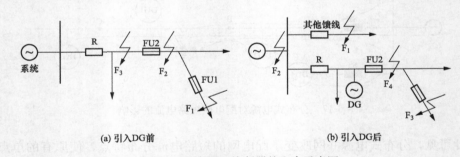

(a) 引入DG前   (b) 引入DG后

图 6-19 重合器和熔断器的配合示意图

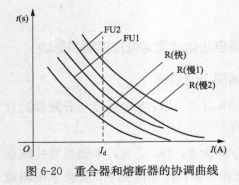

图 6-20 重合器和熔断器的协调曲线

在馈线中如果引入 DG,见图 6-19(b)。DG 对重合器与熔断器配合方案产生不利影响的表现如下。

(1) 导致重合器误动。若图 6-19(b) 中 F₁ 或 F₂ 点故障,DG 会通过本馈线对故障点提供短路电流,如果此电流足够大,将导致重合器 R 误动,严重情况下,如果系统侧或故障线路保护或开关拒动,将导致重合器 R 反复重合。

（2）导致重合失败或非同期合闸。若重合器重合时，DG 仍并网发电，则会导致重合器重合失败或非同期合闸。

（3）破坏重合器与熔断器之间的配合。若 F_3 点故障时，DG 引入后，重合器感受到的故障电流减少，熔断器感受到的故障电流增加，结合图 6-20 可以发现，当两者之间的差值达到一定程度时，熔断器的熔断时间小于重合器快速动作特性下的动作时间，熔断器将在重合器未分闸之前熔断，重合器与熔断器失去配合。因此，必须限制引入 DG 的容量，才能使重合器与熔断器保持正确的配合关系。

6.2.4 分布式电源并网对基于 FTU 馈线自动化的故障定位及隔离的影响

6.2.4.1 分布式电源并网对基于 FTU 馈线自动化故障定位的影响

（1）传统故障定位策略。已建成配电自动化系统大多采用的故障定位策略是依靠短路电流在配电网上的分布来进行故障定位，这也是目前配电自动化系统制造企业广泛采用的故障定位策略，对配电自动化终端要求不高，具有简单可靠的优点。

将由开关节点、电源节点和末梢点围成的，其中不再包含开关节点的子图称作最小配电区域（简称"区域"），最小配电区域是配电网中所能隔离的最小单元。将围成区域的开关节点、末梢点和电源节点称为其端点。

例如，对于图 6-21（a）所示的配电网，其可以划分出 20 个最小配电区域，如图 6-21（b）中虚线圈所示。

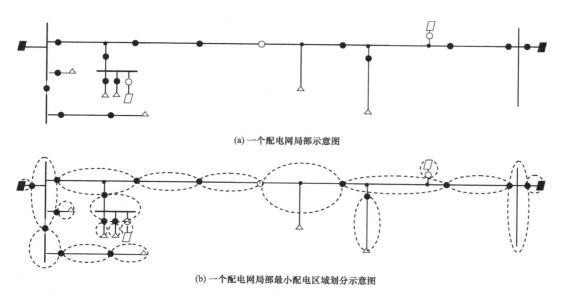

(a) 一个配电网局部示意图

(b) 一个配电网局部最小配电区域划分示意图

图 6-21 一个配电网局部及其最小配电区域划分示意图

传统故障定位规则是：如果一个区域的一个端点上报了短路电流信息，并且该区域的其他所有端点均未上报短路电流信息，则故障在该区域内；若其他端点中至少有一个也上报了短路电流信息，则故障不在该区域内。

例如对于图 6-22 所示的配电网，S 是变电站出线断路器，A、B、C、D、E 是分段断路器。当断路器 C、D、E 所围的区域 λ（C，D，E）内发生故障时，开关 S、A 和 C

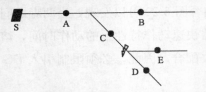

会经历短路电流并上报短路电流信息，其余节点不经历短路电流。对于区域 λ（S，A），其端点（S、A）都上报了短路电流信息，因此依据"传统故障定位规则"，故障不在该区域中。对于区

图 6-22　传统配电网故障定位规则示意图

域 λ（A，B，C），其有两个端点（A、C）上报了短路电流信息，因此依据"传统故障定位规则"，故障不在该区域中。对于区域 λ（C，D，E），其端点 C 上报了短路电流信息，而所有其他端点均未上报短路电流信息，因此依据"传统故障定位规则"，故障就在该区域中。

（2）分布式电源专线方式接入时对传统故障定位规则的影响。对于分布式电源专线方式接入的情形，若"分布式电源并网点的短路电流与分布式电源额定电流之比不宜低于 10"（根据 Q/GDW 1480—2015《分布式电源接入电网技术规定》），则无论接入数量多少，在满足上述规定的情况下，因为由主电源流供给故障点的短路电流远大于分布式电源提供给故障点的短路电流。因此，基于短路电流信息的传统故障定位规则都能实现故障定位，但需要将分布式电源公共连接点断路器和分布式电源出口断路器处的采集终端的短路电流信息上报阈值均根据主电源的短路电流设置，使流过主电源供出的短路电流时超过该阈值才上报短路电流信息，但是流过分布式电源供出的短路电流时，因未超过该阈值而不上报短路电流信息。

例如，对图 6-23 所示的情形，断路器 S1、S2、A、B、C、D、E 上报短路电流信息的电流阈值均根据主电源的短路电流设置，分布式电源公共连接点断路器 S3 和分布式电源出口断路器 G 上报短路电流信息的电流阈值也根据主电源的短路电流设置。

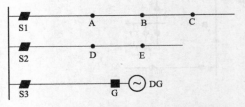

图 6-23　分布式电源专线接入方式下的情形

当分布式电源（DG）发生故障时，S3 和 G 均流过来自主电源的短路电流，因此均上报短路电流信息，依据传统故障定位规则可判定是分布式电源（DG）故障。

当分布式电源（DG）与 S3 之间的线路上发生故障时，只有 S3 流过来自主电源的短路电流，因此 S3 上报短路电流信息；G 只流过来自分布式电源（DG）的短路电流，未超过其根据主电源的短路电流设置的电流阈值，则 G 不上报短路电流信息。因此依据传统故障定位规则可以判定是 G 与 S3 之间馈线故障。

当母线所带某条馈线上，例如 E 下游区域故障时，此时只有 S2、D 和 E 流过来自主电源的短路电流，因此上报短路电流信息；而 S3 和 G 只流过来自分布式电源（DG）的

短路电流，未超过其根据主电源的短路电流设置的电流阈值，则 S3 和 G 不上报短路电流信息。因此依据传统故障定位规则可以判定是 E 下游区域故障。

对于多个分布式电源（DG）接入母线的情形，由于非故障分布式电源（DG）支路与来自主电源的短路电流相叠加，因此上述选择性更容易满足。

对于由于光照、风力等自然因素导致分布式电源（DG）出力严重减少的情形，故障时流过分布式电源（DG）出口开关的短路电流会更小，因此更加不会影响依据传统故障定位规则进行故障定位的准确性。

（3）分布式电源馈线接入时对传统故障定位规则的影响。对于分布式电源馈线接入方式，当某个区域发生故障时，除了该区域的主电源侧端点会流过主电源供出的短路电流以外，对于该区域与分布式电源连接的端点也会流过相应分布式电源供出的短路电流。若主电源供出的短路电流与分布式电源供出的短路电流相差较大时，可以设置短路电流上报阈值，使流过主电源供出的短路电流时超过该阈值而上报短路电流信息，而流过分布式电源供出的短路电流时未超过该阈值而不上报短路电流信息，从而根据短路电流信息依靠传统故障定位规则就可以进行故障定位。但是，若主电源供出的短路电流与分布式电源供出的短路电流相差不大时，则难以使设置短路电流上报阈值达到上述目的，根据短路电流信息依靠传统故障定位规则进行故障定位会发生误判。

例如，对于图 6-24 所示的情形，区域 λ（A，B，C）内部故障时，开关 S 和 A 流过主电源供出的短路电流，断路器 B、E 和 G 流过分布式电源（DG）供出的短路电流，若两者差别较大，则可以通过设置恰当的短路电流上报阈值，使得只有 S 和 A 上报短路电流，依据"传统故障定位规则"可以正确判断出故障发生在区域 λ（A，B，C）内。

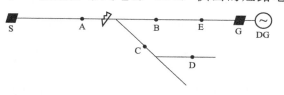

图 6-24　分布式电源馈线接入方式下的情形

若主电源供出的短路电流与分布式电源（DG）供出的短路电流差别不大，则难以设置出恰当的短路电流上报阈值，可能造成 S、A、B、E 和 G 均上报短路电流信息，依据"传统故障定位规则"无法正确地判断出故障区域。

6.2.4.2　分布式电源并网对基于 FTU 馈线自动化故障隔离的影响

传统馈线自动化对故障隔离的处理较简单，直接对故障区域的边界开关做开断操作即可。而分布式电源接入配电网后，对故障隔离的处理还需要考虑到以下几点因素：

（1）要保证现场故障抢修人员的施工安全性，确保被隔离的故障区段不再含有任何可能运行的分布式电源。

（2）要与负荷转供及微电网构建策略相结合，需要考虑在故障排除之后，重新供电及运行方式恢复的过程中不会导致用户的二次停电及分布式电源的二次离网。

考虑分布式电源并网之后，对故障处理过程中非故障区域负荷转供及故障处理完成后恢复操作需要增加考虑以下因素：

（1）分布式电源接入配电网后，形成对非故障区域进行恢复供电的策略时，需要考虑负荷转供电源的供电可靠性，按照转供电源的性质和类型对其进行选择。

（2）配电网故障情况下，大量的分布式电源将从配电网上离网，导致一部分有功功率的丢失，在对非故障区域的负荷转供时，需要增加对这部分丢失的电源有功功率的考虑，以免造成转供负荷实际量超出预估量太多，而引起转供线路的过载。

（3）需要考虑对现有分布式电源的充分利用。对无法转供的负荷采取构建微电网的方式运行。

（4）需要考虑含分布式电源配电网由非正常运行方式向常规正常运行方式过渡的不停电操作策略。

6.3　分布式电源并网后配电自动化故障判别及切除

针对分布式电源并网后配电网原有故障定位及切除方法在一些情况下无法有效识别和隔离故障的问题，本章基于现有规范对分布式电源并网动作特性的要求，研究提出了适用于辐射状或环网设计开环运行配电网的重合闸与分布式电源脱网相配合的参数整定原则和分段开关延时分闸的参数整定方法。同时，基于最不利条件下不同类型分布式电源对公共电网侧主电源提供短路电流的影响分析，提出了适应分布式电源接入的基于FTU配电自动化的改进故障判别及切除方案。

6.3.1　分布式电源并网后基于重合器的馈线自动化改进配合机制

配电网中引入分布式电源后，对基于重合器和分段器相配合的馈线自动化的主要影响在于重合器重合时分布式电源未离网，从而导致重合器重合失败或分段器无法正确计数。

为确保重合器重合时分布式电源可靠离网，本报告提出重合器重合时间按以下原则整定：第1次重合闸时间应大于分布式电源离网时间与断路器动作时间之和，同时留有一定的裕度（可取 $0.2 \sim 0.5$s）；第2次重合闸时间的设置原则是确保重合前分段开关处于分闸状态。

目前，IEEE 1547—2003《分布式电源接入电力系统标准》规定分布式电源非计划孤岛离网时间为 2s。Q/GDW 1480—2015《分布式电源接入电网技术规定》规定公共电网侧出现电压频率异常时分布式电源最大分闸时间不得小于 2s；同时规定，变流器类型的分布式电源必须具备快速监测孤岛且监测到孤岛后立即断开与电网连接的能力，其防孤岛保护应与电网侧线路保护相配合。

则重合器第1次重合闸时间 t_{R1}，按式（6-1）整定

$$t_{R.1} = t_{DG} + t_{QF} + \Delta t \qquad (6\text{-}1)$$

式中　t_{DG}——相关标准规范中规定的分布式电源最大离网时间，可取 2s；

t_{QF}——分布式电源并网断路器动作时间，s；

Δt——时间裕度，取 0.5s。

重合器第 2 次重合闸时间 $t_{R.2}$，按式（6-2）整定

$$t_{R.2} = t_{FY} + t_{QF} + \Delta t \qquad (6\text{-}2)$$

式中　t_{FY}——分段器失压延时时间，s；

t_{QF}——分布式电源并网断路器动作时间，s；

Δt——时间裕度，取 0.5s。

对于接有分布式电源的配电网，为缩短瞬时故障处理时间，确保重合器第一次重合时分段器尚未分闸，分段器延时分闸时间的整定原则如下：分段器失压后延时分闸时间应大于重合器第一次重合时间，同时留有一定的裕度。具体的，分段器失压延时时间 t_{FY} 按式（6-3）整定

$$t_{FY} = t_{R.1} + \Delta t \qquad (6\text{-}3)$$

式中　$t_{R.1}$——重合器第一次重合闸时间，s；

Δt——时间裕度，取 0.5s。

以图 6-25 所示含分布式电源的简单配电网为例，说明基于重合器和分段器配合的馈线自动化参数整定及动作过程。

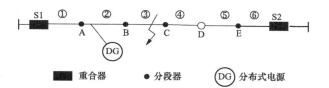

图 6-25　典型配电网示例

如图 6-25 所示，配电线路出线重合器 S1 和 S2 具有 2 次重合闸功能，第 1 次重合闸延时时间为 $t_{R.1}$，第 2 次重合闸延时时间为 $t_{R.2}$。

分段器 A、B、C、E 的功能为：①两侧失压后延时分闸，延时时间为 t_{FY}，若延时未到又恢复带电则返回；②一侧带电后延时合闸，延时时间 t_{I}，这里取 5s；③处于分闸状态的开关检测到两侧均带电时严禁合闸。

联络断路器 D 的功能为：①断路器一侧失压后启动延时合闸计数器，当达到事先整定的延时时间 t_{II} 时，联络断路器自动合闸；当该联络断路器两侧均检测到有电压时，延时合闸计数器清零；②处于分闸状态的断路器在检测到两侧均带电时严禁合闸。

以下是配电线路出线重合器重合闸时间和分段器的分闸延时时间整定过程：

（1）配电线路出线重合器 S1 和 S2 第 1 次重合闸时间 $t_{R.1}$ 依据式（6-1）计算得：

$t_{R1}=t_{DG}+t_{QF}+\Delta t=2s+t_{QF}+0.5s$，$t_{QF}$ 为分布式电源并网断路器动作时间，一般在 0.2s 内，故 t_{R1} 应大于 2.7s，这里取 3s。

（2）分段器 A、B、C、E 失压延时时间 t_{FY} 依据式（6-3）计算得：$t_{FY}=t_{R1}+\Delta t=3s+0.5s=3.5s$，这里取 4s。

（3）配电线路出线重合器 S1 和 S2 第 2 次重合闸时间 t_{R1} 依据式（6-2）计算得：$t_{R2}=t_{FY}+t_{QF}+\Delta t=4s+t_{QF}+0.5s$，$t_{QF}$ 为分布式电源并网断路器动作时间，一般在 0.2s 内，故 t_{R2} 应大于 4.7s。为确保第 2 次重合时分段器可靠分闸，这里取 5s。

上述参数整定值清单详见表 6-6。

表 6-6   图 6-25 示例馈线自动化参数的整定值

断路器	分闸延时	合闸延时
重合器 S1、S2	无	$t_{R1}=3s$ $t_{R2}=5s$
分段器 A、B、C、E	$t_{FY}=4s$	$t_I=5s$
联络断路器 D	无	$t_{II}=30s$

配电线路发生故障后，基于上述参数整定方法的馈线自动化的动作过程如下：

1）瞬时性故障。假如区域③发生瞬时性故障，该时刻记录为 $t=0$ 时刻，则 S1 速断保护动作而分闸；接于该条馈线上的分布式电源因公共电网出现故障而离网，分布式电源离网响应时间在 2s 以内；$t=3s$ 时，S1 第 1 次重合，此时分布式电源已离网而分段开关 A、B、C 因失压延时时间未到而尚未分闸，这样可立即恢复全线供电。

2）永久性故障。假如区域③发生永久性故障，该时刻记录为 $t=0$ 时刻，则 S1 瞬时作而分闸；$t=3s$ 时，S1 第 1 次重合失败；4s（即故障后 7s）后分段断路器 A、B、C 经失压延时后而分闸，D 的合闸记数启动；5s 后（即故障后 8s）S1 第 2 次重合，将电送到 A，再经过 5s（即故障后 13s）后 A 重合；经过 5s（即故障后 18s）后 B 重合，由于合到故障点，导致 B 跳闸，将 B 闭锁在分闸状态。

S1 第 1 次重合失败分段断路器 A、B、C 分闸后 30s（即故障后 37s），联络断路器 D 因 X_L 时间到而合闸，将电送到 C，再经过 5s（即故障后 42s）后 C 重合，由于合到故障点，导致 C 跳闸并闭锁在分闸状态，至此实现了故障隔离。

6.3.2   一种基于故障电流特征的含分布式电源配电网故障定位方法

传统故障定位判据为若一个区域的一个端点上报了短路电流信息，并且该区域的其他所有端点均未上报短路电流信息，则故障在该区域内；若其他端点中至少有一个也上报了短路电流信息，则故障不在该区域内。这一判据是基于分布式电源接入前传统配电网潮流分布具有单向性的特点而确定的。分布式电源接入后，若故障期间分布式电源提供的短路电流超过故障信息上报门槛值，则依据上述判据不能准确进行故障定位。

针对分布式电源接入后配电网故障电流分布特点，若馈线上某个区域故障，则与该区域相连的测控点有故障电流经过，且故障电流的方向都指向区域内部，即故障位于故障电流"只进不出"的区域的特征，提出了通过判断与区域相连的端点是否存在过电流，以及这些过电流是否都流向区域内，来进行故障区间的判定。具体的，首先设定正方向为主电源供电时配网中潮流分布方向，然后根据配电网结构建立反映区域与端点连接关系及相对位置的网络关联矩阵 A；同时，根据各端点的过电流幅值和方向特征生成故障信息向量 D；再由故障信息向量 D 和网络关联矩阵 A 得到故障判断向量 P；进而根据故障判据识别故障区域。

故障判断向量 P 由网络关联矩阵 A 的列向量与故障信息向量 D 取 "&"（与操作）生成，具体操作为

$$P_i = A_{ij} \text{ 或 } D_i = \begin{cases} 1，当 A_{ij}=1 \text{ 且 } D_i=1 \text{ 或 } 0 \text{ 时} \\ 0，当 A_{ij}=1 \text{ 且 } D_i=-1 \text{ 时} \\ 1，当 A_{ij}=-1 \text{ 且 } D_i=-1 \text{ 或 }=0 \text{ 时} \\ 0，当 A_{ij}=-1 \text{ 且 } D_i=1 \text{ 时} \\ 0，当 A_{ij}=0 \text{ 时} \end{cases} \tag{6-4}$$

式中　P_i——故障判断向量 P 第 i 行对应的元素；

　　　A_{ij}——网络关联矩阵第 i 行第 j 列的元素；

　　　D_i——故障信息向量 $D=(D_1, D_2, \cdots, D_i, \cdots, D_n)^{\mathrm{T}}$ 第 i 行元素。

网络关联矩阵 A 的行对应于端点，列对应于区域，是一个 n 行 m 列的矩阵（n 为端点数、m 为区域数）。A_{ij} 取值规则为：

端点 i 与区域 j 直接相连且位于区域 j 上游时，A_{ij} 取值为 1；

端点 i 与区域 j 直接相连且位于区域 j 下游时，A_{ij} 取值为 -1；

端点 i 与区域 j 不直接相连时，A_{ij} 取值为 0。

区域是由端点（端点可以是开关节点、电源节点和末梢点）围成的、其中不再包含端点的区间，是配电网中所能隔离的最小单元。将围成区域的开关节点、末梢点和电源节点称为其端点。规定主电源单独供电时配电网潮流分布方向为正方向。这里所说的主电源指的是配电网内没有发电设备时为配电网提供电力的电源，即配电网的上级电网。同时规定正方向的前进方向为下游；反之，为上游。

故障信息向量 $D=(D_1, D_2, \cdots, D_i, \cdots, D_n)^{\mathrm{T}}$ 是依据端点的故障电流幅值和方向信息形成的，D 中元素的形成规则如下：端点 i 检测到故障过电流且故障过流方向与正方向相同时，D_i 为 1；端点 i 检测到故障过电流且故障过电流方向与正方向相反时，D_i 为 -1；端点 i 没有检测到故障电流，D_i 为 0。

网络关联矩阵 A 的行向量表示端点与馈线区域的有向连接关系，故障信息向量 D 表述端点的过电流情况，综合两者，即可描述故障电流流入或流出区域的情况。如 $A_{ij}=1$

且 $D_i=1$，或 $A_{ij}=-1$ 且 $D_i=-1$，均表示故障电流流入该区域；根据本部分提出的故障判断向量的与操作，此时均对应于 P_i 为 1 的情况。故本报告提出故障区域判据为：网络关联矩阵 A 第 j 列对应区域的端点有故障信息上报并且式（6-5）成立，则故障位于网络关联矩阵 A 第 j 列对应的区域内。

$$\sum_{i=1}^{n}P_i=\sum_{i=1}^{n}|A_{ij}| \qquad (6\text{-}5)$$

下面以图 6-26 所示含分布式电源的简单配电网为例，说明图 6-27 所示的故障区间定位流程。

步骤 1：网络分析，建立网络关联矩阵 A。

如图 6-26 所示配电网中有 8 个端点、5 个区域，相应的网络关联矩阵 A 为 8 行 5 列，$n=8$，$m=5$。

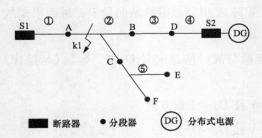

图 6-26 含分布式电源配电网示例

$$
\begin{array}{c}
& ① \quad ② \quad ③ \quad ④ \quad ⑤ \\
\begin{array}{c}
S1 \\ A \\ B \\ C \\ D \\ E \\ F \\ S2
\end{array}
\left[
\begin{array}{ccccc}
1 & 0 & 0 & 0 & 0 \\
-1 & 1 & 0 & 0 & 0 \\
0 & -1 & 1 & 0 & 0 \\
0 & -1 & 0 & 0 & 1 \\
0 & 0 & -1 & 1 & 0 \\
0 & 0 & 0 & 0 & -1 \\
0 & 0 & 0 & 0 & -1 \\
0 & 0 & 0 & -1 & 0
\end{array}
\right]
\end{array}
$$

步骤 2：根据各端点实时检测的过电流状态信息生成故障信息向量 D。

区域②中发生故障时，端点 S1、A、B、D、S2 会有故障电流流过，其中流过端点 S1、A 的故障电流方向与正方向相同，故障信息向量 D 对应元素为 1；流过端点 B、D、S2 的故障电流方向与正方向相反，D 的相应元素为 -1；其他端点没有故障电流流过，对应元素为 0。根据端点上报的故障电流信息生成故障信息向量 D 为：$D=\begin{bmatrix} 1 & 1 & -1 & 0 & -1 & 0 & 0 & -1 \end{bmatrix}^{\mathrm{T}}$

步骤 3：由故障信息向量 D 和网络关联矩阵 A 计算得到故障判断向量 P。

依次将网络关联矩阵 A 的各列向量与故障信息向量 D 取 "&"（与操作）：

对应于区域①的判断向量 P_1，由网络关联矩阵 A 第一列与故障信息向量 D 取 "&" 生成：

$$P_1=A_{i1}\&D$$

$$=\begin{bmatrix}1 & -1 & 0 & 0 & 0 & 0 & 0 & 0\end{bmatrix}^{\mathrm{T}} \& \begin{bmatrix}1 & 1 & -1 & 0 & -1 & 0 & 0 & -1\end{bmatrix}^{\mathrm{T}}$$

$$=\begin{bmatrix}1 & 0 & 0 & 0 & 0 & 0 & 0 & 0\end{bmatrix}^{\mathrm{T}}$$

类似的，

A 第二列对应于区域②，判断向量 P_2 为：$P_2 = \begin{bmatrix}0 & 1 & 1 & 1 & 0 & 0 & 0 & 0\end{bmatrix}^{\mathrm{T}}$

A 第三列对应于区域③，判断向量 P_3 为：$P_3 = \begin{bmatrix}0 & 0 & 0 & 0 & 1 & 0 & 0 & 0\end{bmatrix}^{\mathrm{T}}$

A 第四列对应于区域④，判断向量 P_4 为：$P_4 = \begin{bmatrix}0 & 0 & 0 & 0 & 0 & 0 & 0 & 1\end{bmatrix}^{\mathrm{T}}$

A 第五列对应于区域⑤，判断向量 P_5 为：$P_5 = \begin{bmatrix}0 & 0 & 0 & 1 & 0 & 1 & 1 & 0\end{bmatrix}^{\mathrm{T}}$

步骤 4：依据故障判据识别故障区域。

判断过程：

(1) $\sum_{i=1}^{8} P_{1i} = 1+0+0+0+0+0+0+0 = 1$ $\sum_{i=1}^{8} |A_{i1}| = 1+1+0+0+0+0+0+0 = 2$

则：$\sum_{i=1}^{n} P_i \neq \sum_{i=1}^{n} |A_{ij}|$，故区域①为非故障区。

(2) $\sum_{i=1}^{8} P_{2i} = 0+1+1+1+0+0+0+0 = 3$ $\sum_{i=1}^{8} |A_{i2}| = 0+1+1+1+0+0+0+0 = 3$

则：$\sum_{i=1}^{n} P_i = \sum_{i=1}^{n} |A_{ij}|$

且 A 的第 2 列中非零元素（A_{22}、A_{32}、A_{42}）对应的故障信息向量 D 的元素（D_2、D_3、D_4）中有非零元素，即区域②的端点有上报故障信息；

所以，区域②为故障区。

(3) $\sum_{i=1}^{8} P_{3i} = 0+0+0+0+1+0+0+0 = 1$ $\sum_{i=1}^{8} |A_{i3}| = 0+0+1+1+0+0+0+0 = 2$

则：$\sum_{i=1}^{n} P_i \neq \sum_{i=1}^{n} |A_{ij}|$，故区域③为非故障区。

(4) $\sum_{i=1}^{8} P_{4i} = 0+0+0+0+0+0+0+1 = 1$ $\sum_{i=1}^{8} |A_{i4}| = 0+0+0+0+0+1+0+1 = 2$

则：$\sum_{i=1}^{n} P_i \neq \sum_{i=1}^{n} |A_{ij}|$，故区域①为非故障区。

(5) $\sum_{i=1}^{8} P_{5i} = 0+0+0+1+0+1+1+0 = 3$ $\sum_{i=1}^{8} |A_{i5}| = 0+0+0+1+1+0+1+0 = 3$

则：$\sum_{i=1}^{n} P_i = \sum_{i=1}^{n} |A_{ij}|$

但 A 的第 5 列中非零元素（A_{45}、A_{65}、A_{75}）对应的故障信息向量 D 的元素（D_4、D_6、D_7）没有非零元素，即区域⑤的端点没有上报故障信息；

所以，区域⑤为非故障区。

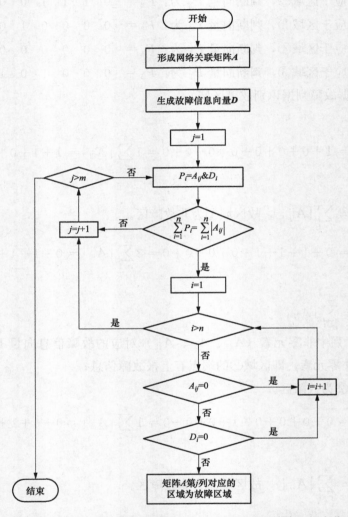

图 6-27　基于故障电流上报信息的含分布式电源配电网故障区间定位流程

小　结

分布式电源并网改变了配电网短路电流的大小和分布特点，原有的单点提供短路电流改变为多点提供短路电流，在一些情况下，会破坏配电网原有基于重合器的馈线自动化配合关系。

本章提出了适用于含分布式电源配电网的重合器与分段器改进配合机制，其核心思想是确保第 1 次重合闸时间应大于分布式电源离网时间、第 2 次重合闸前分段断路器处于分闸状态,同时为减少断路器动作次数明确了分段断路器失压后应延时分闸、且延时时间应大于出线断路器第一次重合时间的参数整定原则。

参 考 文 献

[1] 郭舒毓. 基于行波原理的配电网高精度故障定位技术研究及应用 [D]. 华中科技大学,2021.

[2] 许博文,许晓平,刘畅,马泽楠,田庆生. 基于优化遗传算法的配电网故障定位技术 [J]. 化工自动化及仪表,2020,47 (5):416-419+459.

[3] 张浩. 基于微型 PMU 的多分支配电网故障定位技术研究 [D]. 山东科技大学,2020.

[4] 刘煜. 分布式发电条件下的配电网故障定位技术研究 [D]. 山东理工大学,2020.

[5] 张旭泽. 基于 PMU 的中压配电网故障定位技术研究 [D]. 华北电力大学,2019.

[6] 刘敬超. 有源配电网故障定位技术探究 [J]. 电子制作,2018,(08):91-92.

[7] 赵晨晖. 基于 Petri 网改进粒子群算法在含 DG 配电网故障定位技术的研究 [D]. 山东科技大学,2018.

[8] 卢童. 基于多源信息的配电网故障定位技术研究 [D]. 山东理工大学,2018.

[9] 雷海. 基于 HHT 的配电网故障定位技术的研究 [D]. 西华大学,2017.

[10] 毕克亮,王喜全. 配电网故障定位技术现状与展望 [J]. 科学中国人,2016,(32):41.

[11] 戴桂木. 有源配电网故障定位技术研究 [D]. 东南大学,2016.

[12] 翟玉波,张林冬,汪有成,孙建宇,刘尚融. 矩阵算法在配电网故障定位中的应用分析 [J]. 中国新技术新产品,2022,(5):80-82.

[13] 杨茗. 含分布式电源配电网的故障区段定位方法研究 [D]. 广西大学,2021.

[14] 梁志坚,杨茗. 基于图论及改进矩阵算法的配电网故障定位 [J]. 广西电力,2021,44 (1):69-76.

[15] 刘畅. 含分布式电源配电网故障定位研究 [D]. 安徽理工大学,2020.

[16] 高艺宣. 基于改进矩阵算法的配电网故障区段定位的研究 [D]. 沈阳工程学院,2020.

[17] 郭保健. 含分布式电源配电网故障定位与恢复重构研究 [D]. 安徽理工大学,2020.

[18] 王静,李泽滔. 配电网故障定位算法研究综述 [J]. 智能计算机与应用,2020,10 (3):228-231+235.

[19] 张全起,梅明伟. 配电网故障区段定位的改进矩阵算法 [J]. 山东电力技术,2018,45 (8):72-75.

[20] 王一非,贾燕冰. 含分布式电源配电网故障定位改进矩阵算法 [J]. 计算机仿真,2018,35 (4):58-64.

[21] 马士聪,高厚磊,徐丙垠,等. 配电网故障定位技术综述 [J]. 电力系统保护与控制,2009,37 (11):119-124.

[22] 张别. 配电网故障定位的通用矩阵算法 [J]. 电力自动化设备,2005,25 (5):40-42.

[23] 许奎，张雪松，杨波. 配电网故障定位的改进通用矩阵算法 [J]. 继电器，2007，35（3）：6-8.

[24] 林霞，陆于平，王联合. 分布式发电条件下的多电源故障区域定位新方法 [J]. 电工技术学报，2008，23（11）：1-8.

[25] 中国电力科学研究院. 分布式电源接入后配电自动化故障判别及切除技术 [R]. 2015.

7 分布式电源的继电保护标准及检验测试技术

近年来，随着风电和光伏等新能源的发展，全球性协会组织和世界各国陆续制定并颁布了一系列新能源并网及相关继电保护装置标准。为了确保接入电网的分布式电源继电保护装置质量，应对分布式电源继电保护装置进行检测，检测内容包括型式试验、动态模拟试验等，而检测的前提就是建立可依据的标准体系。随着我国电网的发展和接入电源的多样化以及新型继电保护装置的广泛应用，对继电保护测试技术也提出了更高要求。

7.1 分布式电源接入电网继电保护标准介绍

分布式电源可以独立带负荷运行，也可以接入配电网并网运行。分布式电源并网时，对与之连接的配电网的运行、控制和保护等各方面产生影响。为了应对该种情况，同时也为了保证分布式电源本身的正常运行，需要对分布式电源并网进行统一的规范。

目前，国外分布式电源标准大部分是综合性标准，没有专门针对分布式电源并网继电保护方面的专业标准。分布式电源国际标准主要有 IEEE 标准和 IEC 标准，其中 IEEE 1547 系列是现阶段国际上最通用的分布式电源系列标准，在世界各国被广泛应用。同时日本、澳大利亚、英国、德国等纷纷制定相应的并网导则和依据。

2003 年美国电气和电子工程师协会（institute of electricaland electronics engineers，IEEE）颁布了 IEEE 1547 系列标准，是最早发布的针对分布式电源并网的标准。IEEE 1547 适用于各类发电技术的分布式电源，已经扩展成系列标准，包括测试、监测、信息交流和控制等内容。2011 年 7 月 IEEE 发布了 IEEE 1547.4—2011《分布式电源孤岛系统的设计、运行和集成指南》，是首个规范了分布式电源孤岛系统并网、孤岛的国际标准，2018 年 IEEE 正式发布 IEEE 1547—2018《分布式能源与电力系统相关接口的互联互通要求》。国际电工委员会（international electrotechnical commission，IEC）发布了分布式并网的"公共可用规范"文件，内容与 IEEE 1547 相似。英国主要有 BS EN 50438—2007《微型发电设备接入低压配电网技术要求》和嵌入式发电厂接入公共配电网标准。其中英国 BS EN 50438—2007 针对的微电源为接入 230、400V 配电网单相电流不超过 16A 的分散电源。德国先后于 2008 年 1 月和 2011 年 8 月发布了发电厂接入中压电网并网指南和发电系统接入低压配电网并网指南，这两项指南都考虑了可再生能源发电的接入，适用于风电、水电、联合发电系统（如生物质能、沼气或者天然气火力发电系统等）、光伏发电系统等一切通过同步电机、异步电机或变流器接入中低压电网的发电系统。此外，德国还发布了 DIN EN 50438—2008《与公共低压配电网并联运行的微型发电机的连接要求》。

随着分布式电源的发展，我国在分布式电源方面相继制定了一系列国家标准和行业标准，这些标准大多是根据电网企业标准修改完善后，升级为国家标准或行业标准，同时也是为了配合《中华人民共和国可再生能源法》的实施而推出的相关标准。

7.1.1　IEEE 1547 介绍

早期，欧美国家由于一些非电力公司（或非公用事业单位）所属的分布式发电设施要求与电力公司（或公用事业单位）的配电网并网运行，电力公司（或公用事业单位）即自行编制并发布了仅用于自身电网的并网导则和规程。如 2001 年 1 月分别由美国加州圣地亚哥煤气电力公司、旧金山太平洋煤气和电力公司发布并实施的《非公用事业单位属有的发电并网标准》和《发电设施并网规程》，这些标准由公司或企业单方面制定，作为企业标准对分布式发电设备制造商和用户难以保证有利、公平。因此 IEEE 主持制定了 IEEE 1547—2003《分布式电源与电力系统互联标准》，作为美国一个国家层面的标准，于 2003 年批准并公布实施。标准规定了 10MVA 以下分布式电源互连的基本要求，涉及分布式电源互联的主要问题，包括电能质量、系统可靠性、系统保护、通信、安全标准和计量等。

随着分布式电源并网容量的增长，原来标准条款需更新或细化，美国加州公共事业委员会（CPUC）于 2011 年组建了工作小组，针对下一版的 IEEE 1547 和 IEEE 1547.1 标准进行了更新。与前一版标准相比，首先，标准对分布式电源的性能进行了分类，与电压调节与无功能力相关的性能，分为 A 类与 B 类；其次，标准增加了并网支撑功能和保护阈值、参数设置等方面的要求。同时，标准引入了夏威夷的限值负载过电压的要求和分布式电源响应优先级的要求等内容。而 IEEE 1547.1—2020 主要是 IEEE 1547—2018 对应的测试执行标准。

IEEE 1547—2018 主要规定了公用事业电力系统和分布式能源之间的互连和互操作性的技术规范。主要包括一般要求、对异常情况的响应、电力质量、孤岛以及设计、生产、安装评估、调试和定期试验的试验规范和要求等。

7.1.2　IEC 61727 介绍

该标准适用于与低压电网配电系统相互连接的光伏发电系统，该系统并联于电网运行，并且使用将 DC 变换为 AC 的静态（半导体）非孤岛逆变器。标准描述了对额定功率在 10kVA 或以下系统的相关建议，例如用于独立住宅的单相或三相系统，规定了光伏系统与电网配电系统相互连接的要求。标准的人身安全和设备保护章节中涉及继电保护的部分内容，包括：电网失压、过/欠压和过/欠频、孤岛保护等内容。

7.1.3　国家标准介绍

针对目前缺少分布式电源涉网保护相关技术标准，给保护运行、维护、管理及电网安全运行等带来较大困难的问题，国家电网有限公司组织中国电力科学研究院等单位开展了《分布式电源涉网保护技术规范》的编制工作。标准编写小组调研了国内电力行业现有国家标准和行业标准以及分布式电源现状，结合相关课题科研成果，经过论证确定了相关技术指标，并广泛征询了各单位意见，提出了分布式电源接入电网时分布式电源侧继电保护及安全自动装置配置及技术原则。

2016 年，中国电力科学研究院牵头编制国家标准《分布式电源并网继电保护技术规范》。标准编制单位涵盖了国内分布式电源容量较大的省级电力公司和主要的继电保护制造企业，经广泛征集意见、专家评审，完成了《分布式电源并网继电保护技术规范》的编制和发布。

GB/T 33982—2017《分布式电源并网继电保护技术规范》规定了分布式电源接入了 35kV 及以下电压等级电网时保护应满足的技术要求，适用于接入 35kV 及以下电压等级电网时分布式电源侧保护的配置及整定。

7.1.4　国家电网公司标准介绍

国家电网有限公司认真贯彻落实国家能源发展战略，积极支持分布式电源加快发展，先后于 2011 年和 2015 年发布了 Q/GDW 10666《分布式电源接入配电网测试技术规范》、Q/GDW 1480《分布式电源接入电网技术规定》、Q/GDW 10667《分布式电源接入配电网运行控制规范》和 Q/GDW 677《分布式电源接入配电网监控系统功能规范》等 4 项企业标准，近年来，针对分布式电源发展的需要，部分标准，例如《分布式电源接入配电网测试技术规范》做了相应的修订。同时针对分布式电源并网过程中保护配置、定值整定等问题，于 2014 年发布了 Q/GDW 11198—2014《分布式电源涉网保护技术规范》、Q/GDW 11199—2014《分布式电源继电保护和安全自动装置通用技术条件》、Q/GDW 11120—2014《接入分布式电源的配电网继电保护和安全自动装置技术规范 》等三项标准，根据最新的分布式电源接入情况和技术发展，2021 年又陆续启动了标准的修订工作。

7.2 分布式电源继电保护标准对比分析

7.2.1 分布式电源接入对电流保护的要求

由于分布式电源的接入和其本身的功率输出特性影响，使含有分布式电源的配电网在短路电流大小、流向和分布发生了很大的变化，潮流的不确定性和分布式电源的频繁并离网对继电保护定值，尤其是电流定值的整定产生了明显影响。包括 IEEE 1547—2018 在内的国际标准，在分布式电源继电保护方面的规定主要体现在分布式电源并网点的电压、频率等方面。

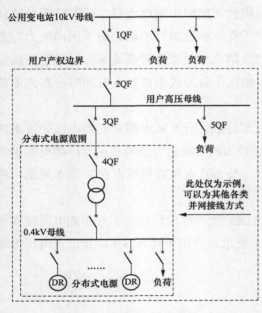

图 7-1 分布式电源经专线接入
10kV(6kV)~35kV 系统典型接线

国家标准方面，GB/T 19939—2005《光伏系统并网技术要求》规定光伏系统对电网应设置短路保护，当电网短路时，逆变器的过电流应不大于额定电流的 150%，并在 0.1s 内将光伏系统与电网断开。GB/T 33982—2017《分布式电源并网继电保护技术规范》规定分布式电源经专线、T 接接入和开关站（配电室、箱式变压器）接入 10kV(6kV)~35kV 配电网，用户高压总进线断路器（图 7-1 中 2QF）处应配置阶段式（方向）过电流保护。

7.2.2 分布式电源接入对电压保护的要求

IEEE 1547 涉及电压保护的规定主要是当系统发生故障时，且公共连接点（point of common coupling，PCC）测到的电压超出一定范围时，与之相连的 DR 应立即停止向其供电，并至少持续到重合闸闭合后才允许再送电。IEEE 1547—2018 中按照响应电网异常相关的性能，将分布式电源对区域电网异常情况的响应性能分为 Ⅰ、Ⅱ、Ⅲ 类：

（1）Ⅰ级响应基于大电网基本的稳定性/可靠性需求，并可由目前常用的分布式电源技术合理实现。

（2）Ⅱ级响应涵盖了保证大电网稳定性/可靠性的所有需求，并与现行的可靠性标准相协调，以避免因大电网系统更大扰动影响导致脱网。

（3）Ⅲ级响应同时涵盖大电网稳定性/可靠性需求与配电网可靠性/电能质量的需求，

并与现行的互联要求相协调，以实现高渗透率的分布式电源接入。

每种类型对应的电压异常响应如表 7-1～表 7-3 所示。

表 7-1　　60Hz 系统分布式电源并网时电压异常响应（第 Ⅰ 类分布式电源）

跳闸——第 Ⅰ 类				
功能	默认值		允许范围	
	电压（标幺值）	跳闸时间（s）	电压（标幺值）	跳闸时间（s）
过电压 2 段	1.2	0.16	固定值 1.20	固定值 0.16
过电压 1 段	1.1	2.0	1.10～1.20	1.0～13.0
低电压 2 段	0.7	2.0	0.0～0.88	2.0～21.0
低电压 1 段	0.45	0.16	0.0～0.50	0.16～2.0

表 7-2　　60Hz 系统分布式电源并网时电压异常响应（第 Ⅱ 类分布式电源）

跳闸——第 Ⅱ 类				
功能	默认值		允许范围	
	电压（标幺值）	跳闸时间（s）	电压（标幺值）	跳闸时间（s）
过电压 2 段	1.2	0.16	固定值 1.20	固定值 0.16
过电压 1 段	1.1	2.0	1.10～1.20	1.0～13.0
低电压 2 段	0.7	10.0	0.0～0.88	2.0～21.0
低电压 1 段	0.45	0.16	0.0～0.50	0.16～2.0

表 7-3　　60Hz 系统分布式电源并网时电压异常响应（第 Ⅲ 类分布式电源）

跳闸——第 Ⅲ 类				
功能	默认值		允许范围	
	电压（标幺值）	跳闸时间（s）	电压（标幺值）	跳闸时间（s）
过电压 2 段	1.2	0.16	固定值 1.20	固定值 0.16
过电压 1 段	1.1	13.0	1.10～1.20	1.0～13.0
低电压 2 段	0.88	21.0	0.0～0.88	21.0～50.0
低电压 1 段	0.50	2.0	0.0～0.50	2.0～21.0

IEC 61727 中涉及电压保护的内容主要为以下几个方面：

（1）电网失压。为防止孤岛效应，并网 PV 系统应在特定的时限内停止向停电的配电线路送电，而不必顾及其所带的负载或其他发电机。

电网配电线路停电可能有多种原因，例如，由于变电站断路器跳闸或者在维修时配电线路拉闸。

如果逆变器（单台或多台）具备直流安全特低电压（safety extra low voltage，SELV）输入且总功率低于 1kW，则不需要机械断开（继电器）。

（2）过压/欠压。电网出现异常状态，要求与之相连的光伏系统发出响应。该响应确保供电机构维修人员和一般公众的人身安全，同时避免损坏连接的设备，包括光伏系统。相关的异常电网状态是指：电压偏差高于或低于本条款规定值，以及出现潜在的配电电源孤岛效应时的完全解列。

当接口电压偏离超出表 7-4 所示规定的状态时，光伏系统应停止向电网配电系统送电。此要求适用于多相系统中的任何一相。

该标准所指的系统电压是指当地标称电压。

系统应能检测到异常电压并做出反应，同时满足下列条件，电压数值为方均根值并且在电网接口处测量。

表 7-4   异 常 电 压 的 响 应

系统电压	最大跳闸时间
$U < 0.5 \times U_{标称}$	0.1s
$50\% \leqslant U < 85\%$	2.0s
$85\% \leqslant U \leqslant 110\%$	持续运行
$110\% < U < 135\%$	2.0s
$135\% \leqslant U$	0.05s

注 最大跳闸时间是指异常状态发生至逆变器停止向电网线路送电的时间。PV 系统控制电路应切实保持与电网的连接，利用"再联"特性来判别电网电气状态。

延时的目的是为了避免因短时扰动造成的过多跳闸。如果在要求的最大跳闸时间内电压恢复到正常的电网持续运行状态，无需停止送电。

GB/T 20046—2006《光伏（PV）系统电网接口特性》和 GB/T 19939—2005《光伏系统并网技术要求》在电压保护方面的规定与 IEC 61727 基本一致。

NB/T 32015—2013《分布式电源接入配电网技术规定》中规定：通过 380V 电压等级并网的分布式电源，当并网点电压超出表 7-5 规定的电压范围时，应在相应的时间内停止向电网送电。此要求适用于多相系统中的任何一相。

GB/T 33592—2017《分布式电源并网运行控制规范》和 GB/T 19939—2005《分布式电源接入电网技术规定》在电压保护方面与 NB/T 32015—2013 基本保持一致。

表 7-5   电压保护动作时间要求

并网点电压	要求
$U < 0.5 U_N$	最大分闸时间不超过 0.2s
$50\% U_N \leqslant U < 85\% U_N$	最大分闸时间不超过 2.0s
$85\% U_N \leqslant U < 110\% U_N$	连续运行
$110\% U_N \leqslant U < 135\% U_N$	最大分闸时间不超过 2.0s
$135\% U_N \leqslant U$	最大分闸时间不超过 0.2s

注 1. U_N 为分布式电源并网点的电网额定电压；
    2. 最大分闸时间是指异常状态发生到电源停止向电网送电时间。

GB/T 33982—2017《分布式电源并网继电保护技术规范》中关于电压保护的总体原

则基本与 GB/T 20046 和 GB/T 19939 保持一致,但是标准在编制过程中根据分布式电源继电保护功能实际现场应用情况,将电压保护功能集成在故障解列装置中,同时要求低电压时间定值应躲过系统及用户母线上其他间隔故障切除时间,并考虑符合系统重合闸时间配合要求;定值整定按 DL/T 584 中相关规定执行。

7.2.3 分布式电源接入对频率保护的要求

IEEE 1547 早期版本中对频率保护的规定不多,主要设置了 59.3Hz 和 60.5Hz 两个整定门槛,分别对应低频保护和高频保护。在 IEEE 1547—2018 中按照响应电网异常相关的性能,将分布式能源(DER)的性能分为 Ⅰ、Ⅱ、Ⅲ类,每种类型对应的频率异常响应如表 7-6 所示。

表 7-6   **60Hz 系统 DER 并网时频率异常响应(Ⅰ、Ⅱ 和 Ⅲ类分布式电源)**

功能	默认值		允许范围	
	频率(Hz)	跳闸时间(s)	频率(标幺值)	跳闸时间(s)
过频 2 段	62.0	0.16	61.8~66.0	0.16~1000.0
过频 1 段	61.2	300.0	61.0~66.0	180.0~1000.0
低频 2 段	58.5	300.0	50.0~59.0	180.0~1000.0
低频 1 段	56.5	0.16	50.0~57.0	0.16~1000.0

IEC 61727 中涉及频率保护的内容主要有:

异常状态可能在电网中出现,要求与之相连的光伏系统发出响应。该响应确保供电机构维修人员和一般公众的人身安全,同时避免损坏连接的设备,包括光伏系统。相关的异常电网状态是指频率偏差高于或低于本条款规定值,以及出现潜在的配电电源孤岛效应时的完全解列。

当电网频率偏离特定的状态时,光伏系统应停止向电网线路送电。如果在指定的分闸时间内频率恢复到正常的电网持续运行状态,无需停止送电。

当电网频率超出 ±1.0Hz 范围时,系统应在 0.2s 以内停止向电网线路送电。允许范围和延时的目的是为了避免因短时扰动造成的过多跳闸。

GB/T 20046—2006《光伏(PV)系统电网接口特性》与 IEC 61727 的关系是修改后采用的国标,其中关于频率异常偏差值在参考了 GB/T 15945—1995《电能质量电力系统频率允许偏差》3.1"电力系统正常频率偏差允许值为 ±0.2Hz。当系统容量较小时,偏差值可以放宽到 ±0.5Hz"的规定后,修改为"当电网频率超出 ±0.5Hz 范围时,系统应在 0.2s 以内停止向电网线路送电"。

GB/T 19939—2005《光伏系统并网技术要求》中对于频率保护的规定与 GB/T 20046—2006《光伏(PV)系统电网接口特性》相同。

NB/T 32015—2013《分布式电源接入配电网技术规定》中规定:通过 380V 电压等

级并网的分布式电源，当并网点频率超过 49.5～50.2Hz 运行范围时，应在 0.2s 内停止向电网送电。通过 10 (6)～35kV 电压等级并网的分布式电源应具备一定的耐受系统频率异常的能力，当频率大于 48Hz 而小于 49.5Hz 时至少能运行 10min；当频率大于 50.5Hz 时，应立刻终止向电网送电。

GB/T 33982—2017《分布式电源并网继电保护技术规范》中关于频率异常的响应原则引用了 GB/T 20046 和 GB/T 19939 中相关规定，定值整定按 DL/T 584 中相关规定执行。DL/T 584 中对频率异常方面的具体规定为：在地区电源侧应装低频和低压解列、切负荷装置，在系统频率降低时将地区电源与主网解列、切除部分非重要负荷。低频率定值一般整定为 48～49Hz，动作时间一般整定为 0.2～0.5s。

7.2.4　分布式电源接入对重合闸的要求

IEEE 1547 主要规定的是与电网互联的相关问题，而并不深入涉及分布式电源自身的保护、运行要求等方面，其对重合闸的要求为：当系统发生故障时，且公共连接点（PCC）测到的电压超出一定范围后，与之相联的分布式电源应立即停止向其供电，并至少持续到系统的重合闸闭合后才允许送电。因此对于分布式电源接入电网后重合闸的规定相对比较模糊，没有具体做出规定。

IEEE 1547 规定当系统发生故障，与之相连的 DR 应停止向系统供电，并至少持续到系统的重合闸闭合后才允许再合闸送电。

IEC 61727 规定光伏系统停止送电后，在电网工作电压和频率恢复到特定的范围后一段时间内光伏系统不允许向电网线路送电，送电延时取值范围为 20s 至 5min，并进一步规定送电延时取决于当地条件。

在德国，DG 的保护动作时间设置短于重合闸时间，DG 业主必须确保自动重合闸不会导致设备未损坏。

在意大利，如果故障发生在传输线，建议 DG 保持在线一段时期（2s/150kV，2.6s/220kV，4s/380kV）。由于 70%～95% 的线路故障是暂时的，如果故障线路迅速断开，该线路可迅速恢复供电。只要 DG 能够承受这种干扰，在这种情况下 DG 可以不跳闸。

GB/T 19939—2005《光伏系统并网技术要求》规定由于超限状态导致光伏系统停止向电网送电后，在电网的电压和频率恢复到正常范围后的 20s 到 5min，光伏系统不应向系统送电。

GB/T 20046—2006《光伏（PV）系统电网接口特性》是修改采用《光伏（PV）系统电网接口特性》（IEC 61727：2004），因此该国标中对重合闸要求基本与 IEC 61727 一致。

GB/T 29319—2012《光伏发电系统接入配电网技术规定》中规定系统发生扰动后，在电网电压和频率恢复正常范围之前光伏发电系统不允许并网，且在系统电压频率恢复正常后，光伏发电系统需经过一个可调的延时时间后才能重新并网，延时时间可设置为20s～5min，由当地电网调度机构决定。

NB/T 32015—2013《分布式电源接入配电网技术规定》规定系统发生扰动脱网后，在电网电压和频率恢复到正常运行范围之前分布式电源不允许并网。在电网电压和频率恢复正常后，通过380V电压等级并网的分布式电源需要经过一定延时时间后才能重新并网，延时值应大于20s，并网延时由电网调度机构给定；通过10(6)～35kV电压等级并网的分布式电源恢复并网应经过电网调度机构的允许。

GB/T 33982—2017《分布式电源并网继电保护技术规范》中针对重合闸的规定更为细化。分布式电源不同接入方式时的重合闸要求，如表7-7所示。

表 7-7 分布式电源不同接入方式时的重合闸要求

接入方式 其他要求	专线接入	T接接入	经开关站（配电室、箱式变压器）接入	电源接入380V配电网
配置要求	用户高压母线的分布式电源馈线断路器跳闸后是否重合可根据用户需求确定	用户高压总进线断路器不用配置重合闸；用户高压母线的分布式电源馈线断路器跳闸后是否重合可根据用户需求确定	用户高压母线的分布式电源馈线断路器跳闸后是否重合可根据用户需求确定	—
定值要求	若采用重合闸，可检无压检同期重合，其延时不宜低于1s且具备后加速功能	若采用重合闸，其延时不宜低于1s且具备后加速功能	若采用重合闸，其延时不宜低于1s且具备后加速功能	—

7.2.5 分布式电源接入对孤岛保护的要求

电网失压时，电源仍保持对失压电网中的某一部分线路继续供电的状态，称为孤岛现象。孤岛现象可分为非计划性孤岛和计划性孤岛。孤岛运行是分布式电源需要解决的一个极为重要的问题，几乎所有的技术标准都要求，当主电网失电，DG处于非计划孤岛时，必须尽快断开。

在分布式电源非计划性孤岛运行方面，IEEE 1547规定逆变器在孤岛条件下应在10个周期条件下停止供电；针对计划性孤岛，按照实际情况处理。

IEC 61727规定光伏系统必须在电网失压2s以内停止向电网线路送电，同时规定非孤岛逆变器的问题由正在制定的其他标准解决。

英国的G59规定并网运行的私人发电机必须满足反孤岛保护的要求，规定了失去主电网保护可包括以下保护措施，如逆功率、中性点电压偏移、方向过电流、频率变化率、功率因数变化、电压矢量变化、电压控制过电流保护等。上述保护措施起到与孤岛保护相似的作用，但是该标准并没有在保护的动作时间上做出具体的规定。

GB/T 19939—2005《光伏系统并网技术要求》规定当光伏系统并入的电网失压时，必须在规定的时限内将该光伏系统与电网断开，防止出现孤岛效应。应设置至少一种主动和被动防孤岛保护。主动防孤岛保护方式主要有频率偏离、有功功率变动、无功功率变动、电流脉冲注入引起阻抗变动等。被动防孤岛保护方式主要有电压相位跳动、3次电压谐波变动、频率变化率等。

GB/T 29319—2012《光伏发电系统接入配电网技术规定》规定光伏发电系统应具备快速检测孤岛且立即断开与电网连接的能力，防孤岛保护动作时间不大于 2s，且防孤岛保护还应与电网侧线路保护相配合。

NB/T 32015—2013《分布式电源接入配电网技术规定》中防孤岛保护规定与 GB/T 29319—2012 中规定相同。

GB/T 33982—2017《分布式电源并网继电保护技术规范》规定逆变器型分布式电源应具备快速检测孤岛且断开与电网连接的能力。防孤岛保护动作时间应与电网侧备自投、重合闸动作时间配合，应符合 GB/T 19939、GB/T 20046 和 NB/T 32015 中相关规定。

7.3　分布式电源继电保护测试平台

7.3.1　分布式电源继电保护检验测试技术简介

随着分布式电源的大规模接入，从根本上改变了传统的单电源辐射型配电网结构，配电系统故障后的电气特征量发生根本变化，使得传统配电网的故障检测方法和继电保护模式难以满足电网安全运行的要求。一方面，以光伏和风电为代表的可再生能源具有间歇性和随机性的特征，它们大规模接入公共电网将会对配电网的短路水平、无功功率和电压分布、继电保护配置及参数整定、故障清除和隔离以及重合闸等带来广泛的影响。另一方面，随着逆变型分布式电源所占的比例越来越大，换流器电力电子器件承受的短路电流有限，其内部保护的动作特性决定着故障电流的特征，从而对保护整定计算产生影响。同时，大量电力电子设备的高频动作与微电网中储能元件相互作用，引起谐波电流放大，可能导致继电保护装置的误动作，危害电网设备安全。

为了应对上述问题，国际上提出了多种技术手段来研究分布式电源接入配网对继电保护特性的影响，但是目前研究多集中于理论与仿真阶段。另外，国内外研究机构根据自身目的建立了一批微网实验室，例如位于西班牙的 Labein 微网实验室，美国国家可再生能源实验室，华北电力大学新能源系统国家重点实验室、新能源电力系统动态模拟实验等，主要是用来验证联网模式下的中央和分散控制策略以及通信协议和新能源电力系统的故障机理。

目前关于分布式电源接入对继电保护装置入网测试技术方面的研究较少。继电保护测试能及时发现继电保护装置中隐藏的软、硬件错误，保证继电保护装置正确动作、避免误动或拒动。从建立分布式电源的实际物理模型入手，利用动态模拟和型式试验的手段开展用于分布式电源继电保护装置入网测试技术的研究非常必要。

7.3.2　设计目标

由于分布式电源检测平台设计上的灵活性，不同的研发机构也有着不同的开发理念和设计目标，如有些大学或检测机构，以研究的便捷性、降低研究周期和成本为主要目标，其平台设计的主要依据 RTDS 等实时仿真工具。搭建测试平台主要目的是进行分布式电源故障特性研究、分布式电源继电保护装置测试技术研究等工作，具体的设计目标如下：

（1）实现分布式光伏和风电模拟装置的开发；

（2）基于现有动态模拟物理试验系统完成分布式电源继电保护测试平台的开发；

（3）试验平台能稳定、可靠工作，满足测试需要；

（4）为测试平台后续开展分布式电源继电保护检测业务打下基础。

7.3.3　总体设计思路

分布式电源模拟单元的总体设计是整个测试平台设计工作中最为重要的一环，它对于分布式电源继电保护测试平台的设计目标、性能参数有着决定性的影响。测试平台性能的优劣不仅与各组成单元相关，还取决于各相关单元及部件之间的协调和参数匹配，因此设计必须从整体系统上加以考虑，以及各个子单元除了满足特定的设计目标之外，还需考虑其可靠性、合理性以及日后的维护更换等因素。

7.3.4　分布式光伏物理模拟单元设计

7.3.4.1　系统结构

系统基本构成如图 7-2 所示，其中 15kW 单向逆变器出线与隔离变压器连接，经断路器后与 380V 母线连接；15kW 双向变流器出线与隔离变压器连接，经断路器后与 380V 母线连接；模拟负荷连接在 380V 母线侧；开关柜连接试验系统与电网，可控制电网的断开与接入，实现自动并网/离网无缝切换。

系统对外提供 RS485 通信接口，用于与通信设备连接，能够实现与后台计算机通信，具有信息上传和下传功能。

为满足系统离网运行能力，需提供两路 AC220V 不间断电源，为开关柜和储能系统提供不间断供电。测试平台分布式电源和逆变器屏柜，如图 7-3 所示。

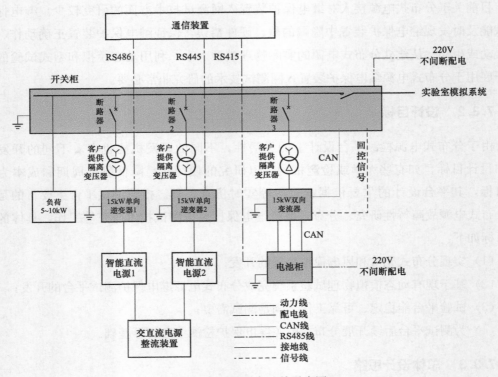

图 7-2　系统设备连接示意图

图 7-3　测试平台分布式电源和逆变器屏柜

7.3.4.2　设备组成

为建立动模试验用分布式电源小型电力系统，需要以下设备和文件，如表 7-8 所示。

序号	设备名称	数量	备注
1	15kW 单向逆变器	2 台	对外提供 RS485 通信接口
2	15kW 双向变流器	1 台	可实现离网带载功能，非隔离
3	电池柜	1 台	内部包含 120 节 FV50 电池及分布
4	开关柜	1 台	1. 用于实现并网/离网状态切换； 2. 安装 3 个断路器及铜排，用于连接逆变器及储能设备
5	电缆	1 台	包含提供设备之间的动力电缆、配电电缆及通信电缆
6	产品规格书	1 份	纸档
7	使用说明书	1 份	纸档

表 7-8   设 备 清 单

7.3.4.3　光伏电池板模拟单元

交直流整流电源装置与智能直流电源控制装置组成光伏电源模拟组件，用以模拟光伏电源 I-V 特性输出电流和电压。主要包括以下部分：

（1）磷酸铁锂单体电池。由电极及电解质构成的磷酸铁锂电池基本单元；每一个单体电池只能有一个独立封闭体。

（2）磷酸铁锂电池组。由电池监测电路、电池均衡电路、电气连接件和通信接口及热管理装置及多个磷酸铁锂单体电池等组成的组合体。

（3）电池管理系统。由电子电路设备构成的实时监控系统，有效地监控储能电池状态，对储能电池充、放电过程进行安全管理，对储能电池可能出现的故障进行报警并保护其本体，对储能电池单体及模块的运行进行优化控制，保证储能电池安全、可靠、稳定的运行。

（4）能量转换系统。系统具有整流、逆变一体的双向变流功能。

7.3.4.4　系统对外接口

（1）模拟负载及隔离变压器接入口。开关柜对外提供一路模拟负载接入口，用于连接模拟负载，接线方式为三相四线制；开关柜对外提供三路隔离变压器接入口，用于与隔离变压器连接，接线方式为三相四线制。

（2）DC 直流输入接口。每台 15kW 单向逆变器对外提供 1 路直流输入接口，用于与模拟 PV 组件的智能直流电源相连。逆变器最大直流电压 900V。

（3）AC 交流输出接口。开关柜对外提供 1 路交流输出接口，用于与电网连接。其额定交流输出电压为 AC380V，额定频率为 50Hz，输出接线方式三相四线制。

15kW 双向变流器对外提供 1 路交流输出接口，用于与隔离变压器连接。其额定交流输出电压为 AC380V，额定频率为 50Hz，输出接线方式三相三线制。

每台 15kW 单向逆变器对外提供 1 路交流输出接口，用于与隔离变压器连接。其额定交流输出电压为 AC380V，额定频率为 50Hz，输出接线方式三相四线制。

（4）不间断配电接口。需提供 2 路 AC220V 配电接口，用于与电池柜及开关柜连接，为储能系统及开关柜提供二次配电，要求每路配电电压为 AC220V，配电容量不小于 150W。

（5）通信接口。每台单向逆变器对外提供 1 路 RS485 通信接口，用于与通信设备连接，能够实现与后台计算机通信，具有信息上传和下传功能。

电池柜对外提供 1 路 RS485 通信接口，用于与通信设备连接，可上传储能系统运行参数，并能够接受上层控制系统的充放电功率指令。

（6）接地接口。单向逆变器、双向变流器、电池柜、开关柜均提供接地接口，用于与接地装置连接，要求设备在运行及检修过程中必须可靠接地，并要求接地电阻不大于 4Ω。

光伏/储能设备的对外输出接口如表 7-9 所示。

表 7-9   系 统 对 外 接 口 汇 总

序号	对外接口类型	数量	备注
1	模拟负荷及隔离变压器接入口	4 路	1. 开关柜至模拟负载，额定电压为 AC380V，接线形式为三相四线制； 2. 开关柜至隔离变压器，额定电压为 AC380V，接线形式为三相四线制
2	DC 直流输入接口	2 路	15kW 单向逆变器至智能直流电源，最大直流电压 900V
3	AC 交流输出接口	4 路	1. 开关柜至接 380V 电网，额定输出电压为 AC380V，接线形式为三相四线制； 2. 双向变流器接隔离变压器，额定输出电压为 AC380V，接线形式为三相三线制； 3. 单向逆变器接方隔离变压器，额定输出电压为 AC380V，接线形式为三相四线制
4	不间断配电接口	2 路	用于为开关柜及储能系统进行二次配电
5	通信接口	3 路	对外提供 RS485 通信接口，采用 Modbus 通信协议
6	接地接口	5 路	用于与接地装置连接，要求接地电阻不大于 4Ω

7.3.4.5 光伏逆变器单元

（1）逆变器技术指标。2 台 15kW 单向逆变器，直流侧与智能直流电源连接，交流侧经隔离变压器后与 380V 母线连接，隔离变压器与单向逆变器连接端应采用 "Y" 连接形式。逆变器输出端隔离变压器具有如表 7-10 所示技术指标。

表 7-10   隔离变压器主要参数

变压器类型	干式变压器
额定容量（kVA）	20
一次侧额定电压（V）	AC380
一次侧联结组别	Y 连接
二次侧额定电压（V）	AC380V
二次侧联结组别	Y 连接
频率（Hz）	50Hz

注 要求变压器配备外壳。

逆变器具有如表 7-11 所示电气指标。

表 7-11 单向逆变器电气指标

序号	项目描述	参数	说明
直流侧参数			
1	最大直流电压	DC 900V	
2	直流输入功率	15.3kW	
3	最大输入电流	45A	
交流侧参数			
4	额定交流输出功率	15kW	
5	最大交流输出电流	24A	
6	交流电压范围	323~418V	
7	额定电网频率	50Hz	
8	允许电网频率	49.5~50.5Hz	额定功率下
9	功率因数	0~0.99	
系统参数			
10	最大效率	>97%	
11	欧洲效率	96.8%	
12	输出电流谐波畸变率	≤5%	
13	外壳防护等级	IP65	
14	冷却方式	风冷	
15	噪声	<70dB	
显示与通信			
16	夜间损耗	<1W	
17	显示	LCD	
18	通信方式	RS485	
保护功能			
19	短路保护	有	
20	过载保护	有	
21	直流过/欠电压保护	有	
22	交流过/欠电压保护	有	
23	交流过/欠频保护	有	
24	过温保护	有	
25	直流反接保护	有	
26	孤岛保护	有	
运行环境			
27	操作环境温度	−25~+55℃	
28	储藏环境温度	−40~+70℃	

（2）逆变器控制方式。测试平台采用两台单相逆变器，一台双向逆变器。单向逆变

器支持 PQ 控制和下垂控制，双向逆变器支持 U/f 控制、PQ 控制和 U/f 加下垂控制等控制方式。具体功能如下。

1）单向逆变器：

a）可以实现 PQ 控制和下垂控制；

b）能够显示输出电压、频率、功率等参数；

c）能够实现与后台计算机通信，具有信息上传和下传功能。

2）双向变流器：

a）可以实现 U/f 控制、PQ 控制和 U/f 加下垂控制。

b）能够实现充放电管理，充放电策略可调。双向变流器通过指令控制充电方向、电流大小，能够接受上层控制系统的充放电功率指令。

c）能够根据母线电压情况适当改变输出无功功率，以调整所接入母线电压。

3）其他要求：

a）采用 PQ 控制的单向逆变器/双向变流器满足：能够跟随直流侧的输出能够接受有功、无功调节指令，输出指定功率；

b）采用下垂控制的单向逆变器/双向变流器，其下垂控制的参数范围：0.001～0.2；

c）单向逆变器/双向变流器具有低电压穿越功能；

d）单向逆变器/双向变流器的保护功能可选，且孤岛保护功能可屏蔽。

7.3.4.6 系统接地

为保证使用过程中人身和设备安全，单向逆变器、双向变流器及电池柜、开关柜均需要进行有效接地，上述设备均提供接地接口，可就近连接至接地装置上，要求接地电阻不大于 4Ω。

7.3.5 风机物理模拟单元设计

7.3.5.1 双馈风力发电机试验模拟系统配置

30kVA 双馈试验系统包括 30kVA 双馈式风力发电机试验模拟系统及中央监控系统，可以实现风力机模拟和并网运行等相关功能，主要包括中控室监控系统、主控系统、风力机模拟控制器、直流电机驱动器和双馈变流器、连接电缆及通信线路，系统构成框图如图 7-4 所示，图中数字为电缆编号。

（1）双馈变流器。

1）基本信息。双馈机组变流器应用于 40kVA 变速恒频双馈风力发电机组，通过调节双馈发电机转矩与励磁电流，使得发电机按最佳功率输出 380V、50Hz 的恒定电压。

双馈机组变流器由网侧变流器和机侧变流器两部分构成，二者通过中间直流环节连接，构成一个背靠背/交直交四象限运行变流器。在双馈式变速恒频双馈风力发电系统中，电机定子绕组接入工频电网，转子绕组与机侧变流器输出相连。

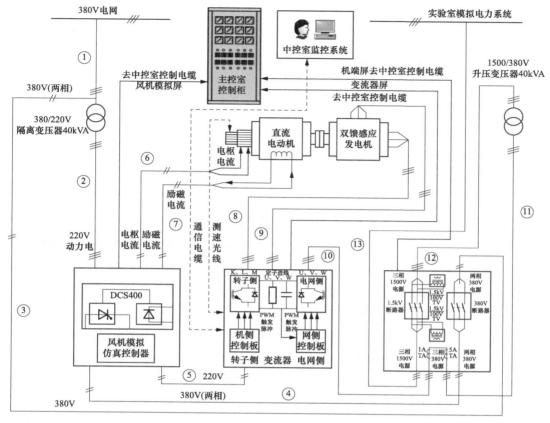

图 7-4 变速恒频双馈风力发电机模拟系统

双馈发电机机侧控制器采集转子电压电流以及转速信号，根据主控系统下达的转矩指令，控制机侧变流器，使双馈发电机输出相应的功率。通过对转子馈电的控制，即对机侧变流器的控制，实现定子侧恒压恒频的电力输出。网侧变流器采集直流侧电压以及电网电压电流，根据系统工作情况来控制网侧变流器能量在直流环节与电网之间流动，以维持直流侧稳定。

双馈风电变流器控制过程中能够执行主控下达的各种指令，实现输出有功、无功功率控制。双馈风电变流器具有完善的保护功能以及先进的控制技术，保证变流器运行的安全、稳定，并将对电网的冲击降至最小。

低电压穿越保护电路则根据主控以及变流器的指令，用来保护电机以及变流器，并实现满足国内现行标准规定曲线的低电压穿越功能。

双馈机组变流器电压等级 380V、功率 20kVA。

2）组成部分。双馈变流器柜体由 IPM 变流器模块、机侧变流器、网侧变流器和控制器组成。

3）主要功能。双馈变流器主要功能包括：

a) 内部能量的双向流动；

b) 并网/脱网操作；

c) 产生所需要的转矩/功率、无功功率；

d) 低电压穿越功能；

e) 实现有功无功解耦控制；

f) 稳定输出额定功率，符合电能质量相关标准；

g) 软并网技术，实现无冲击电流并网；

h) 实现变流器保护，在网侧、转子侧出现电压过高或电流过大时，采取相应的保护措施，使网侧、转子侧变流器不致损坏。

（2）双馈风力机模拟器。风力机模拟器采用直流电动机来模拟风力机，使用一个风力机模拟控制器，控制直流电机的励磁电流与电枢电流，从而控制直流电机输出相应的转矩（功率）。模拟控制器通过风速、转速、桨距角等信号以及相应的风力机参数，控制电机拖动实现风力机模拟的功能。模拟控制器能够与主控、中央监控系统通信，中央监控系统可在远方操作、控制风机模拟及直流驱动系统。

风机模拟控制器能够模拟风力机组运行特性，风力机仿真控制器和直流电机共同组成风电仿真系统，模拟效果接近实际运行工况。

风机模拟控制器的 I/O 接口用于控制发电机的测量。系统可以通过数据总线接口与上位系统通信，实现风力机的快速和精确的转矩/功率控制。I/O 接口包括模拟信号和数字信号。中控室与变流器之间采用数据通信方案，确保数据流快速适时传送。发电机的无功功率给定由主控系统自动（或手动）设定。按额定功率，功率因数 $-0.8 \sim +0.8$ 计算得出无功功率给定值的范围，变频器会自动执行主控的给定，根据不同风况条件模拟风力机实际运行特性。

主要功能：

a) 设置风速，按风速输出相应的转矩（转速、功率）；

b) 能够输入某风力发电机组的风速与转矩（转速、功率）曲线，实现按照输入风速的变化，输出对应的转矩（转速、功率），能够根据给定的风特性数据仿真风机运行；

c) 根据风电外特性的功率曲线（有功、无功）模拟风电运行特性；

d) 具备保护功能（超速、过电流、电动机失励磁）并有告警；

e) 可以输入模拟风机的参数；

f) 显示运行状态、运行曲线及参数。

7.3.5.2 直驱风力发电机试验模拟系统配置

40kVA 直驱试验系统可以实现风力机模拟并实现并网运行，主要包括中控室监控系统、主控系统、风力机模拟控制器、直流电机驱动器和直驱变流器、连接电缆及通信线路，系统构成框图如图 7-5 所示，图中数字为电缆编号。

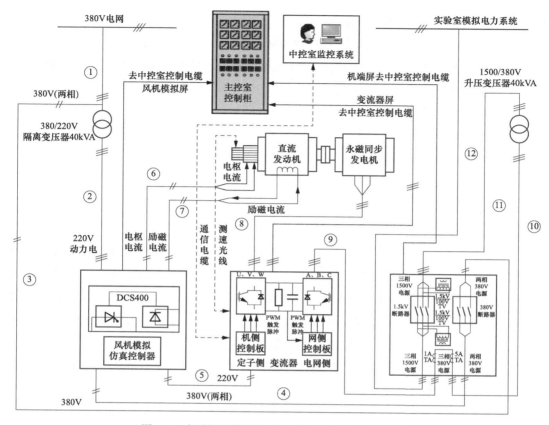

图 7-5 变速恒频直驱同步永磁风力发电机模拟系统

（1）直驱变流器。

1）基本信息。直驱机组变流器由网侧变流器和机侧变流器两部分构成，二者通过中间直流环节连接，构成一个背靠背、交直交、四象限运行变流器，机侧变流器连接永磁同步发电机定子，网侧变流器连接电网，通过全功率逆变向电网送电。

发电机产生幅值、频率均变化的交流电，通过机侧变流器整流为直流电，经直流支撑电容稳压后输送至网侧变流器，控制系统通过 PWM 矢量控制技术将直流电转换为频率幅值稳定的交流电，馈入电网。

永磁同步发电机机侧控制器通过采集定子电压电流以及转速信号，根据主控系统下达的转矩指令，控制机侧变流器，使永磁同步发电机输出相应的功率。永磁同步发电机网侧控制器通过采集直流侧电压以及电网电压电流来控制网侧变流器，使直流侧电压稳定，并向电网输送优质电能。

直驱风力发电变流器具有保护功能以及可靠的控制技术，保证变流器运行的安全、稳定，并将对电网的冲击降至最小。

直流侧卸荷电路根据主控以及变流器的指令，用来保护电机与变流器，并实现满足国内现行标准规定曲线的低电压穿越功能。

直驱机组变流器电压等级 380V、功率 40kVA。

2）组成部分。直驱变流器柜体由 IPM 变流器模块、机侧变流器和网侧变流器组成。

3）主要功能。直流变流器主要功能包括：

a）内部能量的双向流动；

b）并网/脱网操作；

c）产生所需要的转矩/功率；

d）产生所需要的无功功率；

e）低电压穿越功能；

f）显示运行状态及参数。

（2）直驱风力机模拟器。风力机模拟器采用直流电动机来模拟风力机，使用一个风力机模拟控制器，控制直流电机的励磁电流与电枢电流，从而控制直流电机输出相应的转矩（功率）。模拟控制器通过风速、转速、桨距角等信号以及相应的风力机参数，控制电机拖动实现风力机模拟的功能。模拟控制器能够与主控、中央监控系统通信，中央监控系统可在远方操作、控制风机模拟及直流驱动系统。

风机模拟控制器能够模拟风力机组运行特性，风力机仿真控制器和直流电机共同组成风电仿真系统，模拟效果接近实际运行工况。

风机模拟控制器的 I/O 接口用于控制发电机的测量。系统可以通过数据总线接口与上位系统通信，实现风力机的快速和精确的转矩/功率控制。I/O 接口包括模拟信号和数字信号。中控室与变流器之间采用数据通信方案，确保数据流快速适时传送。发电机的无功功率给定由主控系统自动（或手动）设定。按额定功率，功率因数-0.8～+0.8 计算得出无功功率给定值的范围，变频器会自动执行主控的给定，根据不同风况条件模拟风力机实际运行特性。

主要功能与双馈风力机模拟器相同。

7.3.6　风机机组主控与分布式电源监控系统

风力发电机组的主控系统用于实现风力发电机的自动启动、并网、最大功率跟踪，额定风速以上的恒功率控制。对风力发电机组的各个状态量进行监测，实时与上位机监控系统进行通信。上位机监控系统能够在线修改风力机模拟器中风力机模型参数，修改风力机模拟器的运行模式。上位机监控系统能够实时观测变流器的各个物理量，包括电压电流、开关量状态、故障量状态，能够记录并保存相应的数据，可以调出相应曲线，测量曲线数值并进行简单分析。能够远程操纵关键接触器，控制变流器与机组的投切与启动、停止等功能。

通过对直流电动机转矩/转速的动态控制，实现直流电动机模拟风力机特性运行的功能。具有良好的人机交互界面、方便的通信功能，可在远方后台机输入或选择更换，来控制原动机模拟的风场特征或风力特性（风速 m/s），控制器能够储存多组风场特征或风力特性（风速 m/s）数据，备用选择模拟风机运行特性。

整个控制系统完成 3 个方面的功能，即正常运行控制、监测和安全保护。

通过上位机监控系统可以实现：对实时观测变流器的各个物理量，包括电压电流、开关量状态、故障量状态的记录数据的保存、调出相应曲线，测量曲线数值并进行简单分析；能够远程操纵关键接触器，控制变流器与机组的投切与启动、停止等功能。

监控系统按照功能划分，主要包括数据采集监视和控制两部分功能。监视功能包括系统主要参数显示、变流器状态切换显示、电网参数和故障状态显示四个部分。控制功能主要有拖动变频器的启停、并网变流器启动、停止及复位功能等。风速的给定有基本风、阵风、渐变风三种，并支持在线修改。监控系统与控制系统实时通信，采集并显示模拟试验系统的各种参数，包括变流器和电网的电信号、温度信号和转矩信号，并可选择同时以示波器形式显示，示波器窗口可同时显示 4 路输入信号，并可将波形存储到指定文件夹中，便于运行结果的保存和后续操作。监控系统还具有完善的故障诊断和处理功能，一旦变流器出现故障就会立刻显示并采取相应措施。

软件采用通信协议与控制柜中的 PLC 进行通信来实现对平台的监测与控制的。它能够实现对风力机模拟运行模式和手动速度控制模式两种拖动模式的控制，对于风速的给定能够实现恒定风速，随机风速和预设风速三种模式，同时模拟系统具备手动给定控制模式。监控软件具有完备的故障监测保护功能，能够对采集到的数据以及波形进行实时显示，存储以及读取。

风机机组的主控与监控系统框图如图 7-6 所示。

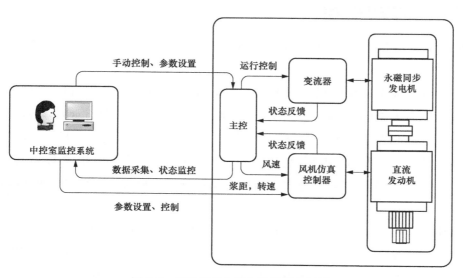

图 7-6　风机机组主控与监控系统框图

7.3.6.1　主控制系统功能

主控制系统主要完成风机模拟系统的启停、参数监测、指令传递等功能，主要功能如下：

a）平台的启动/停止及正常运行控制；

b）自动运行/手动运行；

c）参数监测功能，主要是同直驱变流器进行通信，以获取直驱机组的相关电量、状态等信息；

d）同监控系统的数据传递功能；

e）直流电机驱动器的指令给定功能；

f）故障处理功能；

g）液晶屏显示运行状态及参数（网侧、机侧）。

7.3.6.2　中央监控系统功能

中央监控系统主要完成风机模拟系统的状态监测、故障显示及报警等功能，主要功能如下：

a）相关参数设置；

b）预置风速、功率曲线等初始化信息；

c）故障显示及报警；

d）相关参数的存储，主要包括机组相关三相电流、三相电压、温度等参数以及故障信息的存储功能；

e）中央监控系统由上位机及通信系统完成。

7.3.7　测试主接线设计

根据分布式电源接入电网典型接线方式，兼顾测试需求，建立如图 7-7 所示的模型系统。

图 7-7 中无限大系统模拟 220kV 变电站，经双绕组变压器 T1 降压为 35kV，经 35kV L1 出线连接 35kV M 站。分布式电源 DG1 经专线接入 M 站 35kV 母线，35kV M 站经 L2 出线与 35kV N 站相连，分布式电源 DG2 经线路 L8 T 接于 35kV N 站出线 L3。220kV 变电站 35kV 母线经双绕组变压器 T2 降压为 380V，分布式电源 DG3 经专线 L7 接入 380V 配电箱。模拟系统中电气主接线采用单母接线形式，分布式电源和线路带有一定负荷。

系统中分布式电源保护装置需要的电流、电压信号由常规电磁互感器提供。

整个模拟系统共设置 8 个故障点，如图 7-7 所示，图上每一个故障点都可以模拟瞬时性故障、金属性故障、永久性故障、发展/转换性故障及经过渡电阻故障。

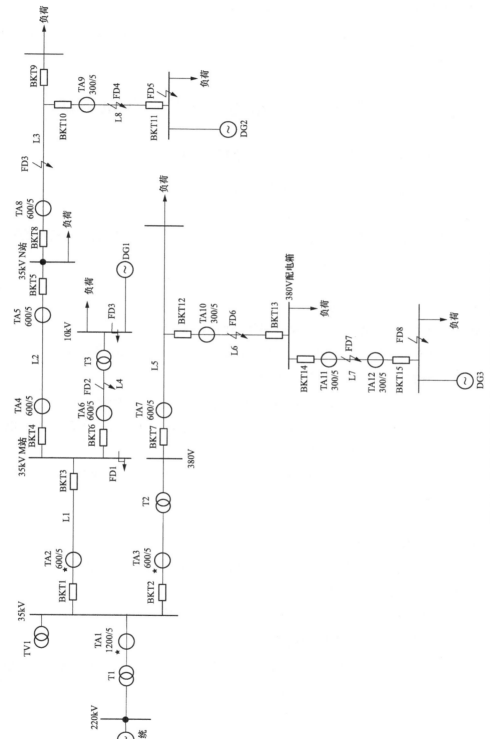

图 7-7 分布式电源继电保护动模测试一次系统接线图

7.3.8 对时方式

试验平台检测时，保护装置接入 IRIG-B 码实现装置对时。同步时钟源采用实验室提供的 GPS 同步时钟源。

7.4 分布式电源相关继电保护检验测试方法

7.4.1 分布式电源相关继电保护物理动态模拟测试

7.4.1.1 分布式电源联络线保护功能检测

联络线纵差保护和后备保护功能试验。

模拟线路 L7 的 FD7 故障点、线路 L8 的 FD4 故障点发生单相接地、两相短路和三相短路故障，测试分布式电源联络线保护功能。

试验要求：

a) 正常运行时保护不应误动。

b) 联络线故障时纵差保护应正确动作跳线路两侧断路器。

c) 联络线故障，且纵差保护拒动时，后备保护应正确动作跳线路断路器。

7.4.1.2 分布式电源故障解列功能检测

分布式电源故障解主要包括：过/低电压保护、过/低频率保护和重合闸。

（1）过/低电压保护、过/低频率保护。模拟分布式电源 DG1、DG2 和 DG3 接入电网公共母线发生电压和频率突然升高或跌落。

（2）重合闸。模拟线路 L4 的 FD2 故障点发生瞬时性单相故障，线路 L7 的 FD7 故障点发生瞬时两相故障。

试验要求：

a) 正常运行时保护不应误动。

b) 系统电压或频率发生突然升高或跌落达到定值时，过/低电压保护、过/低频率保护应正确动作跳分布式电源侧断路器。

c) L4 和 L7 线路发生瞬时故障，保护动作后，重合闸应正确重合。

7.4.1.3 分布式电源孤岛保护功能检测

孤岛保护功能测试主要针对分布式电源联络线发生故障时，电网侧已经跳闸但是分布式电源侧由于故障电流较小难以达到动作定值造成继续向故障点提供短路电流，这时需要分布式电源具有孤岛检测功能，并配置孤岛保护切断分布式电源继续向故障点提供短路电流。

模拟分布式电源 DG2、DG3 与电网连接线 L7、L8 发生故障，系统侧跳开关

BKT14、BKT10，分布式电源发生孤岛运行状态，测试孤岛保护功能。

试验要求：分布式电源 DG2、DG3 与电网连接线 L7、L8 发生故障，系统侧跳断路器 BKT14、BKT10 后，分布式电源检测到孤岛状态，并跳开分布式电源侧断路器。

7.4.2 分布式电源继电保护型式试验功能检测方法

7.4.2.1 分布式电源纵差保护功能检测

（1）测试内容。检查纵联差动逻辑、差动电流定值动作准确度、零序比率差动特性曲线、相电流比率差动特性曲线。

（2）试验方法。

方式一：纵联差动保护、光纤通道一（光纤通道二）软压板整定为"1"，纵联差动保护控制字整定为"1"。

方式二：通道一光纤保护或通道二光纤保护软压板整定为"1"，通道一差动保护或通道二差动保护控制字整定为"1"。

a）差动电流定值：模拟故障零序电流从 0.9 倍理论动作值上升，步长不大于 1‰整定值（最小为 1mA），单步变化时间不小于 200ms。

b）差动时间：三相短路电流设为 2.0 倍整定值，测试相差动时间。

c）比率差动特性曲线：根据保护提供的曲线，每段折线至少选取三点。每一点测试使本侧三相短路电流从 0.9 倍理论值上升，步长不大于 1‰整定值（最小为 1mA），单步变化时间不小于 200ms。

（3）试验要求。差动电流定值动作准确度误差不大于 5.0% 或 $0.02I_N$；差动动作时间误差不大于 30ms；比率差动特性曲线每一点的差动电流定值动作准确度误差不大于 5.0% 或 $0.02I_N$。

7.4.2.2 分布式电源（方向）过电流保护功能检测

（1）测试内容。检查（方向）过电流保护定值动作准确度，（方向）过电流保护时间，（方向）过电流保护正（反）方向及死区电压。

（2）试验方法。

a）（方向）过流保护定值：将电流设为变化量，电流从 0.9 倍整定值上升，步长不大于 1‰整定值（最小为 1mA），单步变化时间不小于整定延时＋100ms。

b）（方向）过流保护时间：故障电流设为 1.2 倍整定值。

c）过电流保护正（反）方向：过电流Ⅱ段固定经方向时需将控制字整定为"1"。固定电压角度，电流设为 1.2 倍整定值，将电流相角设为变化量，分别将零序电流相角从理论不动作区向动作区的两个边界变化，步长不大于 0.1°，单步变化时间不小于整定延时＋100ms。

（3）试验要求。（方向）过电流保护定值动作准确度误差不大于 5.0% 或 $0.02I_N$；（方向）过电流保护动作时间不大于 1‰或 30ms；（方向）过电流保护动作边界误差不大于 3°。

7.4.2.3 分布式电源重合闸功能检测

（1）测试内容。检查三相重合闸逻辑及合闸时间、重合闸检无压定值及同期合闸角。

（2）试验方法。

a）模拟系统单相接地故障（故障零序电流设为 1.2 倍整定值）至故障切除，检查三相重合闸时间。

b）模拟系统单相接地故障（故障零序电流设为 1.2 倍整定值）至故障切除，故障切除后改变同期电压与线路电压之间的角度直至成功合闸。

c）模拟系统单相接地故障（故障零序电流设为 1.2 倍整定值）至故障切除，故障切除后改变同期电压直至成功合闸。

（3）试验方法。三相重合闸时间误差不大于 1‰或 40ms；同期合闸角误差不大于 3°；无压定值为固定值动作准确度误差不大于 5.0%或 $0.002U_N$。

小　结

为解决分布式电源相关的继电保护装置测试技术问题，本章介绍了国内外分布式电源接入电网继电保护相关标准，对继电保护的具体技术要求进行了对比分析，详细设计了适用于分布式电源相关继电保护试验验证的动态模拟物理试验系统，提出了开展分布式电源相关继电保护测试的内容和试验方法。

参 考 文 献

[1] 王增平，杨国生，王志洁，刘宇. 继电保护相关的国内外分布式电源并网标准 [J]. 中国电力，2019. 52（08）：112-119.

[2] 王晓阳，杨国生，李伟. 分布式电源接入的继电保护检验测试技术研究 [R]. 北京：中国电力科学研究院有限公司，2014.12.

[3] 鲍薇，胡学浩，何国庆，李光辉. 分布式电源并网标准研究 [J]. 电网技术，2012，36（11）：46-52.

[4] 王路. 分布式电源并网标准简述 [A]. 全国电压电流等级和频率标准化技术委员会. 第七届电能质量研讨会论文集 [C]. 2014.4.

[5] 汪诗怡，艾芊. 国际上微网和分布式电源并网标准的分析研究 [J]. 华东电力，2013，41（6）：1170-1175.

[6] 杨大为，黄秀琼，杨建华，张菁，奉斌. 微电网和分布式电源系列标准 IEEE 1547 述评 [J]. 南方电网技术，2012，6（05）：7-12.

[7] IEEE, Standard for Interconnecting Distributed Resources with Electric Power Systems—

Amendment 1：IEEE Std 1547a ［S］. 2014.

［8］ VDE-AR-N 4105：2011-08 Power generation systems connected to the low-voltage distribution net-work—Technical minimum requirements for the connection to and parallel operation with low-voltage distribution networks.

［9］ IEC. Distributed energy resources connection with the grid：IEC/TS 62786 Ed. 1 ［S］. 2017.

［10］ 国家电网公司. 分布式电源接入电网技术规定：Q/GDW 1480—2015 ［S］. 北京：中国电力出版社，2016.

［11］ 国家电网公司. 分布式电源接入配电网测试技术规范：Q/GDW 10666—2016 ［S］. 北京：中国电力出版社，2017.

［12］ 国家电网公司. 分布式电源接入配电网运行控制规范：Q/GDW 10667—2016 ［S］. 北京：中国电力出版社，2017.

［13］ 国家电网公司. 分布式电源接入配电网监控系统功能规范：Q/GDW 677—2011 ［S］. 北京：中国电力出版社，2012.

［14］ 国家电网公司. 分布式电源涉网保护技术规范：Q/GDW 11198—2014 ［S］. 北京：中国电力出版社，2015.

［15］ 国家电网公司. 分布式电源继电保护和安全自动装置通用技术条件：Q/GDW 11199—2014 ［S］. 北京：中国电力出版社，2015.

［16］ 国标委. 分布式电源并网继电保护技术规范：GB/T 33982—2017 ［S］. 北京：中国电力出版社，2018.

［17］ 国标委. 光伏系统并网技术要求：GB/T 19939—2005 ［S］. 北京：中国电力出版社，2006.

［18］ 国标委. 光伏（PV）系统电网接口特性：GB/T 20046—2006 ［S］. 北京：中国电力出版社，2007.

［19］ 国家能源局. 分布式电源接入配电网技术规定：NB/T 32015—2013 ［S］. 北京：中国电力出版社，2014.

［20］ IEC. Photovoltaic（PV）systems-Characteristics of the utility interface. IEC/TS 61727 ［S］. 2004.

［21］ 国标委. 电能质量电力系统频率偏差. GB/T 15945—2008 ［S］. 北京：中国电力出版社，2009.

［22］ 国家能源局. 3kV～110kV 电网继电保护装置运行整定规程：DL/T 584—2017 ［S］. 北京：中国电力出版社，2018.

8　分布式电源工程继电保护实例

随着分布式发电技术的发展，分布式电源工程项目大量建设和应用，在城市中的医院、酒店、写字楼、娱乐中心、工业园区、居民楼等建筑物都是开展分布式电源发电应用的良好场所，其中以分布式光伏发电为主要发电类型。本章将通过3个分布式光伏发电工程实例，对接入系统设计、继电保护配置等情况进行说明。

8.1　某地 A 厂区光伏发电项目

8.1.1　项目概述

某地 A 厂区 6.879MW 光伏发电接入用户内部 10kV 母线，属自发自用型。

A 厂区分布式光伏容量 6.249MW，由 2.984MW 和 3.483MW 两个发电子单元组成，分布在 A 厂区 5 个屋顶上，在 A 厂区内设置 10kV 光伏Ⅰ母线和光伏Ⅱ母线。两个发电子单元的直流电经汇流箱、汇流柜汇流后，先经 500kW 光伏逆变器逆变成 270V 交流，再经 270V/10kV 变压器升压后，在光伏Ⅰ母线和光伏Ⅱ母线汇聚，最后分别接入厂区 A2 车间 10kV 注塑Ⅰ母线和 B3 楼 10kV 注塑Ⅱ母线并网。

2.984MW 分布式光伏发电单元的系统主接线自下而上，由光伏阵列、汇流箱、汇流柜、光伏逆变器、0.27kV/10kV 变压器、10kV/630A 开关柜、10kV/1250A 开关柜及监控系统组成，主要配置及功能描述见表 8-1。

8.1.2　接入系统设计

A 厂区采用就地接入用户变电站方式，在厂区内设置 10kV 光伏Ⅰ母线和光伏Ⅱ母线，2.984MW 光伏接入 10kV 光伏Ⅰ母线后，经电缆接至 A2 车间内的 10kV 注塑Ⅰ母线并网，所发电力在厂内就地消化，厂外不增加新的出线，接入系统如图 8-1 所示。

在接入系统设计中，10kV 开关柜与传统设计相同，无特殊配置；10kV 线路保护按照 Q/GDW 1617—2015《光伏发电站接入电网技术规定》的要求开展设计，具体如下。

（1）10kVⅠ、Ⅱ段母线分别采用电缆接至 10kV 注塑Ⅰ母线和在建的二期总装车间（B3 楼）10kV 母线的两条线路，均装设光纤电流差动保护作为线路主保护，保护装置含完善的后备保护和自动重合闸功能，按保护测控一体化考虑，采用专用光纤方式。

表 8-1　　　　　厂区 2.984MW 分布式光伏发电主要配置及功能描述表

名称	规格	数量	主要参数	系统中的作用
光伏组件	235Wp	12600 块	开路电压：36V； 峰值功率：235Wp	将太阳能转化成直流电
汇流箱	16 进 1 出	37 台	16 路进、1 路出； 防雷，直流电压电流监测	将直流进行初次汇聚
汇流柜	7 进 1 出	6 台	7 路进、1 路出	将直流进行二次汇聚
光伏逆变器	500kW	6 台	功率：500kW； 直流输入：380～850V； 交流输出：270V、三相； 输出频率：50Hz； 保护功能：过欠压、过欠频、短路、防孤岛等； 其他：低电压穿越	将直流电逆变成交流电
变压器	0.27kV/10kV、双分裂	2 台	双分裂：1000kVA、Dyn11、yn11、4.5%	将 270V 交流电升压至 10kV
变压器	0.27kV/10kV	2 台	双分裂：500kVA、Dyn11、4.5%	将 270V 交流电升压至 10kV
10kV 开关柜	10kV/630A	4 台	630A、25kA，带避雷器、接地开关、测控保护	将光伏发电接入 10kV 光伏 I 母线
10kV 开关柜	10kV/1250A	1 台	1250A、31.5kA，带避雷器、接地开关、测控保护	将光伏发电接入厂区 10kV 注塑 I 母线
监控系统	—	1 套（整个厂区）	—	运行监控、信息上传调度、故障报警等

（2）10kV 注塑 I 母线和在建二期总装车间（B3 楼）的 10kV 母线至厂区变压器 10kV 母线的两条线路，装设光纤电流差动保护作为线路主保护，保护装置含完善的后备保护和自动重合闸功能，按保护测控一体化考虑，采用专用光纤方式。在 35kV 厂区变压器侧配置 10kV 线路单相电压互感器，注塑 I 母侧和二期总装车间侧重合闸停用；35kV 厂区变压器其他 10kV 线路现有保护能够满足要求，不做更换。

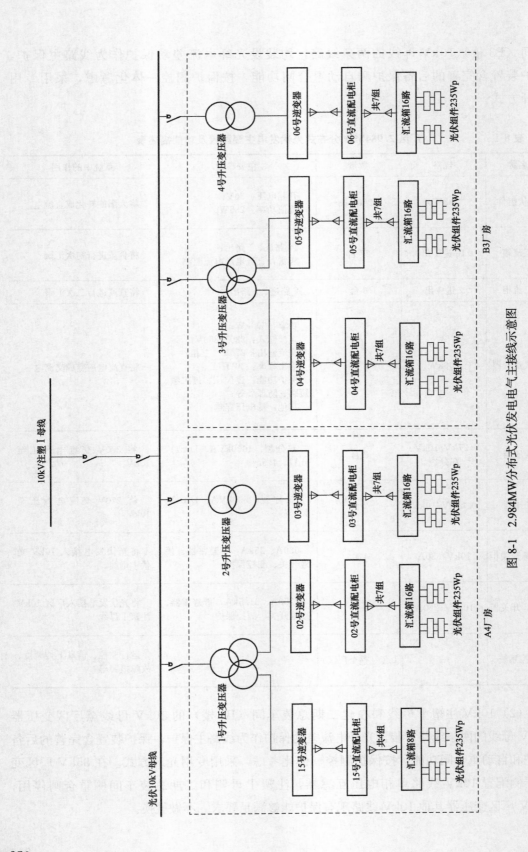

图 8-1 2.984MW分布式光伏发电电气主接线示意图

8.2 某地 B 厂房屋顶分布式光伏发电项目

8.2.1 项目概述

某新能源有限公司利用某地 B 厂房屋顶建设光伏发电项目，厂房屋顶约 45000m² 面积。工程装设 10440 块 540Wp 单晶硅电池组件，项目总装机容量约为 5.6MWp，分布于厂房各屋顶，所发直流电经逆变器逆变成交流，再通过 4 台光伏升压变升压至 10kV。工程并网方式为自发自用余电上网，并网电压 10kV。

厂区平面布置示意如图 8-2 所示。

图 8-2　厂区平面布置示意

分布式光伏发电原理示意如图 8-3 所示。

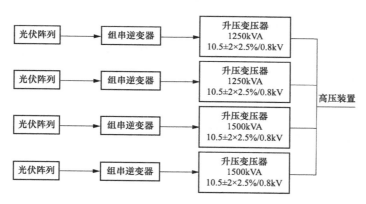

图 8-3　分布式光伏发电原理示意图

光伏发电单元电气原理如图 8-4 所示。

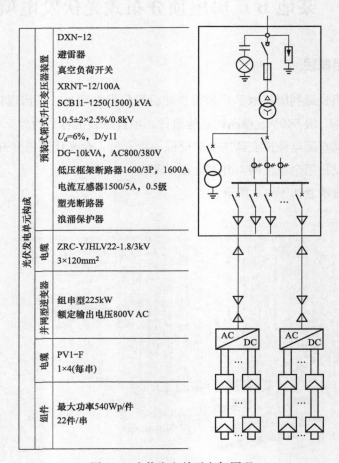

图 8-4　光伏发电单元电气原理

8.2.2　用户用电情况以及周边配电网概况

项目所在厂区目前由 220kV 某宝变 10kV 某丰 123 线专线供电。厂区采用高供高计，变压器容量 3×2200kVA＋3×1600kVA＋1×500kVA，企业负荷相对平稳，除节假日正常负荷 6.5MW 左右，10kV 某丰 123 线年最大负荷 8.25MW，平均负荷 6.5MW，最小负荷约 3.86MW。

8.2.3　系统主接线图与主要设备配置

8.2.3.1　系统主接线图

光伏容量约为 5.66MW，用户高压配电间 10kV 母线前期已做预留，具备接入条件。分布式光伏接入一次系统接线示意图如图 8-5 所示。

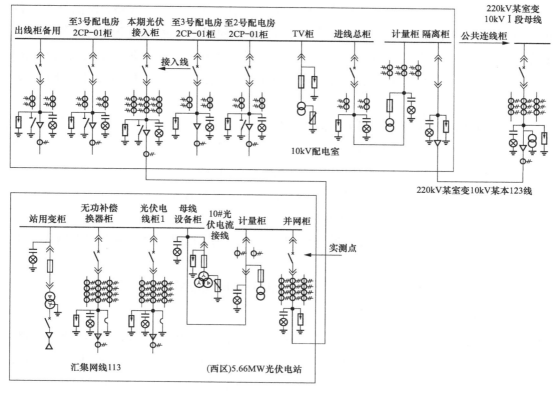

图 8-5 分布式光伏接入一次系统接线示意

8.2.3.2 主要设备配置

5.66MW 屋顶分布式光伏发电项目主要设备配置见表 8-2。

表 8-2　　　　　　　　屋顶分布式光伏发电项目主要设备配置

序号	设备名称	数量
1	高压柜	6 台
2	变压器	4 台
3	SVG	1 台
4	逆变器	20 台
5	光伏组件	10426 块

8.2.3.3 相关系统及设备说明

（1）接入系统。光伏电站接入该公司负荷厂 10kV 开关站高压母线，负荷厂正常负荷约 6.5MW 左右，除春节期间，该用户二十四小时全天运转，负荷厂白天正常运行情况下，光伏电站所发电量部分能在用户内部消纳，正常多余电量送入 220kV 某宝变低压母线。

（2）调度自动化。光伏电站计算机监控系统对变压器、母线、线路、断路器等设备的运行状态、参数进行采集。本工程采用无线上传远动信息，远动服务器将电气量实时数据，通过 GPRS 数传终端 RS232 端口，利用无线数据传输通道上传省电力公司 GPRS 外网 APN 专网采集服务器；电能量信息通过 GPRS 数传终端上传省电力公司电量采集服务器。

光伏电站向电网调度机构提供的信号包括：

1）光伏电站并网（接入）状态；

2）光伏电站有功输出、无功输出、发电量、功率因数；

3）并网点光伏电站 10kV 侧电压、频率、注入电网的电流；

4）接入（并网）点断路器开关状态等。

（3）系统通信。光伏电站光纤差动保护需要敷设光缆通道，沿该电缆线路敷设 1 根 24 芯光缆用于保护业务。

自动化采用无线网络，实现对每个并网点进行实时数据采集。

8.2.3.4　保护配置及整定方案

（1）10kV 线路。10kV 某丰 123 线用户专线两侧、光伏电站并网送出线路两侧加装光纤分相差动电流保护，在并网线路发生各类故障时保护装置动作，跳开本侧断路器，同时具备完善的方向电流保护。本项目涉及的光纤电流差动保护装置如图 8-6 所示。

图 8-6　本项目涉及的光纤
电流差动保护装置

本项目 10kV 某丰 123 线用户专线两侧光纤差动保护、光伏电站并网送出线路两侧光纤差动保护均投入跳闸，任一线路发生故障时，两侧线路保护均能瞬时动作切除故障，避免电气设备损坏。

（2）母线保护。光伏电站 10kV 汇流母线故障时，由光伏电站内保护、10kV 光伏并网线路电流保护切除故障，不单独配置母线保护。

（3）安全自动装置。电网失压时，光伏电站仍保持对失压电网中的某一部分线路继续供电的状态称为孤岛现象。非计划性孤岛效应的发生，可能危及线路维护人员和用户的生命安全、干扰电网的正常合闸以及使得孤岛中的频率和电压失去控制。光伏电站须具备孤岛保护功能及频率电压异常紧急控制功能。

本项目光伏电站在 220kV 某宝 1 号主变压器、10kV 某丰 123 线等故障情况下，将会发生非计划性孤岛。如图 8-7 所示，为防止光伏电站孤岛运行，本项目

图 8-7　光伏电站频率
电压控制装置

在光伏电站侧并网点设置解列装置（频率电压控制装置），于频率、电压等异常时跳开光伏电站相关断路器。

频率电压控制装置动作时间小于系统站重合闸（2.3s）、备自投装置动作时间（5s），避免发生非同期合闸，同时与光伏电站逆变器低电压穿越特性等相配合。

（4）重合闸。某宝变电站 10kV 某丰 123 线为电缆架空混合线路，在某宝变电站内该线路间隔加装线路电压互感器，某宝变电站侧重合闸方式改为检无压重合方式，负荷站侧重合闸停用。

光伏电站并网送出线路为全电缆线路，线路两侧重合闸均停用。

（5）对相关专业的要求。光伏电站内配置直流电源、时间同步装置供保护装置使用。

（6）其他。光伏电站逆变器应具备快速监测孤岛且监测到孤岛后立即断开与电网连接的能力。

继电保护配置如图 8-8 所示，系统继电保护主要设备清单见表 8-3。

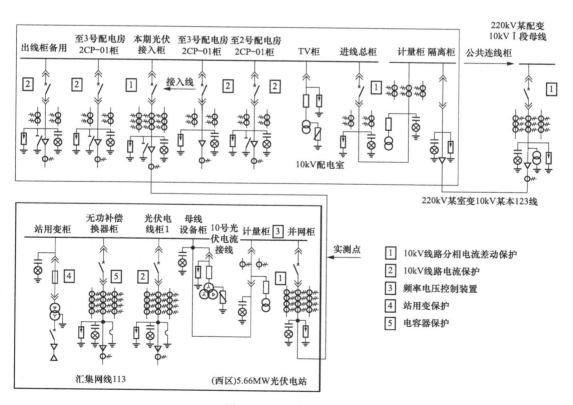

图 8-8　继电保护配置

表 8-3 系统继电保护主要设备清单

厂站	设备名称	数量	备注
某宝变电站	10kV 某丰 123 线光纤电流差动保护	1	重合闸方式改为检无压合闸
负荷厂 10kV 配电房	10kV 某丰 123 线光纤电流差动保护	1	
	10kV 线路光纤电流差动保护	1	光伏接入柜
5.66MW 屋顶分布式光伏	10kV 线路光纤电流差动保护	1	光伏并网柜
	孤岛保护装置	1	
	10kV 线路保护（进线柜、无功补偿柜等）	2	

8.3 某地 C 厂区 2166kW 光电建筑一体化应用示范工程

8.3.1 项目概述

本项目在 C 厂区厂房屋顶、采光顶、幕墙立面及厂房 1~7 号楼的既有建筑物上安装单晶硅太阳能电池组件，采用光伏发电建筑一体化方式为建筑物供电。系统总装机容量约为 2166kW，无储能装置。太阳能电池将太阳能转换成直流电，通过逆变器变换成 220/380V 交流电；有阳光时，光伏系统发电提供建筑物用电，没有阳光时系统不发电，此时建筑物用电通过 10kV 供电线路提供。建设内容见表 8-4。

表 8-4 屋顶光伏电站建设内容

安装位置		装机容量（kW）	分配容量（kW）	装机容量小计（kW）
工业园区厂房	1 号楼屋顶	351.36	149.76	1765.44
			201.60	
	2 号楼屋顶	351.36	351.36	
	3 号楼屋顶	207.36	207.36	
	4 号楼屋顶	408.96	184.32	
			224.64	
	5 号楼屋顶	77.76	24.96	
			52.80	
	7 号楼屋顶	368.64	368.64	
研发中心办公楼	研发中心 1 号楼	43.20	43.20	400.87
	研发中心 2 号楼	62.40	62.40	
	研发中心 4 号楼	105.60	105.60	
	二期屋顶	128.24	105.84	
			10.56	
			11.84	
	二期太阳能车棚	61.43	17.55	
			43.88	
合计			2166.31	

8.3.2 系统概述

本工程在 C 工业园区厂房屋顶和研发中心办公楼屋顶两处区域建设光伏电站，总装机容量为 2166.31kW，太阳能电池板主要分布区域如下：

（1）工业园区 1～5 号厂房、7 号厂房屋顶，装机容量约 1765.44kW；

（2）研发中心 1 号楼、2 号楼、4 号楼、二期屋顶和太阳能车棚，装机容量约 400.87kW。

8.3.3 系统主接线图与主要设备配置

8.3.3.1 系统主接线图

太阳能光伏电站由 11 个光伏阵列组成，分为二期工业园区和二期研发中心两部分，其电气主接线示意如图 8-9 和图 8-10 所示，各光伏阵列主接线情况如下。

（1）工业园区 1 号厂房太阳能电池板经分组串并，分别接入 5 台汇流箱，1、2 号汇流箱经过直流配电箱、逆变器和动力配电箱接入工业园区 1 号厂房变电站 380V 低压配电系统，并网点设置在新增动力配电箱内，所发电力在厂内就地消化。

（2）工业园区 2 号厂房太阳能电池板经分组串并，分别接入 5 台汇流箱，这 5 台汇流箱和 1 号厂房的 3～5 号汇流箱经过直流配电箱以电缆方式送至二期变电站，经逆变器和低压配电柜接入辉伦二期变电站 380V 低压配电系统，并网点设置在新增低压配电柜内，所发电力在厂内就地消化。

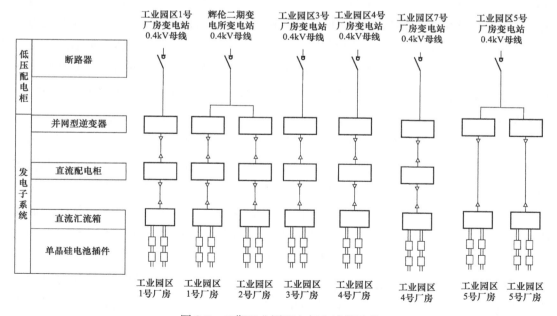

图 8-9 二期工业园区电气主接线示意

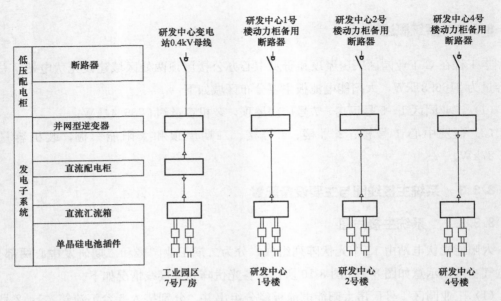

低压配电柜：断路器

研发中心变电站0.4kV母线

研发中心1号楼动力柜备用断路器

研发中心2号楼动力柜备用断路器

研发中心4号楼动力柜备用断路器

发电子系统：并网型逆变器／直流配电柜／直流汇流箱／单晶硅电池插件

工业园区7号厂房　研发中心1号楼　研发中心2号楼　研发中心4号楼

图 8-10　二期研发中心电气主接线示意

（3）工业园区 3 号厂房太阳能电池板经分组串并，分别接入 3 台汇流箱，3 台汇流箱经过直流配电箱、逆变器和动力配电箱接入工业园区 3 号厂房变电站 380V 低压配电系统，并网点设置在新增动力配电箱内，所发电力在厂内就地消化。

（4）工业园区 4 号厂房太阳能电池板经分组串并，分别接入 5 台汇流箱，1、2 号汇流箱经过直流配电箱、逆变器和动力配电箱接入工业园区 4 号厂房变电所 380V 低压配电系统，并网点设置在新增动力配电箱内；3～5 号汇流箱送至 7 号厂房内配电房，经过直流配电箱、逆变器和动力配电箱接入该配电房的 380V 低压配电系统（该低压配电系统电源引自其他厂房变电所），并网点设置在新增动力配电箱内，所发电力在厂内就地消化。

（5）工业园区 5 号厂房太阳能电池板经分组串并，接入 1 台汇流箱，汇流箱经过逆变器和动力配电箱接入 5 号厂房顶配电间的 380V 低压配电系统（该配电箱电源引自工业园区临时变压器），并网点设置在新增动力配电箱内，所发电力在厂内就地消化。

（6）工业园区 7 号厂房太阳能电池板经分组串并，分别接入 4 台汇流箱，汇流箱经过直流配电箱以电缆方式送至研发中心变电站，经逆变器和低压配电柜接入二期变电站 380V 低压配电系统，并网点设置在新增低压配电柜内，所发电力在厂内就地消化。

（7）研发中心 1 号楼太阳能电池板经分组串并，接入 1 台汇流箱，汇流箱经过逆变器和动力配电箱接入研发中心 1 号楼楼梯间现有动力配电箱 380V 低压配电系统，并网点设置在新增动力配电箱内，所发电力在厂内就地消化。

（8）研发中心 2 号楼太阳能电池板经分组串并，接入 1 台汇流箱，汇流箱经过逆变器和动力配电箱接入研发中心 2 号楼楼梯间现有动力配电箱 380V 低压配电系统，并网点设置在新增动力配电箱内，所发电力在厂内就地消化。

（9）研发中心 4 号楼太阳能电池板经分组串并，分别接入 2 台汇流箱，汇流箱经过逆变器和动力配电箱接入研发中心 2 号楼楼梯间动力配电箱 380V 低压配电系统，并网点设置在新增动力配电箱内，所发电力在厂内就地消化。

（10）二期屋顶太阳能电池板经分组串并，分别接入 4 台汇流箱，汇流箱经过逆变器和动力配电箱接入二期配电房 380V 低压配电系统，并网点设置在变压器的低压配电柜中。

（11）二期太阳能车棚太阳能电池板经分组串并，分别接入 6 台汇流箱，汇流箱经过逆变器和动力配电箱接入二期配电房 380V 低压配电系统，并网点设置在变压器的低压配电支路上。

8.3.3.2 主要设备配置

C 厂区 2166kW 光电建筑一体化应用示范工程工业园区厂房主要配置见表 8-5。

表 8-5   工业园区厂房光伏发电主要设备配置

内容	技术规格	单位	数量
光伏电池组件	240W	块	7468
支架	混凝土屋面支架	kW	265.92
支架	彩钢瓦屋面支架	kW	1526.40
汇流箱	8 进 1 出	台	2
汇流箱	9 进 1 出	台	1
汇流箱	10 进 1 出	台	3
汇流箱	11 进 1 出	台	6
汇流箱	12 进 1 出	台	8
汇流箱	13 进 1 出	台	3
汇流箱	16 进 1 出	台	4
直流配电柜	2 进 1 出	台	2
直流配电柜	3 进 1 出	台	3
直流配电柜	4 进 1 出	台	1
直流配电柜	5 进 1 出	台	1
逆变器	30kW 科华	台	1
逆变器	50kW 科华	台	2
逆变器	70kW 科华	台	1
逆变器	100kW 科华	台	1
逆变器	125kW 北电	台	2
逆变器	150kW 北电	台	1
逆变器	150kW 广电院	台	1
逆变器	250kW power-one	台	1
逆变器	250kW 天传院	台	1
0.4kV 低压配电柜	—	台	2
0.4kV 低压配电箱	—	台	8
防逆流装置	—	套	2
安防系统	—	套	1
监控系统	—	套	1

8.3.3.3 相关系统及设备说明

（1）接入系统。工程中太阳能电池板发出直流电经由逆变器变换后接入380V低压配电系统，所发电能在厂内就地消化。

（2）系统通信。光伏电站的每个并网子系统的逆变器信号、电度表信号、环境监测仪信号通过无线采集器上传到后台。

（3）监控系统。光伏系统配备一套视频监控系统，监视光伏屋面的运行情况，确保安全运行；配备一套变电站监控系统，采集所有系统子站的逆变器信号、电度表信号及环境检测仪信号，监视光伏电站工作情况，实现发电量等参数及运行情况的人机界面可视化。

小　　结

本章以3个分布式光伏发电工程为实例，介绍了分布式电源的接入系统设计情况和继电保护配置情况。

A厂区、B厂区分布式光伏发电在用户内部10kV并网，C厂区光电建筑一体化应用示范工程接入380V低压配电系统。A厂区、B厂区项目系统配置及接入设计按照《光伏发电站接入电网技术规定》执行，站内信息和控制由分布式发电监控系统向调度机构发送，并接受调度部门的指令。10kV线路保护配置了光差保护（含重合闸），相比常规三段式电流保护提高了保护配置；此外，为防止光伏电站孤岛运行，在光伏电站侧并网点设置解列装置（频率电压控制装置）。